数字图像处理教程

徐志刚　主　编

朱红蕾　副主编

清华大学出版社

北京

内 容 简 介

本书主要介绍了数字图像处理的基本概念、基本原理、典型方法和实用技术。全书分 3 大部分共 10 章。其中,第 1 部分讲解数字图像处理基础,包括绪论以及视觉感知与数字图像处理基础。第 2 部分讲解数字图像处理的基本方法和技术,包括空间域图像增强、图像变换与频域图像增强、图像复原、彩色图像处理和图像压缩。第 3 部分讲解数字图像分析与描述的基本原理和方法,包括图像分割、形态学图像处理和图像描述与分析。本书坚持理论与实际相结合的原则,注重基本概念、基本原理及应用实例的介绍。同时,每章都配有习题及部分程序设计类题目。

本书可作为高等学校计算机科学与技术、软件工程、信息与通信工程、自动化、测绘工程、数据科学与大数据技术、人工智能等专业本科生或研究生的教材或参考书,同时也可以作为从事数字图像处理、计算机视觉、人工智能等领域应用开发的工程技术人员的参考书。

图书在版编目(CIP)数据

数字图像处理教程/徐志刚主编. —北京:清华大学出版社,2019(2025.1重印)
ISBN 978-7-302-51948-5

Ⅰ. ①数… Ⅱ. ①徐… Ⅲ. ①数字图像处理—教材 Ⅳ. ①TN911.73

中国版本图书馆 CIP 数据核字(2018)第 294732 号

责任编辑:姚　娜　刘秀青
封面设计:李　坤
责任校对:王明明
责任印制:宋　林

出版发行:清华大学出版社
　　　　网　　址:https://www.tup.com.cn, https://www.wqxuetang.com
　　　　地　　址:北京清华大学学研大厦 A 座　　　邮　编:100084
　　　　社 总 机:010-83470000　　　　　　　　　邮　购:010-62786544
　　　　投稿与读者服务:010-62776969, c-service@tup.tsinghua.edu.cn
　　　　质量反馈:010-62772015, zhiliang@tup.tsinghua.edu.cn
　　　　课件下载:https://www.tup.com.cn, 010-62791865
印 装 者:涿州市般润文化传播有限公司
经　销:全国新华书店
开　本:185mm×260mm　　印　张:13.75　　字　数:334 千字
版　次:2019 年 4 月第 1 版　　　　　　印　次:2025 年 1 月第 4 次印刷
定　价:39.00 元

产品编号:072769-01

前　　言

　　图像是人类社会最重要的信息载体之一。数字图像处理技术就是利用计算机对图像进行转换、加工、处理与分析的方法和技术的总称。数字图像处理技术起源于 20 世纪 20 年代，但是其真正发展壮大还是在 60 年代以后。从那时起，数字图像处理技术作为一个新的学科开始日益受到人们的重视。经过半个多世纪的发展，数字图像处理学科的理论与方法已得到了长足的发展，在工农业生产、科学研究、航空航天、军事、公共安全、生物医学与诊断、通信、文化传播、气象、交通等众多领域得到了广泛的应用，取得了巨大的社会和经济效益。特别是进入 21 世纪以来，随着人类社会进入数字化、网络化和智能化时代，数字图像处理技术已成为社会生活和经济发展不可或缺的重要组成部分。

　　数字图像处理技术的研究内容涉及光学、数学、计算机科学、信息论、微电子学等领域，是一门交叉性和开放性很强的学科。同时，数字图像处理已成为高等学校计算机科学与技术、软件工程、信息与通信工程、自动化、测绘工程、数据科学与大数据技术、人工智能等专业的一门重要的理论课程。本书正是作者根据多年从事数字图像处理教学和科研工作的经验并且在参考国内外相关领域研究成果及经典教材的基础上编写而成的。本书坚持理论与实际相结合的编写方针，注重基本理论和基本应用，努力做到概念清晰、内容系统、重点突出、理论与实例并重，并通过典型的算例或应用实例加深读者对相关知识的理解。在内容编排上，本书力求做到理论分析概念严谨、例题说明简明扼要、实例演示清晰明了。希望读者通过本书的学习，能够对数字图像处理的基本理论、基本方法和技术有一个全面的了解，为之后开展数字图像处理相关应用开发和研究工作奠定一定的理论基础。

　　本书在知识体系结构上分为图像处理和图像分析两个层次。其中，既包含各部分的经典内容，也包含近年来数字图像处理技术发展的一些新概念和新方法。全书共 10 章，可以分为 3 个部分。第 1 部分是第 1~2 章。这部分是本书的基础，主要叙述数字图像处理基础的相关内容，包括数字图像处理的特点、数字图像处理的主要应用领域、数字图像处理的主要内容、数字图像处理系统的基本构成、数字图像处理技术的发展方向、人类视觉感知的基本特性、数字图像的基本知识等。第 2 部分是第 3~7 章。这部分主要介绍数字图像处理的基本方法和技术，包括图像的灰度变换、直方图处理、空域平滑滤波和锐化滤波、离散傅里叶变换、离散余弦变换、离散小波变换、频域增强方法、基本的图像复原方法、图像超分辨率重建和几何失真校正、常用的彩色模型、伪彩色和假彩色图像增强方法、基本的真彩色图像增强方法、常见的图像压缩方法等。第 3 部分是第 8~10 章。这部分主要讲解数字图像分析与描述的基本原理和方法，包括基本的图像分割方法、二值数学形态学的基本运算和常用算法、灰度数学形态学的基本运算、基本的图像描述与分析方法等。

　　本书由徐志刚任主编，朱红蕾任副主编，具体分工如下：第 1 章、第 2 章、第 5 章、

第 6 章、第 8 章和第 10 章由徐志刚老师编写，第 3 章、第 4 章、第 7 章和第 9 章由朱红蕾老师编写。全书由徐志刚老师统稿。本书的出版得到了兰州理工大学规划教材基金的大力支持。同时，清华大学出版社的编辑为本书的编写和出版付出了辛勤劳动。此外，研究生李文文、袁飞祥和马强协助完成了书稿整理等相关工作。借此机会对他们的辛勤付出一并表示衷心的感谢。

由于编者水平有限，书中谬误和不妥之处在所难免，敬请同行专家和各位读者批评指正。

编　者

目　　录

第1章 绪 论

图像这个词包含的内容非常广泛，总体而言，凡是具有视觉效果的画面都可以称之为图像。图像处理的目的主要有两个：一是对图像信息进行记录、存储、传输与显示；二是对图像信息进行各类操作，以便于人们或机器对图像中蕴含的丰富信息进行处理、分析与鉴别。本章将对数字图像处理的一些基本概念进行介绍，其中包括数字图像的基本概念、数字图像处理的主要应用领域、数字图像处理的特点、数字图像处理的主要方法和主要内容、数字图像处理系统的基本构成以及数字图像处理技术的发展方向等。

1.1 序 言

图像是人类社会活动中最常接触的信息载体。研究表明，人类获取的信息 80% 以上来自视觉，10% 以上来自听觉，这两者加起来超过 90%。因此，作为承载和传递信息的重要媒体和手段——图像是十分重要的。中国成语中的"一目了然""一望而知"都反映了图像在信息传递中的独到之处。当前，随着网络与通信技术的发展，社会大众获取信息的主要途径已快速地由"读字"转换为"读图"，图像在信息交流中所具备的优势愈发凸显。

数字图像处理技术起源于 20 世纪初。早在 1921 年，人们利用巴特兰(Bartlane)电缆图片传输系统，经过大西洋在伦敦和纽约之间传输了第一幅数字化的新闻图片。这使两个大洲间新闻图片的传输时间由原先的一个多星期缩短到 3 小时以内。巴特兰电缆图片传输系统首先对图像进行编码传输，然后在接收端利用电报打字机字符模拟中间色调把图像还原出来。最初，它只能将图像编码为 5 个灰度级。到了 1929 年，该系统传输图像的灰度级增加到了 15 个。

上述工作只是图像数字化的初步尝试。为了对图像的灰度、色调和清晰度进行改善，人类曾经采用各种方法对图像的传输、打印和恢复技术进行改进。这种努力一直持续到此后的 20 世纪 50 年代。直到当时的电子计算机已经发展到一定水平，人们开始利用计算机来处理图形和图像信息。

数字图像处理作为一门学科大约形成于 20 世纪 60 年代初期。1964 年美国喷射推进实验室(JPL)进行太空探测工作时，利用计算机来处理徘徊者 7 号飞船发射回来的由电视摄像机拍摄的月球表面影像，以矫正各种形式的图像畸变、调节图像对比度并去除图像噪声。同时，他们成功地用计算机绘制出了月面地图。随后在 1965 年，JPL 又对徘徊者 8 号和徘徊者 9 号发回的一万多张照片进行较为复杂的处理，使图像质量得到进一步提高。JPL 的相关工作推动了图像复原技术的研究和发展。同时，JPL 的工作在世界上也引起了诸多领域学者的关注，并促进了数字图像处理技术从空间技术开发向其他应用领域的拓展。

20 世纪 60 年代末到 70 年代初，在进行空间应用的同时，数字图像处理技术开始应用于地球遥感和地质勘探领域，以进行地质资源探测、土地测绘、农作物估产、水文气象监测、环境检测等。这些应用促进了图像增强和图像识别技术的研究和发展。此外，在同一时期，数字图像处理技术在医学诊断领域也得到了应用推广。英国电子工程师亨斯菲尔德(G. N. Hounsfield，见图 1-1)制成世界上第一台计算机断层扫描仪(Computer Tomography，CT)用于人体某一部位疾病的检查。而计算机断层扫描技术的发展也促进了图像重构技术的研究和发展。

图 1-1　亨斯菲尔德及早期的 CT

　　早期数字图像处理技术研究的主要目的是改善图像的质量。它以人为对象，以改善人的视觉效果为目的。但在 20 世纪 70 年代末，随着计算机技术和人工智能、思维科学理论研究的迅速发展，数字图像处理技术研究逐渐开始向更高、更深的层次发展。人类开始研究如何使计算机系统具备与人类视觉系统相类似的功能，从而能够利用计算机去解释图像，理解外部世界，这被称为图像理解或计算机视觉。

　　20 世纪 80 年代末到 90 年代，随着高速计算机和集成电路技术的发展，图像处理技术更趋成熟。同时，伴随全球通信技术的蓬勃发展，可视电话、高清晰度电视、多媒体计算机、因特网等新技术和新产品迅速出现。在这一背景下，图像压缩和多媒体技术获得了突破并得到了广泛应用。此外，在图像通信、办公自动化系统、地理信息系统、医疗设备、卫星影像传输及分析、工业自动化、装备制造、智能交通、数据处理与分析等领域，各种图像处理技术均取得了广泛的开拓性进展，并逐渐进入成熟应用阶段。数字图像处理学科也从信息处理、自动控制系统理论、计算机科学、数据通信、电视技术等学科中脱颖而出，成长为旨在研究"图像信息的获取、存储、显示、传输、变换、理解与综合利用"的崭新学科。

　　数字图像处理技术发展到现在，许多技术日趋成熟，在各个领域的应用均取得了巨大的成功和显著的社会、经济效益。

　　目前，数字图像处理已成为计算机科学、信息科学、工程学、统计学、物理、化学、天文学、生物学、医学以及社会科学等学科领域学习和研究的对象。例如，在遥感影像处理领域，利用地球卫星获取的图像进行资源调查(如森林调查、海洋泥沙和渔业调查、水资源/土地资源调查等)，灾害检测(如病虫害检测、水情火情检测、环境污染检测等)，资源勘查(如石油勘查、矿产量探测、大型工程地理位置勘探分析等)，农业规划(如土壤营养、水分调查，农作物生长、产量的估算等)，城市规划(如地质结构探查、水源及环境分析，城市交通规划等)。在军事领域，利用图像处理技术实现合成孔径雷达图像分析，武器的精确制导，敏感目标监控与资情分析，具有图像、视频传输、存储和显示功能的军事自动化指挥系统，飞机、坦克和军舰模拟训练系统，无人机操控等。在公共安全领域，利用图像处理技术完成指纹识别，人脸鉴别，印章鉴定，不完整图像复原，嫌疑人监控与识别，重复户籍信息鉴别以及交通监控、事故分析等。在生物医学工程领域，借助图像处理技术进行红白细胞计数，染色体分析，X 射线、超声、CT、MRI、PET 图像分析，显微医学操作，人脑神经和生理研究，医疗手术规划，远程医疗，脑机交互等。在工业和工程领域，利用图像处理技术进行零件质量检测，零件分类，工件自动装配、印刷电路板缺陷检查，物体的应力、阻力和升力分析，非接触式数据采集与环境控制等。

进入 21 世纪以来，随着网络技术、人工智能等技术的发展，基于内容的图像和视频检索、虚拟现实、基于大数据的图像和视频处理等又成为数字图像处理领域新的研究热点。

综上所述，数字图像处理技术在科学研究、国民经济和社会发展中的重要作用是显而易见的。正因为如此，数字图像处理的相关理论和技术受到了各界的广泛关注。在众多科技工作者的不懈努力下，数字图像处理技术已经取得了令人瞩目的成就，并且正向着更加深入、更加智能的方向发展。

1.2 图像处理的基本概念

1.2.1 图像表示

客观世界在空间上是三维的，在时间上是连续的。图像作为客观对象的一种可视表示，可以看作是由无数个微小的光点组成的集合。而一幅图像所包含的信息首先表现为光强度的空间分布与变化。因此，在用数学方法描述一幅图像时，可以把一幅图像看成是空间各个坐标点上的光强度 F 的集合。一幅运动的、彩色/多光谱的、立体的图像的普遍数学表达式可以写作

$$F = f(x, y, z, \lambda, t) \tag{1.2.1}$$

式中，(x, y, z) 表示空间坐标；λ 表示光波波长；t 表示时间。

由于图像的光强度函数是非负实数。而且，任何一个物理的成像系统所获取的图像最大光强度信息总是有限的。因此

$$0 < f(x, y, z, \lambda, t) \leqslant I \tag{1.2.2}$$

这里，I 是一个正实数，表示图像最大光强度。

一般而言，从客观景物得到的图像都是二维的，也就是与坐标 z 无关；对于灰度图像，其波长 λ 为一常数；对于静止图像，则时间 t 为一常数。因此，对于静止灰度图像，其数学表示形式可简化为

$$F = f(x, y) \tag{1.2.3}$$

这里，x 和 y 表示二维空间中一个坐标点的位置，而 F 则表示图像在点 (x, y) 的某种性质的数值。实际应用中，$f(x, y)$ 有时表示一幅图像，有时又表示图像中位置在 (x, y) 点的属性值。因此，需要根据上下文来区分 $f(x, y)$ 代表的含义。

早期图像所包含的信息都是连续(模拟)的，f、x、y 的值可以是任意实数。而数字图像处理中研究的图像都是离散(数字)的，是可以直接使用计算机来处理的。构成二维数字图像的基本单元称为像素或像元(pixel)。而对于三维数字图像，其基本构成单元称为体素(voxel)。除非特别说明，在本书中所涉及的图像均为二维数字图像。

1.2.2　数字图像处理的目的

一般而言，对图像进行处理和分析主要有以下三个目的。

(1) 提高图像的视觉质量。例如，对于成像质量不佳的图像或受退化因素影响的图像进行各类操作：去除图像中的噪声，改变图像的亮度、颜色，增强图像中的某些成分、抑制另外一些成分，对图像进行几何变换等，从而改善图像的质量，以达到或真实的、或清晰的、或色彩丰富的、或意想不到的视觉效果。

(2) 提取图像中所包含的某些特征或特殊信息，以便于计算机分析与处理。这些特征包括很多方面，如频域特性、灰度/颜色特性、边界/区域特性、纹理特性、形状/拓扑特性以及关系结构等。例如，合成孔径雷达(SAR)图像在空中侦察、联合监视、目标攻击、地质研究和海洋资源勘测等军事与民用领域有着极为广泛的应用。而 SAR 图像在各领域的应用中都不可避免地涉及 SAR 图像的识别与分类问题。由于 SAR 图像反映的是地物对雷达波的后向散射特性，若不同的地物具有相同或相近的后向散射系数，则它们就具有相近的灰度值。此外，SAR 成像时还会受到相关噪声的影响。因此仅利用灰度特征很难实现 SAR 图像的正确分类。考虑到 SAR 图像中含有丰富的纹理信息，不同的地表粗糙度会呈现出不同的纹理特征，因此可以把纹理作为除灰度之外的另一个特征信息引入图像分类中，这样可以有效地提高 SAR 图像的识别与分类精度。

(3) 对图像数据进行变换、编码和压缩，以便于图像的存储和传输。

1.3　数字图像处理的内容和方法类别

1.3.1　数字图像处理的主要内容

数字图像处理的理论方法涉及数学、物理学、控制论、模式识别、人工智能、心理学、计算机科学和信号处理等诸多学科，是一门兼具交叉性和开放性的学科。数字图像处理学科涉及的知识种类繁多，从主要研究内容上划分可以分为以下几个方面。

1. 图像获取

数字图像信息获取就是将非数字形式的图像信号通过数字化设备转换成适合计算机或数字设备处理的数字信号。这一过程包括图像信号采样与量化、图像表示及存储、采集设备校准等。

2. 图像增强

图像增强是突出图像中的有用信息，削弱噪声和干扰，提高图像的清晰度，强化图像中感兴趣的部分。图像增强一方面可以改善图像的视觉效果，另一方面也便于人或机器分析、理解图像内容。图像增强主要包括图像灰度变换、伪彩色处理、图像平滑、锐化等。

3. 图像复原(恢复)

图像复原(恢复)主要的目的是对退化图像进行处理，使处理之后的图像尽可能地接近原始图像。所谓退化图像，是指由于各种干扰因素的影响使原本清晰的图像产生退化而形成的图像。图像复原主要包括无约束复原、有约束最小二乘复原、图像超分辨率重建、图像几何畸变校正等。

4．图像压缩编码

图像压缩编码是在满足一定保真度的条件下，对图像数据进行变换和编码，去除冗余信息，减少表示数字图像时需要的数据量(即比特数)，以节省图像传输、处理时间，减少图像所占用的存储器容量。图像压缩编码通过较少的数据量来表示原来的像素矩阵，可分为两类：一类压缩是可逆的，即利用压缩后的数据可以完全恢复原来的图像，图像信息没有损失，称为无损压缩编码；另一类压缩是不可逆的，即利用压缩后的数据无法完全恢复原来的图像，图像信息有一定损失，称为有损压缩编码。

5．图像分割

图像分割是根据选定的特征把图像分成若干个特定的、具有独特性质子区域的过程。这些选定的特征包括图像的灰度、边缘、区域、纹理等。图像分割是图像目标识别、分析和图像理解的基础。现有的图像分割方法主要分以下几类：基于边缘的分割方法、基于阈值的分割方法、基于区域的分割方法以及基于特定理论的分割方法等。目前，虽然已存在大量的图像分割方法，但还没有一种普遍适用于各种图像的有效方法，而且很多分割方法在应用时还存在诸多限制条件。因此，对图像分割的研究还在不断深入之中。

6．图像描述与分析

图像描述与分析主要是对已经分割的或正在分割的图像中各分割区域的属性以及各区域之间的关系加以表示与描述，从而使分割结果更适合计算机处理。图像描述与分析是图像识别和理解的必要前提，主要包括灰度幅值与统计特征描述、区域特征描述、纹理特征描述、颜色特征描述等。

7．图像识别

图像识别属于模式识别的范畴，其主要内容是根据从图像中提取的各目标物的特征与特定目标物固有的特征进行匹配，以识别不同类型的目标和对象。图像识别技术目前主要包括四个类别：统计模式识别方法、句法(结构)模式识别方法、模糊模式识别方法和人工神经网络识别方法。其中，近年来新发展起来的基于深度学习的识别方法在图像识别研究中受到越来越多的关注。

8．图像理解

图像理解是由模式识别发展起来的方法。该处理输入的是图像，输出的是一种描述。这种描述并不单纯是用符号对图像内容进行详细的描述，而且是要利用客观世界的知识使计算机进行推演，从而理解图像所表现的内容。例如，用户希望使用网络搜索引擎搜索诸如"包含蓝天白云的照片""桌椅的照片"时，传统的搜索引擎只能根据用户输入的关键字与网络中标注相似信息的图片进行比对，结果只能找到数量较少的资源。更进一步，用户希望借助图像而不是文字来查找网络中的同类资源，或者希望弄明白未标注图像中的目标物为何物时，传统的搜索引擎就无能为力了。借助图像理解技术，搜索引擎就可以自动分析图像内容并为用户提供丰富的相关搜索结果，从而有效提升用户体验。

1.3.2 数字图像处理的方法类别

数字图像处理方法大致可以分为两大类，即空间域方法和变换域方法。

1．空间域方法

在数字图像处理过程中，空间域是指由像素组成的空间，也就是图像域。空间域方法是指直接作用于图像像素值并改变其特性的处理方法。它包括各种统计方法、微分方法及其他数学方法。空间域方法的基本处理流程如图 1-2 所示。图 1-2 中，$f(x, y)$ 表示待处理图像，$h(x, y)$ 表示空间域映射函数，$g(x, y)$ 表示处理后的图像。

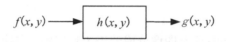

图 1-2　空间域方法基本处理流程

2．变换域方法

变换域方法是指通过某种数学变换将图像数据由空间域转换到另一个数据域中，得到变换系数矩阵，然后再对该矩阵进行各种处理。由于图像通常数据量很大，直接在像素空间进行处理时涉及的计算量很大。此外，一些图像处理操作在空间域也难以实现。因此，可以采用各种图像变换的方法，如傅里叶变换、沃尔什变换、离散余弦变换等间接处理技术，将空间域的图像数据转换到另外一个数据域去处理。一般而言，"另外一个数据域"更集中地代表了图像中的某些有效信息，或者更便于实现某种处理操作。除了上述提到的一些频域变换方法外，以小波变换为代表的多尺度分析工具由于在时域和频域中都具有良好的局部化特性，因此在图像处理中也有着广泛的应用。

变换域方法不仅可以减少计算量，而且可以获得更有效的处理结果(如利用傅里叶变换在频域中对图像进行多种滤波处理)。通常情况下，处理后的数据还需要通过反变换转换回空间域，从而得到处理后的图像。变换域方法的处理流程如图 1-3 所示。图 1-3 中，$f(x, y)$ 表示待处理图像，$F(u, v)$ 表示待处理图像 $f(x, y)$ 在变换域中转换的结果，$H(u, v)$ 表示变换域函数，$G(u, v)$ 表示 $F(u, v)$ 经变换域函数处理的结果，$g(x, y)$ 表示利用反变换将 $G(u, v)$ 变换回空间域后的图像。

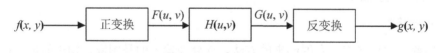

图 1-3　变换域方法的基本处理流程

1.3.3 数字图像处理的理论框架

数字图像处理技术包含的内容非常丰富，其理论框架根据抽象程度和研究方法等的不同可分为低层图像处理、中层图像处理和高层图像处理三个层次。

1．低层图像处理

低层图像处理着重强调在图像之间进行的变换。其目的主要是对图像进行各种加工以改善图像的视觉效果并为自动识别奠定基础，或对图像进行压缩编码以减少所需的存储空间或传输时间。低层图像处理主要在图像像素级上进行处理，处理的数据量非常大。

2．中层图像处理

中层图像处理主要是对图像中感兴趣的目标进行检测和测量，以获得它们的客观信息，从而建立对图像的描述。如果说低层图像处理是一个从图像到图像的过程，则中层图像处理是一个从图像到数据的过程。这里的数据可以是对目标特征测量的结果，也可以是基于测量的符号表示。它们描述了图像中目标的特点和性质。中层图像处理利用分割和特征提取能把原来以像素描述的图像转变成比较简洁的非图形式的描述。

3．高层图像处理

高层图像处理的重点是在中层图像处理的基础上，进一步研究图像中各目标的性质和它们之间的相互联系，并得出对图像内容含义的理解以及对原来客观场景的解释，从而指导和规划行为。如果说中层图像处理主要是以观察者为中心研究客观世界(主要研究可观察到的事物)，那么高层图像处理在一定程度上是以客观世界为中心，借助知识、经验等来把握整个客观世界(包括没有直接观察到的事物)。因此，高层图像处理基本上是对从图像描述中抽象出来的符号进行运算，其处理过程和方法与人类的思维推理有许多类似之处。

低层图像处理、中层图像处理和高层图像处理处于三个抽象程度和数据量各有特点的不同层次上，如图 1-4 所示。通常情况下，高层图像处理从某种类型的形式化世界模型开始，将通过数字图像感知的"真实"与模型进行比较，试图找到匹配关系。当出现差别时就开始寻找部分匹配来克服不匹配问题，而计算机再转向中层图像处理和低层图像处理，寻找用来更新模型的信息。这个过程反复进行。因此，对图像的"解释和理解"变成了一个自顶向下和自底向上相结合的协作过程。

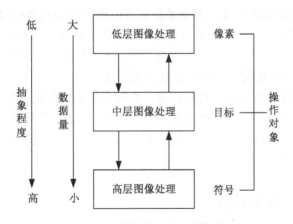

图 1-4 数字图像处理的理论层次示意

数字图像处理的每个层次都涉及不同的理论和技术问题。而数字图像处理学科是这三个既有区别又有联系的理论层次的有机统一。考虑到本书篇幅，本书内容将主要围绕低层图像处理和中层图像处理所涉及的理论与技术展开。

1.4　数字图像处理系统

　　一个基本的数字图像处理系统由图像采集、图像存储、图像输出、图像传输以及图像处理与分析 5 个部分组成，如图 1-5 所示。数字图像处理系统中的每个部分都有其特定的功能和对应的软硬件支撑。

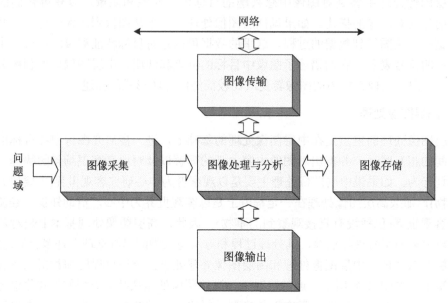

图 1-5　基本的数字图像处理系统

1.4.1　数字图像采集模块

　　图像采集也称为图像数字化。图像采集需要借助一定的设备(如数码相机、数码摄像机、图像扫描仪等)来实现。这些设备将自然场景转化为可用计算机加工的图像，因此也称为成像设备。事实上，图像既可以从客观场景中采集，也可以利用已知数据生成。通常情况下，数字图像处理只考虑通过自然场景获取的图像。

　　图像采集设备工作时输入的是自然场景，而输出的是反映场景的图像。一般来说，采集设备有两类：一类是对某个电磁辐射能量波段(如可见光、紫外线、红外线等)敏感的物理传感器，可以将接收到的电磁能量转换为数字信号；另一类是数字化设备，它可以将模拟图像转换为数字图像。

1.4.2　数字图像存储模块

　　图像自身所包含的数据量是非常大的。比如，目前较普通的手机 800 万像素摄像头可以拍摄 3200 像素×2400 像素的彩色照片，假定该彩色图像未经压缩，图像中每个像素用 3 个字节存储其色彩信息，则该图像需要大约 22MB 的存储空间。当一次旅行中拍摄了 1000

张此类图像时，所需的存储空间大约就要 21.5GB。再如，存储时长为 1 小时、未经压缩的、分辨率为 720P(1280 像素×720 像素)、每秒 25 帧的灰度视频大约需要 78GB 的存储空间。如此，一块 1TB 的硬盘仅能存储 13 小时左右的 720P 灰度视频。而若换作清晰度更高的 1080P(1920 像素×1080 像素)、包含声音等信息的彩色视频，则可以存储的量会更少。

上述例子一方面说明了图像压缩的必要性。另一方面也说明在数字图像处理系统中，大规模和快速的图像存储能力是必须的。目前，用于图像处理和分析的数字图像存储器可以分为三类：处理和分析过程中使用的快速存储器、在线或联机存储器、不经常使用的数据库存储器。而在线云存储方式是目前快速发展的一类图像存储方式。

1.4.3 数字图像输出模块

数字图像处理技术的一个主要目的是为人或机器提供更便于识别和解释的图像。因此，在图像分析、识别和理解的过程中，一般都需要将处理前后的图像显示出来，以供分析与比较，或者将结果输出到特定的物理介质中。因此，图像输出也是图像处理的重要内容之一。

图像的输出一般可分为两种：一种称作显示或软拷贝，通常的方法包括液晶显示、投影显示等；另一种称作硬拷贝，通常的方法包括照相、激光拷贝、打印输出等。

1.4.4 数字图像传输模块

在日常生活和许多工程应用领域，都会涉及对图像和视频数据进行传输或通信的问题。例如，1 小时未经压缩的 720P 彩色视频的数据量大约为 234GB，如果通过网络以 1MB/s 的传输速率将这些视频数据传输给远端用户时，大约需要耗时 2.77 天！这在现实中显然是不可接受的。

由于图像和视频数据量很庞大，而通常能够提供的通信带宽又是很有限的，这就要求在传输前必须对图像数据进行编码和压缩，以减少图像数据量。此外，在网络环境下存放和传输的数字图像和视频可能还包含一些版权、隐私信息和机密信息等。因此，数字图像的版权保护和安全传输也是一个需要解决的问题。这又涉及数字图像的隐藏、置乱、伪装、分存、数字水印、图像内容签名等问题。

1.4.5 数字图像处理和分析模块

数字图像处理和分析模块是数字图像处理系统的核心。它包括计算机以及特定的图像处理软硬件。对于数字图像处理和分析模块而言，其软硬件必须适合所要解决的问题。同时需要有高质量的处理和显示设备。

当面向通用处理时，图像处理软件系统应允许用户使用简单且逻辑性强的方式通过菜单选择进行处理和分析。此外，图像处理方法库应保持丰富性和可扩展性，以便于加入新的程序模块，从而使系统的性能不断增强。而图像处理硬件系统应配置快速处理硬件，包括能实时进行图像间加、减、乘、除等算术运算和逻辑运算的快速硬件流水线处理器；用

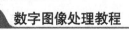

于实时卷积滤波运算的快速实时小核卷积器以及用于快速傅里叶变换、各种矩阵运算和矢量运算的快速阵列处理单元等。

1.5　数字图像处理的特点及优越性

1.5.1　数字图像处理的特点

图像通常是二维或三维信息矩阵，数据量很大，因此对图像处理设备的处理速度、存储空间等要求较高。

图像中局部区域内的各个像素不是独立的，其相关性很大。而图像中通常有大量像素具有相同或相近的灰度。因此，图像压缩的潜力很大。

由于图像是三维景物的二维投影，因此，要分析和理解三维图像信息必须作合适的假定或附加新的测量，例如，借助双目图像或多视点图像。同时，需要知识导引来更好地理解三维景物。

图像处理技术综合性强。数字图像处理涉及的技术领域相当广泛，如通信技术、计算机技术、电子技术等。当然，数学、物理学等学科领域更是数字图像处理的基础。

处理后的图像一般是给人观察和评价的，因此评价结果受人主观因素的影响较大。由于人的视觉感知受环境条件、视觉能力、人的情绪爱好以及知识状况等因素的影响，因此图像处理结果的评价问题也是与心理学和神经学相关的课题。

1.5.2　数字图像处理的优越性

1．适用面宽

数字图像可以来自多种信息源，它们既可以是可见光图像，也可以是不可见的波谱图像(例如 X 射线图像、超声波图像、红外/紫外图像等)，还可以是由计算机利用各种数据绘制的图像。从图像反映的客观实体尺度看，可以小到显微图像，大到航空图像、遥感图像甚至天文图像。

2．处理精度高

利用计算机进行数字图像处理，其实质是对图像数据进行各种运算。由于计算机技术的飞速发展，数字图像处理的精度和计算的正确性毋庸置疑。

3．再现性好

数字图像不会因图像的存储、传输或复制等一系列操作而导致图像质量的退化。这也是数字图像处理与模拟图像处理的根本区别之一。

4．灵活性高

数字图像处理不仅可以通过线性运算完成，也可以通过非线性处理实现。凡是可以用数学公式或逻辑关系来表达的一切运算均可用于数字图像处理。同时多种不同的数字图像处理策略也可以实现相同的处理目标，从而使数字图像处理方法的选择具有极高的灵活性。

1.6　数字图像处理技术的发展方向

数字图像处理技术已经经过了半个多世纪的发展。自 20 世纪八九十年代以来，随着计算机技术、多媒体技术和网络通信技术的快速进步，数字图像处理相关技术和理论已得到了迅猛的发展，出现了许多新理论、新方法、新手段和新设备。数字图像处理技术已经在科学研究、工业生产、医疗卫生、教育、娱乐、社会管理、国防安全和通信等领域得到了广泛的应用，对改变人类的生产、生活方式起到了重要的作用。

目前，数字图像处理技术已经得到了空前的发展。但是，在一些领域依然需要深入研究。这些领域如下所述。

(1) 图像自身巨大的数据量与图像处理速度之间依然是一对矛盾体。特别是在当下网络化及云存储的环境中，仍需要在提高精度的同时着重解决处理速度的问题。

(2) 加强学科间的渗透，借鉴其他学科的理论和研究成果来充实数字图像处理学科，以开发新的处理方法并着力解决一些传统方法难以解决的问题。

(3) 加强交叉学科的研究(如认知心理学、认知神经科学和人工智能)。如果在这些方面有所突破，将对数字图像处理技术的发展起到极大的促进作用。

数字图像处理技术未来发展大致体现在以下四个方面。

(1) 朝高速、高分辨率、立体、智能和标准化方向发展。其具体表现为：①提高软硬件处理速度。这不仅要提高图像处理与分析系统的运算速度，而且要使模/数和数/模转换的速度实时化。②提高分辨率。这主要是提高图像采集分辨率和图像显示分辨率，如现在流行的超高像素密度显示技术。③超媒体化。当前，互联网络的发展和普及已达到空前的规模。有别于传统的结构化数据，这类网络平台上的数据是以文本、图像和视频等多种形式呈现并以跨媒体的形式存在。因此，跨媒体数据的分析和理解是未来图像处理技术融合发展的一个方向。④智能化。力争在人工智能、人机交互等技术发展的基础上，使数字图像的获取、处理、识别和理解能够按照人的感知和思维方式进行，能够考虑到主观概率和非逻辑思维，并且更有效地提升用户的使用体验。

(2) 三维成像及虚拟现实(Virtual Reality，VR)技术。目前，信息量更大的三维图像随着计算图形学及虚拟现实技术的发展已经得到了广泛应用，并正朝着实时三维及多维成像的方向发展，如裸视三维成像技术，全息三维显示技术，广角(宽视野)立体显示技术，对观察者头、眼和手的跟踪技术，以及视觉反馈技术等。

(3) 各类通用和专用硬件芯片的开发研究。随着图像和视频采集与应用需求的快速增长，图像和视频传感器收集的数据越来越多，需要的处理也日趋复杂，这些都对图像处理硬件提出了更高的要求。比如，处理必须实时完成，处理器能耗必须更低，芯片的集成度必须更高等。各类通用和专用硬件芯片开发的核心是将一些特定图像处理算法用芯片的方式实现，同时在复杂处理中融入深度学习和神经网络算法。此外，各类嵌入式图像处理硬件的开发也是研究的重点。

(4) 数字图像处理学科与通信、生物、医学、遥感、雷达、测绘等常规学科及大数据处理等新兴学科和技术领域的融合及发展应用。

1.7 习　题

1. 什么是图像？什么是数字图像？

2. 数字图像处理的主要内容有哪些？试说明它们的基本用途。

3. 数字图像处理方法可以分为哪几类？

4. 数字图像处理有哪些应用？试举例说明。

5. 数字图像处理根据其抽象程度和研究方法的不同可以分为哪几个层次，它们各有什么特点？它们之间有哪些联系和区别？

6. 讨论数字图像处理系统的组成。列举你熟悉的图像处理系统并分析它们的组成和功能。

7. 采用数字图像处理技术有哪些优点？

8. 数字图像处理技术的发展方向有哪些？

第2章 视觉感知与数字图像处理基础

数字图像处理技术虽然建立在数学和概率统计表示方法的基础之上，但是数字图像处理方法的选择在很大程度上仍然依赖于人的视觉判断与分析。此外，数字图像处理与分析系统和人的视觉系统在诸多方面也存在相似性。因此，了解人的视觉系统特性以及所处理图像的特点是恰当选择图像处理方法的必备知识。本章将主要介绍人眼的基本结构、人类视觉感知的基本特性以及数字图像的基本知识。

2.1 视觉感知

2.1.1 人眼的构造机理

人的视觉系统由眼球、视神经系统和大脑中的视觉中枢构成。人眼各部分的构造在功能上与日常使用的照相机和摄像头类似，其剖面简图如图 2-1 所示。

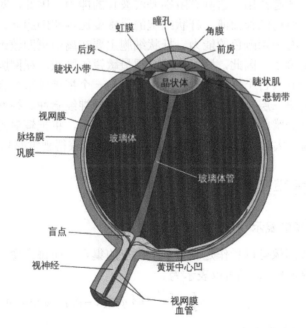

图 2-1 人眼结构简图

人眼的平均直径大约为 20mm，其外壳从外向里有三层薄膜，即角膜、巩膜、脉络膜和视网膜。眼球的最外层是角膜和巩膜。角膜是较硬而透明的组织，它覆盖在眼球的前表面。巩膜和角膜连在一起，它是一层不透明的膜，包裹着眼球剩余的区域。巩膜的里面是脉络膜。这层膜包含血管网，它是眼睛的重要滋养源。脉络膜外壁颜色很深，有利于减少进入眼睛内的外来光线干扰和眼睛内部散射光的数量，使整个眼球完全封闭，犹如照相机

的暗室。

脉络膜的最前端是睫状肌和虹膜。虹膜有辐射状的纹理，不同种族的人其虹膜颜色有所不同。虹膜中间是瞳孔，瞳孔是光线进入人眼的孔道，相当于照相机的光圈。人眼通过虹膜控制瞳孔的缩放可以控制进入眼球内部的光通量。当处于光线较强的环境时，瞳孔会自动缩小，避免眼睛被灼伤；而当光线变暗时，瞳孔会自动扩大，让更多的光线进入，从而保证人眼能看清物体。

瞳孔后面是一个扁球形弹性透明体，称为晶状体。晶状体相当于一个可变焦距的凸透镜。人眼通过睫状肌的牵拉作用改变晶状体的形状可调节焦点。玻璃体位于晶状体后面，为无色透明胶状体，充盈于晶状体与视网膜之间的空腔里，具有屈光、固定视网膜的作用。玻璃体的前面有一凹面，正好能容纳晶状体，称为玻璃体凹。

眼球的最内层为视网膜。自然界的光线透过角膜、瞳孔，经过晶状体的聚光调节和玻璃体的透射，最终会清晰地落在视网膜上。因此，从光学观点出发，视网膜是眼光学系统的成像屏幕，它是一凹形的球面，具有接收和传送影像的作用，视网膜上布满神经，可以将外界传入的光线传送给大脑显现成像。视网膜上的感觉层主要由三个神经层组成，依次为光感受器细胞→双极细胞→神经节细胞。视网膜上的第一感觉层是光感受器细胞，专司感光。光感受器细胞包括锥状细胞和杆状细胞。人的视网膜上有 600 万～700 万个锥状细胞和 1.1 亿～1.3 亿个杆状细胞。锥状细胞提供明视，其结构短而粗，光灵敏度较低，只有在光线明亮的情况下才起作用，它具有辨别光波波长的能力，因此，对颜色十分敏感。杆状细胞提供暗视，其结构细长而薄。杆状细胞的灵敏度比锥状细胞高，在较暗的光线下能起作用。但是，它没有识别颜色的能力。杆状细胞主要在离中央凹较远的视网膜上，而锥状细胞则在中央凹处最多。因此，这里也是明视最敏锐的区域。视网膜感觉层的第二层是双极细胞层，约有十到数百个视细胞通过双极细胞与一个视神经节细胞相联系，起联络作用。视网膜感觉层的第三层是神经节细胞层，专管传导神经脉冲。视网膜的分辨力是不均匀的。在黄斑区，其分辨能力最强。视网膜获得光刺激后，将把辐射光能转换为生物电脉冲，通过视神经传递给大脑，最后由大脑负责解码，使人获得视觉感知。

2.1.2　人的视觉模型

1．光学成像系统的表示

在数学上，一幅图像可以看作是无数多个像点的集合，而每个像点可以看作是一个点光源。因此，自然界场景 $f(x,y)$ 可以表示为

$$f(x, y) = \int_{-\infty}^{+\infty} \int_{-\infty}^{+\infty} f(\phi, \varphi)\delta(x - \phi, y - \varphi)\mathrm{d}\phi\mathrm{d}\varphi \tag{2.1.1}$$

这里，$\delta(x,y)$ 表示点源函数。

一个光学成像系统如图 2-2 所示。

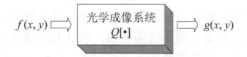

图 2-2　光学成像系统

自然场景经过光学成像系统后，其输出为

$$g(x,y) = Q[f(x,y)]$$
$$= Q\left[\int_{-\infty}^{+\infty}\int_{-\infty}^{+\infty} f(\phi,\varphi)\delta(x-\phi,y-\varphi)\mathrm{d}\phi\mathrm{d}\varphi\right] \tag{2.1.2}$$

若该光学系统是线性时不变的，则有

$$g(x,y) = \int_{-\infty}^{+\infty}\int_{-\infty}^{+\infty} f(\phi,\varphi)Q[\delta(x-\phi,y-\varphi)]\mathrm{d}\phi\mathrm{d}\varphi \tag{2.1.3}$$

设

$$h(x,y) = Q[\delta(x,y)] \tag{2.1.4}$$

则有

$$g(x,y) = \int_{-\infty}^{+\infty}\int_{-\infty}^{+\infty} f(\phi,\varphi)h(x-\phi,y-\varphi)\mathrm{d}\phi\mathrm{d}\varphi$$
$$= f(x,y) * h(x,y) \tag{2.1.5}$$

这里，$h(x,y)$称为该光学系统的点扩散函数。"*"表示卷积运算。

2. 人的视觉模型

视觉是一个信息处理过程。它能从外部世界的图像中得到一个既对观察者有用又不受无关信息干扰的描述。通过对人眼生理结构和视觉机理的研究，并结合类似的光学成像系统原理，人们发现，人眼虽然类似于一个光学系统，但由于人的神经系统的调节，视觉的实际产生过程要复杂得多。为了能更好地对人眼的视觉形成机理进行定性分析和描述，可以建立视觉模型。根据人眼对光刺激的感知和成像过程，目前常用的视觉模型如图 2-3 所示。

$f(x,y)$ ⇒ 低通滤波 ⇒ 对数处理 ⇒ 高通滤波 ⇒ $g(x,y)$

图 2-3　基本的视觉系统模型

在光线通过角膜、瞳孔、晶状体和玻璃体投射到视网膜的过程中，由于瞳孔有一定的尺寸，角膜、晶状体和玻璃体会带来一定的像差，而视细胞本身有一定的尺寸，所有这些因素都会对人眼的分辨率造成影响，而这种影响实际上是限制了视觉系统接收光辐射的上限频率。这一阶段等效为一个低通滤波过程。接下来，视细胞对光线的响应可以看作是视觉感知的第二阶段。研究表明，人眼对亮度的感受是一个近似对数关系的过程。因此，这一阶段等效为一个对数运算过程。视觉感知的第三个阶段是由视神经细胞的侧抑制效应引起的。侧抑制效应最突出的一个体现就是视觉中存在着"一个光明的周边区域显得较暗，反之亦然"这样一种现象。这一过程等效于一个高通滤波器。

2.1.3　视觉特性

根据人眼的构造机理和人的视觉模型，人的视觉感知与实际场景可能并不完全相同，但是依然存在一定的对应关系。这些关系对设计和使用数字图像处理算法和设备以及数字图像处理结果的表达均具有重要的意义。

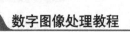

视觉特性是视觉感知的外在表现。视觉特性包括视觉对光强，对各种波长、色彩的光谱响应，对物体边缘等空间频率变化的响应，以及视觉对时间瞬时变化运动的响应等。下面介绍几种主要的特性。

1．亮度对比度

图像中亮度的最大值与最小值的比值称为亮度对比度，可用下式表示：

$$C = \frac{I_{\max}}{I_{\min}} \tag{2.1.6}$$

有时还可采用相对对比度。相对对比度是物体亮度 I_T 和背景亮度 I_B 的差值与背景亮度 I_B 的比值，用下式表示：

$$C = \frac{I_T - I_B}{I_B} \times 100\% \tag{2.1.7}$$

2．人眼的视敏特性

光是一种电磁辐射。人眼对 380～780nm 电磁波的刺激有光亮的感觉，故波长在这个范围内的电磁波称为可见光。人眼对不同波长的可见光具有不同的敏感程度，这被称为人眼的视敏特性。衡量描述人眼视敏特性的物理量为视敏函数和相对视敏函数。

视敏函数是衡量在相同亮度感觉的条件下，人眼对不同波长光的敏感程度，它用不同波长光 λ 辐射功率 $P(\lambda)$ 的倒数来表示，即

$$K(\lambda) = \frac{1}{P(\lambda)} \tag{2.1.8}$$

$K(\lambda)$ 越大说明人眼对该波长的光越敏感。

相对视敏函数则指任意波长光的视敏函数与最大视敏函数的比值。

在明视条件下，人眼对 555nm 的光有最高的灵敏度，即

$$V(\lambda) = \frac{K(\lambda)}{K_{\max}} = \frac{K(\lambda)}{K(555)} = \frac{P(555)}{P(\lambda)} \tag{2.1.9}$$

而在暗视条件下，人眼对 507nm 的光有最高的灵敏度，即

$$V(\lambda) = \frac{P(507)}{P(\lambda)} \tag{2.1.10}$$

3．人眼的亮度视觉范围

亮度视觉范围是人眼能够感觉到的亮度范围。人眼能感觉到的总的亮度范围很大，约为 $10^{-3} \sim 10^6 \text{cd/m}^2$（坎德拉/平方米，亮度单位）。但是，人眼不能在同一时间感受这么大的亮度范围。当平均亮度适中时，人眼的亮度视觉范围为 1000：1。而当平均亮度较高或较低时，人眼的亮度范围则只有 10：1。

人眼对景物亮度的主观感觉不仅取决于景物的实际亮度值，而且还与周围环境的平均亮度有关。因此，人眼的明暗感觉是相对的。在不同环境亮度下，人眼对同一亮度的主观感觉会有所不同。

4．亮度对比灵敏度

假定在均匀照度背景 I 上，有一照度为 $I+\Delta I$ 的光斑，则称眼睛刚好能分辨出的照度差

ΔI 与 I 的比($\Delta I/I$)为亮度对比灵敏度。由于背景亮度 I 增大，ΔI 也需要增大，因此在相当宽的强度范围内，对比灵敏度是一个常数，约为 0.02，也称为韦伯比。但是，这个结果在非常低的亮度或非常高的亮度条件下是不成立的。

5．亮度对比效应

人眼对亮度差别的感觉取决于相对亮度的变化。同时人眼对目标的感觉亮度也与相对亮度有关。在客观亮度的突变处，人眼的主观亮度感受会出现超调现象。

1) 同时对比度

大小一样且亮度相同的目标物处于不同的亮度背景中，人眼所感受到的主观亮度不同。通常，人眼会感到背景亮度较暗的目标物较亮，而背景较亮的目标物较暗，这种效应称为同时对比度。

图 2-4 中，四幅图像中心矩形区域的灰度值相同，但四幅图像的背景灰度从左向右依次递增。可以看到，这四幅图像中心矩形给人眼的亮度感受是不同的。

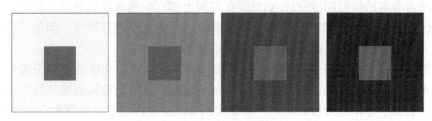

图 2-4　同时对比度示例

2) 马赫带效应

马赫带现象是 1868 年由奥地利物理学家 E.Mach 发现的一种明度对比现象，即人眼在明暗交界处感到亮处更亮、暗处更暗的现象。它是一种主观的边缘对比效应。图 2-5 所示是由一系列条带组成的灰度图像，其中每个条带内部的亮度是均匀的，而相邻两个条带的亮度相差一个固定值。但是，人在观察该条带图像时，会感觉到每个条带内的亮度并非均匀分布，而是感觉到所有条带的左侧部分比右侧亮一些，这就是所谓的马赫带效应。马赫带效应的出现，是因为人的视觉系统对于图像中不同的空间频率具有不同的灵敏度，而在空间频率突变处就出现了"欠调"或"过调"现象。

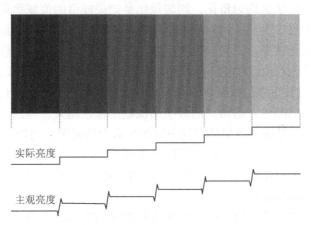

图 2-5　马赫带效应示例

2.2　图像的数字化与表示

2.2.1　图像采样与量化

我们感兴趣的各类图像都是由"照射"源和形成图像的"场景"元素对光能的反射、折射和透射吸收相结合而产生的。我们需要借助各类传感器从感知的场景中获取数字图像。由于大多数传感器的输出是连续电压波形，这些波形的幅度和空间特性都与感知的物理现象有关。为了产生一幅数字图像，需要把连续的感知图像数据转换为数字形式。数字图像处理的一个先决条件就是将连续图像经采样、量(离散)化，转换为数字图像。数字化的过程也被称为 A/D 转换：是将光电传感器产生的模拟量转换为数字量，以便计算机处理。

由传感器获取的模拟图像 $f(x, y)$ 必须在空间上和在颜色深浅的幅度上都进行数字化。空间坐标(x, y)的数字化被称为图像采样，它确定了图像的空间分辨率；颜色深浅幅度的数字化被称为灰度级量化，它确定了图像的幅度分辨率。

采样的实质就是要用多少点来描述一幅图像。采样质量的高低需要用图像分辨率来衡量。简单来讲，对二维空间上连续的图像在水平和垂直方向上等间距地分割成矩形网状结构，所形成的微小方格称为像素点。一幅连续图像就被采样成有限个像素点构成的集合。

在进行采样时，采样点间隔大小的选取很重要，它决定了采样后的图像能真实地反映原连续图像的程度。一般来说，原图像中的画面越复杂，色彩越丰富，则采样间隔应越小。由于二维图像的采样是一维的推广，根据信号的采样定理，要从采样样本中精确地恢复原图像，图像采样的频率必须大于或等于原图像最高频率分量的两倍。

采样后获得的采样图像，虽然在空间分布上是离散的，但是各像素点的取值还是连续变化的，还需要将这些连续变化的量转化成有限个离散值，并给各值赋予不同的码字，从而使样本图像中各像素的取值也呈现离散化分布，这个过程就是量化。量化就是要使用多大范围的数值来表示图像采样之后的每一个像素点的强度信息。量化的结果是图像能够表示的颜色总数，它反映了量化的质量。

目前常用的量化方法是均匀量化。均匀量化是把采样值的值域等分为若干个子空间，然后取各子空间的中点作为该区间对应的量化值，并将所有子空间的量化值用整数进行编码，这些编码就是量化结果，称为图像灰度级。在量化时所确定的离散取值个数称为量化级数。为表示量化的色彩值(或亮度值)所需的二进制位数称为量化字长，一般可用 8 位、10 位、16 位、24 位或更高的量化字长来表示像素点的颜色信息。量化字长越大，则越能真实地反映原有图像的颜色，但得到的数字图像数据量也越大。因此，量化字长与图像数据量大小的关系实际上是视觉效果和存储空间如何取舍的问题。例如：如果以 4 位存储一个像素点，就表示图像只能有 16 种颜色；若采用 16 位存储一个像素点，则可以有 $2^{16}=65536$ 种颜色。考虑到人眼的识别能力，目前非特殊用途的图像均采用 8 位量化，即用 0～255 来描述"从黑到白"。

经过采样和量化得到的一幅空间上表现为离散分布的有限个像素，灰度取值上表现为有限个离散值的图像就被称为数字图像。实际上，只要水平和垂直方向采样点数足够多，量化位数足够大，数字图像的质量与原始模拟图像相比就毫不逊色。

2.2.2 图像分辨率与质量

区分图像细节的主要参数是图像分辨率。图像分辨率包括空间分辨率和幅度分辨率。图像空间分辨率是图像中可辨别的最小细节。它由采样点数决定。当图像灰度级一定时，采样点数越多，图像的空间分辨率就越高，图像质量就越好。

图 2-6 给出了一组空间分辨率变化所产生效果的例子。其中图 2-6 左侧是一幅 1024 像素×1024 像素，256 个灰度级的具有较多细节的图像，其余各图依次为保持灰度级数不变而将原图空间分辨率在水平和垂直两个方向逐次减半所得到的结果，即它们的分辨率分别为 512 像素×512 像素、256 像素×256 像素、128 像素×128 像素、64 像素×64 像素和 32 像素×32 像素。

1024像素×1024像素

512像素×512像素

256像素×256 128像素
像素 ×128像素

64像素
×64像素

32像素
×32像素

图 2-6 图像空间分辨率变化

为了更好地比较图 2-6 中各图在空间分辨率上所体现的区别，图 2-7 给出了将图 2-6 中的各图像尺寸统一放大为 1024 像素×1024 像素的结果。其中，图 2-7(a)～(f)分别对应图 2-6 中分辨率为 1024 像素×1024 像素、512 像素×512 像素、256 像素×256 像素、128 像素×128 像素、64 像素×64 像素和 32 像素×32 像素的图像。放大时统一采用了像素复制的方法。从图 2-7 中可以明显地看到，图 2-7(c)中植物叶片边缘已经呈现出较为明显的锯齿状；图 2-7(d)中这种现象更为明显；图 2-7(e)已很难识别图像中的景物；而图 2-7(f)单独观看已经完全不知图像中为何物了。

图像的幅度分辨率由量化级数即灰度级决定。当采样点数一定时，灰度级数越多，图像的幅度分辨率就越高，图像所保存的信息也就越多。图 2-8 给出了一组图像灰度级变化所产生效果的例子。其中图 2-8(a)是一幅 256 个灰度级的图像，其余各图为保持图 2-8(a)空间分辨率不变而将图像灰度级逐次递减所得到的结果，即图 2-8(b)～图 2-8(e)图像的灰度级分别为 128、64、32、16、8、4 和 2。从图中可以明显地看到，图 2-8(d)中图像左下角和右下角已经出现了较为明显的虚假轮廓；图 2-8(e)和图 2-8(f)中图像虚假轮廓的现象更为明显；图 2-8(g)成为黑白两色的图像，原图像中的很多细节信息都丢失了。

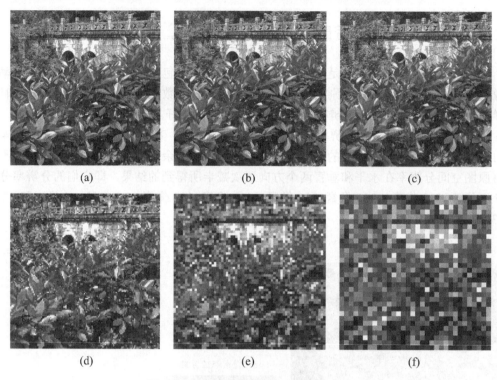

(a)   (b)   (c)

(d)   (e)   (f)

图 2-7　不同采样点数对图像质量的影响

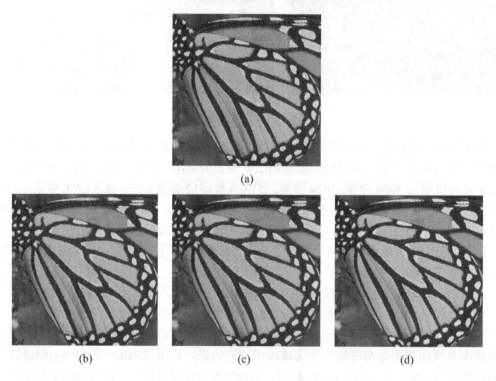

(a)

(b)   (c)   (d)

图 2-8　不同灰度级数对图像质量的影响

  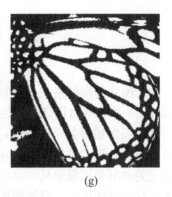

(e) (f) (g)

图 2-8　不同灰度级数对图像质量的影响(续)

空间分辨率和幅度分辨率都可影响图像的质量，当它们同时减小时，图像质量的退化比单独减小空间分辨率或幅度分辨率时更快。空间分辨率由采样决定，幅度分辨率由量化决定。实践中选择采样值的一个重要因素是需要观察到图像中哪个尺度的细节。这个数值通常与图像内容及具体应用密切相关，并不是固定的。量化级数的选择主要基于两个因素。一个是人类视觉系统的亮度分辨能力，即应该让人从图像中看到连续的亮度变化而不会察觉出间断的量化级数来。另一个是与应用有关，即要满足具体应用所需的分辨率。例如，如果将图像打印出来观看，32 个灰度级通常就够用了。但如果将图像显示在计算机、手机或平板电脑的屏幕上，就需要使用更多的量化级数，通常是 256 个灰度级。而在一些医学图像处理等应用中，需要区分一些很细微的变化，这时就需要采用 12 位或 16 位的量化级数。

2.2.3　图像的表示

一幅尺寸为 $M \times N$ 的图像，其中 M 和 N 分别表示该图像的总行数和总列数，可以用一个二维矩阵来表示。

$$F = \begin{bmatrix} f_{11} & f_{12} & & f_{1N} \\ f_{21} & f_{22} & \cdots & f_{2N} \\ \vdots & \vdots & \ddots & \vdots \\ f_{M1} & f_{M2} & \cdots & f_{MN} \end{bmatrix} \tag{2.2.1}$$

其中，$f_{ij}(i=1, \cdots, M; j=1, \cdots, N)$ 表示图像中坐标为 (i, j) 的像素的灰度值。

此外，上述矩阵也可以转化为矢量表示的形式

$$F = [f_1 \quad f_2 \quad \cdots \quad f_N] \tag{2.2.2}$$

其中，
$$f_i = [f_{1i} \quad f_{2i} \quad \cdots \quad f_{Mi}]^T \quad i = 1, 2, \cdots, N$$

或者，

$$F = [f_1 \quad f_2 \quad \cdots \quad f_M]^T \tag{2.2.3}$$

其中，
$$f_j = [f_{j1} \quad f_{j2} \quad \cdots \quad f_{jN}] \quad j = 1, 2, \cdots, M$$

2.3 数字图像的存储格式

数字图像的存储格式是指包含图像数据的计算机文件,这些计算机文件除包含图像数据以外,一般还包含图像的描述信息,以方便图像的读取和显示。

数字图像根据其不同特性,可分为两类:点阵图(又称光栅图)和矢量图。点阵图是目前数字图像处理的主要类型。这类图像由许多像素点组成,在图像分辨率充分的条件下,可以完美地展现图像信息。点阵图在保存时需记录每个像素的位置信息和色彩信息,通常占用的存储空间较大。点阵图的不足不能直接表示出像素间的关系,而且图像的空间分辨率有限,在对图像进行缩放或旋转等操作时可能会出现失真现象。

矢量图是利用诸如 Illustrator、CorelDRAW、FlashMX、AutoCAD 等软件绘制而成的,它记录的是所绘对象的几何形状、线条粗细和色彩等信息,所占的存储空间很小。但矢量图的不足也比较突出:一是其生成方式与通行的图像获取设备不匹配;二是难以表现色彩丰富、层次逼真的图像效果;三是难以在不同的软件间进行转换。这些不足也限制了这类图像的适用范围。

数字图像文件格式有很多种。不同的操作系统和应用软件常使用不同的图像文件格式。下面简单介绍五种应用比较广泛的数字图像文件格式。

1. BMP 文件格式

BMP 格式是 Windows 系统中的标准图像文件格式。BMP 是 Microsoft 设备无关位图(Microsoft Device Independent Bitmap,MDIB)的简称。因此,BMP 格式的图像文件在一些文献中也被称为 MDIB 位图。

BMP 文件由三部分组成:位图文件头、位图信息头和位图数据。位图文件头长度固定为 14 个字节,它定义了位图的类型、文件大小等信息;位图信息头长度固定为 40 个字节,它定义了位图的高、宽、每个像素的位数(可以是 1、4、8、24,分别对应单色、16色、256 色和真彩色的情况)、是否压缩、水平和垂直分辨率等信息;位图数据部分存储原始图像中每个像素的值,它的存储格式可以有压缩(仅用于 16 色和 256 色图像)和非压缩两种。

BMP 格式图像文件的特点具有极其丰富的色彩,图像信息丰富,能逼真再现真实世界。但是,BMP 格式的图像文件尺寸与其他格式的图像文件相比要大得多,在网络环境下应用相对较少。

2. JPEG 文件格式

JPEG 是联合图像专家组(Joint Photographic Experts Group)的缩写,而 JPEG 格式是联合图像专家组标准的产物。JPEG 文件格式由 ISO 与 CCITT(国际电报电话咨询委员会)共同制定,是面向灰度或彩色静止图像的第一个国际图像压缩标准。JPEG 格式图像采用 24位字长编码,对色彩信息的保留较好。这类图像文件的优点是具有非常高的压缩比,适合在网络中传播。同时,JPEG 格式也是一种很灵活的文件格式,具有调节图像质量的功能,并且允许用不同的压缩比例对文件进行压缩,其压缩比率通常在 10∶1 到 40∶1 之间。当然，压缩比越大，相应的图像质量也就越低。JPEG 文件格式的不足之处，是其使用的压缩算法为有损压缩，会造成图像画面少量失真。

3．TIFF 文件格式

TIFF 是标签图像文件格式(Tagged Image File Format)的缩写。TIFF 格式是一种独立于操作系统和文件系统的图像文件格式，可以方便地在不同文件系统之间进行图像数据交换。TIFF 图像文件包括文件头、文件目录和图像数据三部分。图像文件头是 TIFF 文件中第一个组成部分，是图像文件体系结构的最高层。图像文件头包含了正确解释 TIFF 文件的其他部分所需的必要信息。文件目录是 TIFF 文件中第二个数据结构，它是一个名为标记(tag)的用于区分一个或多个可变长度数据块的表。文件目录提供了一系列的指针，这些指针指明各类数据字段在 TIFF 文件中的开始位置，并给出每个字段的数据类型及长度。指针方式允许数据字段定位在文件的任何地方，且可以是任意长度，因此 TIFF 文件格式十分灵活。图像数据部分是 TIFF 文件中第三个数据结构，它根据文件目录指针所指向的地址存储相关的图像信息。

TIFF 格式支持任意尺寸的图像，文件可分为四类：二值图像、灰度图像、调色板彩色图像和全彩色图像。一个 TIFF 文件中可以存放多幅图像，也可以存放多个调色板数据。

4．GIF 文件格式

GIF 是图像互换格式(Graphics Interchange Format)的缩写。GIF 格式是一种公用的图像文件格式。该格式存储色彩最高只能达到 256 种，且仅支持 8 位图像文件。GIF 图像文件的数据采用 LZW 压缩格式。GIF 格式文件一个主要的特点是其在一个 GIF 文件中可以存储多幅图像。如果把存放于一个 GIF 文件中的多幅图像数据逐幅读出并显示到屏幕上，就可构成一小段简单的动画。

5．PNG 文件格式

PNG 是可移植网络图形格式(Portable Network Graphic Format)的缩写。PNG 格式推出的目的是试图替代 GIF 和 TIFF 文件格式，同时增加一些 GIF 文件格式所不具备的特性。PNG 图像文件用来存储灰度图像时，灰度图像像素的位长可达到 16 位。存储彩色图像时，彩色图像的像素位长可达到 48 位。

PNG 图像文件利用 LZ77 算法派生的无损压缩算法对图像进行压缩，其压缩比高，生成文件容量小。此外，PNG 图像文件利用特殊的编码方法标记重复出现的数据，对图像的颜色没有影响，也不会产生颜色的损失，特别适合网络环境下的处理与传输。因此，近年来 PNG 格式得到了广泛的应用。

2.4　像素间的基本关系

实际图像中的像素在空间是按照一定的规律排列的，相互之间有一定的关系。要对图像进行有效地处理和分析，必须考虑图像像素之间的联系。

2.4.1　像素邻域

　　讨论像素之间的关系，首先要讨论每个像素由相邻像素组成的邻域。对一个坐标为(x, y)的像素p，它可以有4个水平和垂直的邻近像素，它们的坐标分别是$(x-1, y)$，$(x+1, y)$，$(x, y-1)$和$(x, y+1)$。这些像素组成p的4-邻域，记作$N_4(p)$，如图2-9(a)所示，图中○表示像素p。$N_4(p)$中每个像素距(x, y)一个单位距离。如果像素p位于图像的边缘，则$N_4(p)$中的一个或两个像素位于数字图像的外部。

　　像素p的邻域关系除了4-邻域之外还有8-邻域，记作$N_8(p)$。像素p的8-邻域包括4个4-邻域近邻像素和4个对角近邻像素，如图2-9(b)所示，图中○表示像素p。与$N_4(p)$一样，如果像素p位于图像的边缘，则p的某几个邻域像素位于数字图像的外部。

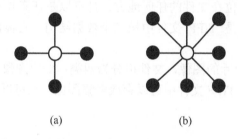

(a)　　　　　　　　　　(b)

图2-9　像素邻域关系示例

2.4.2　像素间的连接和连通

　　对于两个像素p和q而言，如果q在p的邻域中(4-邻域或8-邻域)，则称p和q满足邻接关系(对应4-邻接或8-邻接)。如果p和q是邻接的，且它们的灰度值均满足某个特定的相似准则，则称p和q满足连接关系。显然，像素连接关系的要求比邻接高，因为它不仅要考虑像素的空间关系，而且还要考虑像素的灰度关系。

　　如果像素p和q不连接，但它们均在另一个像素的邻域中(4-邻域或8-邻域)，且这三个像素的灰度值均满足某个特定的相似准则，则称像素p和q是连通的(4-连通或8-连通)。更进一步，只要像素p和q之间有一系列连通的像素，则像素p和q是连通的，而这一系列连接的像素构成像素p和q之间的通路。从坐标为(s, t)的像素p到坐标为(m, n)的像素q的一条通路由一系列坐标为(x_1, y_1)，$\cdots$，(x_{n-1}, y_{n-1})的像素组成。这里$(x_0, y_0)=(s, t)$，$(x_n, y_n)=(m, n)$，且(x_{i-1}, y_{i-1})与(x_i, y_i)连接，其中$1 \leqslant i \leqslant n$，$n$为通路长度。

　　令K代表一幅图像中部分像素构成的子集。如果在K中全部像素之间存在一个通路，则可以说两个像素p和q在K中是连通的。对于K中的任何像素p，K中连通到该像素的像素集称为K的连通分量。如果K仅有一个连通分量，则集合K称为连通集。

2.4.3　像素间的距离

　　像素之间关系的一个重要概念是像素间的距离。对于像素a，b，c，其坐标分别为(x, y)，(m, n)和(s, t)，如果下列条件满足的话，则称函数D是距离度量函数。

(1) $D(a, b) \geqslant 0$ (若 $D(a, b)=0$，当且仅当 $a=b$)。

(2) $D(a, b)=D(b, a)$。

(3) $D(a, c) \leqslant D(a, b)+ D(b, c)$。

常用的像素间距离度量有三种，分别是 D_e 距离、D_4 距离和 D_8 距离。

像素 a 和 b 间的 D_e 距离(又称为欧氏距离)定义如下：

$$D_e(a,b) = \left[(x-m)^2 + (y-n)^2 \right]^{\frac{1}{2}} \tag{2.4.1}$$

根据这个距离度量，与像素 $f(x, y)$ 的 D_e 距离小于或等于某个值 d 的像素都包括在以 (x, y) 为中心，以 d 为半径的圆中。在数字图像中，对圆只能近似表示。例如，与像素 $f(x, y)$ 的 D_e 距离小于等于 3 的像素组成如图 2-10(a)所示的区域，图中○表示像素 $f(x, y)$。

像素 a 和 b 之间的 D_4 距离(又称为城区距离)定义为

$$D_4(a,b) = |x-m| + |y-n| \tag{2.4.2}$$

根据这个距离度量，与像素 $f(x, y)$ 的 D_4 距离小于或等于某个值 d 的像素都包括在以 (x, y) 为中心的菱形内。例如，与 (x, y) 的 D_4 距离小于等于 3 的像素组成如图 2-10(b)所示的区域，图中○表示像素 $f(x, y)$。

像素 a 和 b 之间的 D_8 距离(又称为棋盘距离)定义为

$$D_8(a,b) = \max(|x-m|, |y-n|) \tag{2.4.3}$$

根据这个距离度量，与像素 $f(x, y)$ 的 D_8 距离小于或等于某个值 d 的像素都包括在以 (x, y) 为中心的正方形中。例如，与 (x, y) 的 D_8 距离小于等于 3 的像素组成如图 2-10(c)所示的区域，图中○表示像素 $f(x, y)$。

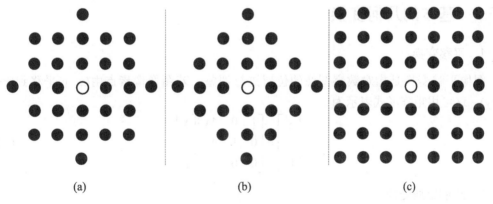

(a)　　　　　　　　(b)　　　　　　　　(c)

图 2-10　像素间的距离度量示例

2.5　图像的几何变换

图像的几何变换也称为空间坐标变换，是一种像素位置映射操作，涉及的是图像空间域各个像素坐标位置间的转换及映射方式。图像中的每个像素都有一定的空间位置，借助几何变换可以改变其位置。而对整幅图像的坐标变换也需要通过对每个像素进行几何变换来实现。几何变换是图像位置和形状变换的基本方法，包括图像的空间平移、比例缩放、旋转和仿射变换。

2.5.1 图像几何变换的一般表达式

图像的几何变换就是建立一幅图像与其变换后图像中所有像素点之间的映射关系。用通用数学表达式可表示为

$$[x', y'] = [A(x, y), B(x, y)] \tag{2.5.1}$$

式中，(x, y)为原始图像中像素的坐标，(x', y')为变换后图像像素的坐标。$A(x, y)$和$B(x, y)$分别定义了在水平和垂直两个方向上的空间变换的映射函数，这样就可以得到原始图像与变换后图像像素的对应关系。

几何变换通式也可以采用矩阵运算的形式来表示

$$u' = Cu \tag{2.5.2}$$

这里，u是坐标(x, y)齐次坐标的矢量形式，记为$u = [x, y, 1]^T$。u'是坐标(x', y')齐次坐标的矢量形式，记为$u' = [x', y', 1]^T$。矩阵C是一个3×3的变换矩阵。对于不同的几何变换，C中的元素取值不同。

上面给出的是对单个像素点的变换。式(2.5.2)也可以推广到对一组n个点的变换。假定u_1，u_2，$\cdots$，u_n表示n个点齐次坐标的矢量形式，则有

$$U' = CU \tag{2.5.3}$$

这里，U表示由n个点齐次坐标的列矢量构成的$3 \times n$的矩阵，矩阵C是一个3×3的变换矩阵，U'依然是一个$3 \times n$的矩阵，它的第i列为第i个像素经几何变换后的齐次坐标。

2.5.2 基本的几何变换

1. 平移变换

图像平移变换是指对数字图像的位置进行调整。若图像像素点由(x, y)平移到$(x+\Delta x, y+\Delta y)$，这可用矩阵形式表示为

$$\begin{bmatrix} x' \\ y' \\ 1 \end{bmatrix} = \begin{bmatrix} 1 & 0 & \Delta x \\ 0 & 1 & \Delta y \\ 0 & 0 & 1 \end{bmatrix} \begin{bmatrix} x \\ y \\ 1 \end{bmatrix} \tag{2.5.4}$$

2. 比例缩放变换

图像缩放变换是指对数字图像的大小进行调整的过程。缩小图像(也称为下采样或降采样)的主要目的有两个：①使图像符合显示区域的大小；②生成对应图像的缩略图。放大图像(也称为上采样)的主要目的是放大原图像，从而可以更好地查看图像的局部区域或在更高分辨率的显示设备上显示。由于对图像的缩放操作并不会增加图像的信息，因此对图像进行缩放变换将不可避免地影响图像的质量。

缩放变换一般是沿坐标轴方向进行的。用S_x和S_y分别表示沿X方向和Y方向的缩放因子，比例缩放变换矩阵可表示为

$$\begin{bmatrix} x' \\ y' \\ 1 \end{bmatrix} = \begin{bmatrix} S_x & 0 & 0 \\ 0 & S_y & 0 \\ 0 & 0 & 1 \end{bmatrix}\begin{bmatrix} x \\ y \\ 1 \end{bmatrix} \qquad (2.5.5)$$

这里，缩放因子 S_x 和 S_y 大于 1 表示放大，小于 1 表示缩小。

需要注意的是，在数字图像中，由于其灰度值都处于采样栅格的整数坐标处。而当 S_x 或 S_y 不为整数时，原图像中部分像素经过比例变换后，其坐标值可能不为整数，此时需要进行取整或插值操作。

3. 旋转变换

图像旋转变换是以图像的中心为原点，以顺时针或逆时针方向旋转一定的角度，也就是将图像上的所有像素都旋转一个相同的角度。旋转变换一般默认沿逆时针方向进行，其变换矩阵表示为

$$\begin{bmatrix} x' \\ y' \\ 1 \end{bmatrix} = \begin{bmatrix} \cos\theta & -\sin\theta & 0 \\ \sin\theta & \cos\theta & 0 \\ 0 & 0 & 1 \end{bmatrix} \cdot \begin{bmatrix} x \\ y \\ 1 \end{bmatrix} \qquad (2.5.6)$$

图像经过旋转变换后，尺寸一般会改变，如图 2-11 所示。这时既可以采用把转出显示区域的图像截去的方法来显示旋转后的结果(见图 2-11(b))，也可以采用扩大图像显示区域的方法来显示完整的图像(见图 2-11(c))。

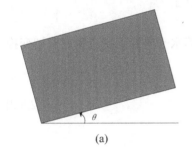
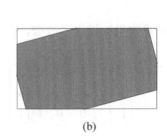
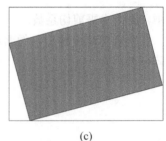

（a）　　　　　　　　　　（b）　　　　　　　　　　（c）

图 2-11　图像旋转后的显示

需要注意的是，在数字图像中，像素的移动方向是其八邻域确定的方向，它们之间的最小间隔角度是 45°。因此，如果旋转角度是任意的，则一定会出现最终实现的旋转角度在像素级别上存在角度偏差的问题。同时，旋转后部分图像像素点的位置关系也会发生改变。而且旋转之后的图像中有些像素点位置上没有与之对应的原图像像素点，会出现"空穴"现象。

下面用一个简单的例子来说明图像旋转变换可能存在的问题，具体如图 2-12 所示。图 2-12(a)为 3×3 的原图像。现对原图像进行逆时针 30° 的旋转，通过式(2.5.6)得到的旋转结果如图 2-12(b)所示。可以看到，经过旋转变换后，原图像中部分像素的位置关系发生了改变。同时，在旋转后的图像中，某些位置上没有原图像中任何一个像素与之相对应，出现了"空穴"。

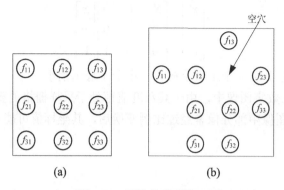

图 2-12　图像旋转变换示例

4．剪切变换

图像的剪切变换是对应像素仅在水平或垂直方向发生平移变化的变换。剪切变换实际上反映了平面景物在投影平面上的非垂直投影。因此，剪切变换可分为水平剪切变换和垂直剪切变换。在水平剪切变换后，像素的水平坐标发生了改变，但其垂直坐标不变。水平剪切变换矩阵可表示为

$$\begin{bmatrix} x' \\ y' \\ 1 \end{bmatrix} = \begin{bmatrix} 1 & d_x & 0 \\ 0 & 1 & 0 \\ 0 & 0 & 1 \end{bmatrix} \begin{bmatrix} x \\ y \\ 1 \end{bmatrix} \tag{2.5.7}$$

式中，d_x 为水平剪切系数。

在垂直剪切变换后，像素的垂直坐标发生了改变，但其水平坐标不变。垂直剪切变换矩阵可表示为

$$\begin{bmatrix} x' \\ y' \\ 1 \end{bmatrix} = \begin{bmatrix} 1 & 0 & 0 \\ d_y & 1 & 0 \\ 0 & 0 & 1 \end{bmatrix} \begin{bmatrix} x \\ y \\ 1 \end{bmatrix} \tag{2.5.8}$$

式中，d_y 为垂直剪切系数。

2.5.3　仿射变换

图像平移、比例缩放、旋转和剪切变换都是一种被称为仿射变换的特殊类型。仿射变换是图像平面变换的重要类别。仿射变换矩阵可表示为

$$\begin{bmatrix} x' \\ y' \\ 1 \end{bmatrix} = \begin{bmatrix} a & b & \Delta x \\ c & d & \Delta y \\ 0 & 0 & 1 \end{bmatrix} \cdot \begin{bmatrix} x \\ y \\ 1 \end{bmatrix} \tag{2.5.9}$$

仿射变换具有如下性质。

(1) 仿射变换有 6 个自由度(参数)。因此，经过仿射变换后，图像中的直线依然是直线，平行线还是平行线，三角形仍为三角形。但四边形以上的多边形映射不能保证为等边的多边形。

(2) 仿射变换的乘积和逆变换仍为仿射变换。

（3） 仿射变换包括旋转、平移、伸缩。如果希望保持二维图形的"平直线"和"平行性"，则可以通过一系列仿射变换的复合变换来实现。

2.5.4 灰度插值

数字图像中像素的灰度值仅在整数坐标位置处被定义。然而，在图像的几何变换中，经常需要估计输出图像中某些像素点上的灰度值，这就需要通过灰度插值来实现。比如，在对图像进行缩放变换时，输出图像上像素点的坐标极有可能对应于原图像上几个像素点之间的位置，这时就需要通过这几个像素点的灰度值来计算出该输出点的灰度值。同样，在对图像进行旋转变换时，旋转之后的图像中可能出现"空穴"，这时也需要通过"空穴"周围的像素来估计该点的灰度值。

图像在进行几何变换时，其像素灰度映射的方式有两种：前向映射和后向映射。前向映射是将几何变换想象成将原图像中每个像素点的灰度值逐一转移到变换后的图像中，所以又叫像素移交映射，如图 2-13 所示。如果原图像的一个像素被映射到四个变换后图像像素之间的位置，则其灰度值就按照插值的算法在变换后图像的四个像素之间进行分配。

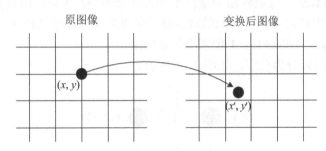

图 2-13 像素灰度前向映射

使用前向映射法时，变换后图像中每个像素的灰度值可能要由多个原图像像素的灰度值来决定，因而涉及的运算次数较多。而且有些时候，由于原图像的部分像素可能映射到变换后图像的边界以外，因此，采用前向映射算法在计算方面有些浪费。

后向映射则采用将变换后图像中每个像素逐一映射回原图像的方法来确定像素的灰度值，所以后向映射又叫像素填充映射，如图 2-14 所示。如果变换后图像的像素被映射到几个原图像的像素之间，则该像素的灰度值需要通过这几个原图像像素灰度值的插值来决定。后向映射法是逐像素、逐行地生成变换后图像。变换后图像中每个像素的灰度值可以由多个原图像像素参与的插值唯一确定。因此，后向映射法对一般的应用更切实可行。

介绍了像素灰度映射的概念之后，下面再介绍几种常用的灰度插值算法。

1. 最近邻插值

最近邻插值也被称为零阶插值。这种方法是将变换后图像像素的灰度值设置为离它所映射到的水平或垂直方向位置最近的原图像像素的灰度值。最近邻插值法的计算十分简单，在许多情况下，其结果也可以接受。但是，当图像中包含边缘、纹理等结构信息时，最近邻插值法会在图像中产生明显的灰度非平滑过渡的痕迹，如锯齿形的边缘等。

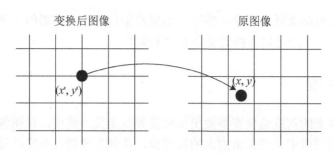

图 2-14　像素灰度后向映射

2. 双线性插值

双线性插值也被称为一阶插值。双线性插值法的基本思路是利用待求像素四个邻近像素的灰度值在水平(垂直)方向分别进行一次线性插值，然后沿垂直(水平)方向对插值结果再进行一次线性插值以获得待求像素的灰度值。下面通过一个例子来说明双线性插值法的应用。

假设原图像尺寸为 $m×n$，变换后图像的尺寸为 $M×N$。要将原图像变换至变换后图像的尺度，按照后向映射法，可以将原图像沿水平方向分为 M 等份，沿垂直方向分为 N 等份，则变换后图像中任意一点(x', y')的灰度值就可以利用双线性插值法由原图像中的四点(x, y)、$(x+1, y)$、$(x, y+1)$和$(x+1, y+1)$的灰度值来确定。

具体实现时，可以分为三步，如图 2-15 所示。

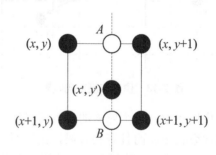

图 2-15　双线性插值法示例

首先计算 A 点的灰度

$$f(x, y') = f(x, y) + \alpha\left[f(x, y+1) - f(x, y)\right] \tag{2.5.10}$$

其中，$\alpha = x' - x$。

其次，计算 B 点的灰度值

$$f(x+1, y') = f(x+1, y) + \alpha\left[f(x+1, y+1) - f(x+1, y)\right] \tag{2.5.11}$$

最后，计算$f(x', y')$的灰度值

$$f(x', y') = f(x, y') + \beta\left[f(x+1, y') - f(x, y')\right] \tag{2.5.12}$$

其中，$\beta = y' - y$。

双线性插值法的计算比最邻近点法复杂，计算量相对较大，但没有灰度不连续的缺点，结果基本令人满意。但是，双线性插值法具有低通滤波性质，会对图像的高频信息造成一定的影响，从而使图像边缘轮廓产生一定的模糊。

图 2-16 显示了利用最近邻插值法和双线性插值法对图像进行放大的处理结果。其中，图 2-16(a)为原图像，图 2-16(b)和图 2-16(c)分别为利用最近邻插值法和双线性插值法对图 2-16(a)进行两倍放大的结果。从图中可以看到，利用最近邻插值法对图像进行放大时，在图像中存在明显的锯齿状边缘。而利用双线性插值法对图像进行放大时，图像中不存在锯齿状边缘，但是，图像总体上显得稍模糊一些。

(a)　　　　　　　　(b)　　　　　　　　(c)

图 2-16　最近邻插值法和双线性插值法比较

除了最近邻插值法和双线性插值法外，如需要更高的插值精度，可以选择高阶插值法，如双三次插值和三次样条插值等。这些插值方法利用待插值点(x', y')周围更多(如 16 个)最近邻像素来估计该点的灰度值，因此插值结果更准确，但其代价是计算量更大。限于篇幅，高阶插值方法原理在此不再赘述。

2.6 习　　题

1. 试说明视觉成像的基本原理。

2. 什么是视觉模型？它在图像处理中有何作用？

3. 什么是马赫带效应？

4. 图像的数字化包含哪些步骤？简述这些步骤。

5. 图像量化时，如果量化级数比较少会出现什么现象？为什么？

6. 假定图像长宽比为 4∶3，则具有 1600 万像素的数码相机的空间分辨率是多少？

7. 叙述 BMP 格式图像的文件存储结构。

8. 已知图像为

$$f = \begin{bmatrix} 0 & 0 & 1 & 0 & 0 & 0 & 1 & 0 \\ 0 & 0 & 1 & 1 & 1 & 1 & 1 & 0 \\ 0 & 1 & 1 & 0 & 1 & 0 & 0 & 1 \\ 1 & 1 & 0 & 0 & 0 & 1 & 0 & 0 \\ 0 & 1 & 0 & 0 & 0 & 0 & 1 & 0 \end{bmatrix}$$

假定目标像素集为 $V=\{1\}$，试判断像素 $f(4,1)$与像素 $f(1,7)$及 $f(5,7)$之间是否存在 4-连通或 8-连通关系，若存在，则标出相应的通路，并计算通路长度。

9. 图像旋转变换时会出现什么问题？采用何种方法去解决？

10. 编写程序。读取一幅图像，并把它缩小为原图的 $\dfrac{1}{3}$。

11. 简述将一幅数字图像放大 k 倍的图像处理流程。如果采用 $k \times k$ 子块填充的放大运算方法，其缺点是什么？采用何种算法可以改善其效果？

12. 已知图像为

$$
f = \begin{bmatrix}
1 & 2 & 3 & 4 & 5 \\
6 & 7 & 8 & 9 & 10 \\
11 & 12 & 13 & 14 & 15 \\
16 & 17 & 18 & 19 & 20 \\
21 & 22 & 23 & 24 & 25
\end{bmatrix}
$$

对其进行缩小，其中 S_x=0.6，S_y=0.75，写出缩小后的图像所包含的数据。

13. 已知图像为

$$
f = \begin{bmatrix}
1 & 2 & 3 \\
4 & 5 & 6 \\
7 & 8 & 9
\end{bmatrix}
$$

若将其绕坐标原点逆时针旋转 30°，计算旋转结果(空穴用最近邻插值法填充)。

14. 已知图像为

$$
f = \begin{bmatrix}
1 & 1 & 2 & 1 \\
1 & 2 & 2 & 1 \\
1 & 0 & 0 & 1 \\
0 & 1 & 0 & 1
\end{bmatrix}
$$

分别利用最近邻插值法和双线性插值法将图像 f 放大为 8×8，写出放大后的图像。

第 3 章 空间域图像增强

图像增强是数字图像处理的基本内容之一。图像增强通过处理有选择地突出图像中感兴趣的信息，抑制无用信息，以提高图像的实用价值。其目的是对图像进行加工，以得到对具体应用来说视觉效果更"好"、更"有用"的图像。应该明确的是，图像增强处理的结果通常只能增强人或机器对某种信息的辨识能力，但同时也有可能会损失其他一些信息。

图像增强由于与图像中感兴趣信息的特征、观察者的习惯和处理目等因素相关联，因此增强方法的选择往往具有针对性。增强的结果也多以人的主观感受为准。目前还缺乏通用、客观的标准。一般情况下，为了得到满意的图像增强效果，常常需要同时挑选几种合适的增强方法进行相当数量的试验，并从中选出视觉效果比较好、计算量相对较小，并且满足增强要求的方法。

图像增强方法的分类有多种不同的标准：按作用域划分，可以分为空间域增强和变换域增强；按所处理的对象划分，可以分为灰度图像增强和彩色图像增强；而按增强的目的的不同，又可以分为光谱信息增强、空间纹理增强、时间信息增强等。其中，按照作用域划分的方法是常用的一种分类方法。

本章将对常用的空间域图像增强方法进行介绍，主要包括图像的基本灰度变换、直方图处理、空域平滑滤波及空域锐化滤波。

3.1 基本灰度变换

灰度变换是图像增强的重要手段。灰度变换可以使图像对比度扩展、图像清晰、特征明显。在图像空间所进行的灰度变换是一种典型的点运算。它将输入图像中每个像素 (x, y) 的灰度值 $f(x, y)$，通过映射函数 $T(\cdot)$，变换成输出图像中对应像素的灰度值 $g(x, y)$，即：

$$g(x, y) = T[f(x, y)] \tag{3.1.1}$$

根据不同的应用要求，灰度变换方法可以选择不同的变换函数，如指数函数、正比函数等。而根据变换函数的性质不同，灰度变换又可以分为灰度线性变换、灰度分段线性变换和灰度非线性变换。

3.1.1 灰度线性变换

在曝光不足或曝光过度，以及景物本身灰度差比较小的情况下，图像的灰度值会局限在一个较小的范围内，致使图像中灰度层次不分明，图像细节难以辨别。这时，可以采用线性或分段线性函数对图像像素灰度进行调整，以扩展图像的动态范围，增大图像的亮暗对比，从而有效地改善图像视觉效果。

1. 灰度线性变换

设原图像灰度取值为$f(x,y) \in [a,b]$，线性变换后的图像灰度取值为$g(x,y) \in [c,d]$，则灰度线性变换为

$$g(x,y) = k[f(x,y) - a] + c \qquad (3.1.2)$$

式中，$k = \dfrac{d-c}{b-a}$为线性变换函数(直线)的斜率。根据斜率的大小，灰度线性变换如图 3-1 所示。其中，图 3-1(a)表示 $k>0$ 时的灰度线性变换函数，而图 3-1(b)则表示 $k<0$ 时的灰度线性变换函数。

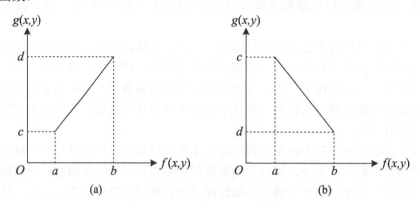

图 3-1　灰度线性变换关系图

根据原图像及变换后图像灰度值取值范围的变化，灰度线性变换可有如下几种情况。

1) 扩展动态范围

若$[a,b] \subset [c,d]$，即$k>1$，则线性变换后的结果会使图像灰度取值的动态范围扩展，这样就可以改善原图像曝光不足的缺陷，或充分利用图像显示设备的动态范围。

2) 改变取值区间

若$d-c=b-a$，即$k=1$，则线性变换后的结果会使图像灰度动态范围不变，但灰度取值区间会随a和c的大小而平移。

3) 缩小动态范围

若$[c,d] \subset [a,b]$，即$0<k<1$，则线性变换后的结果会使图像灰度取值的动态范围变窄。

4) 反转或取反

若$b>a$且$d<c$，即$k<0$，则线性变换后的结果会使图像灰度值反转，即原图像亮的变换后变暗，原图像暗的变换后变亮。特别是当$k=-1$时，$g(x,y)$即为$f(x,y)$的取反。

图像灰度线性变换的示例如图 3-2 所示。其中，图 3-2(a)是原图像，图 3-2(b)是扩展动态范围处理的结果，图 3-2(c)是反转处理的结果。

2. 灰度分段线性变换

灰度线性变换可以将原始图像中的灰度值不加区别地扩展。在实际应用中，为了突出图像中感兴趣的研究对象，常常需要在局部扩展某一范围的灰度值，或对不同范围的灰度值进行不同程度的扩展，即可以对图像进行灰度分段线性变换。

(a)　　　　　　　　(b)　　　　　　　　(c)

图 3-2　灰度线性变换示例图

设图像的整个灰度范围比较宽，为[0, M]，但感兴趣的某两个灰度值之间的动态范围较窄，为[a, b]。采用灰度分段线性变换来扩展感兴趣的[a, b]区间。具体情况有两种，对应的变换关系如图 3-3 所示。其中，图 3-3(a)是"扩展感兴趣区域，牺牲其他区域"处理的函数图形示例，图 3-3(b)是"扩展感兴趣区域，压缩其他区域"处理的函数图形示例。

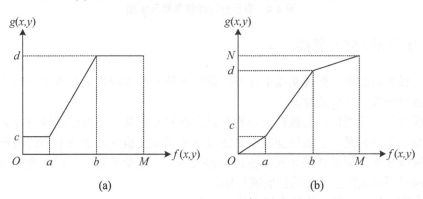

(a)　　　　　　　　　　　　(b)

图 3-3　灰度分段线性变换关系图

1)　扩展感兴趣区域，牺牲其他区域

对于感兴趣区域[a, b]，采用斜率大于 1 的线性变换方式进行扩展，而把其他区域用 c 或 d 来表示。其变换函数为

$$g(x,y) = \begin{cases} c & f(x,y) < a \\ \dfrac{d-c}{b-a}[f(x,y)-a]+c & a \leqslant f(x,y) \leqslant b \\ d & f(x,y) > b \end{cases} \quad (3.1.3)$$

2)　扩展感兴趣区域，压缩其他区域

对于感兴趣区域[a, b]，采用斜率大于 1 的线性变换方式进行扩展；对于其他区域，为了保留其灰度层次信息，对其进行压缩。即，有扩有压。其变换函数为

图像分段线性变换的示例如图 3-4 所示。其中，图 3-4(a)是原图像；图 3-4(b)是扩展感兴趣区域，牺牲其他区域处理的结果；图 3-4(c)是扩展感兴趣区域，压缩其他区域处理的结果。

$$g(x,y) = \begin{cases} \dfrac{c}{a}f(x,y) & 0 \leqslant f(x,y) < a \\[2mm] \dfrac{d-c}{b-a}[f(x,y)-a]+c & a \leqslant f(x,y) \leqslant b \\[2mm] \dfrac{N-d}{M-b}[f(x,y)-b]+d & b < f(x,y) \leqslant M \end{cases} \tag{3.1.4}$$

(a)   (b)   (c)

图 3-4　灰度分段线性变换示例图

3.1.2　灰度非线性变换

除采用线性函数进行图像灰度变换外，数学上的一些非线性函数也可以用于图像灰度变换，如指数函数、对数函数等。

与分段线性变换类似，非线性变换也可以有选择地对某一灰度值范围进行扩展。但与分段线性变换不同的是，非线性变换不是通过在不同灰度值区间选择不同的函数来实现灰度值的扩展或压缩，而是在整个灰度值范围内采用一个变换函数，并利用变换函数的数学性质来实现对不同灰度值区间的扩展或压缩。

下面介绍两种常用的非线性变换方法。

1. 对数变换

对数变换的一般表达式为

$$g(x,y) = \lambda \lg[f(x,y)+1] \tag{3.1.5}$$

式中，λ 为尺度比例系数，用来调节变换后灰度值的动态范围，使其更符合实际需要。对数变换可以扩展图像的低灰度值范围，同时压缩高灰度值范围，使图像灰度值分布均匀，更加适应人的视觉特性，其示例图如图 3-5 所示。

对数变换尤其适用于曝光不足，整体画面亮度过低的图像，如图 3-6 所示。

2. 指数变换

指数变换的一般表达式为

$$g(x,y) = \lambda[f(x,y)+\varepsilon]^{\gamma} \tag{3.1.6}$$

式中，参数 λ 为常数，可以改变指数变换曲线的变换速率。参数 ε 为常数，可以改变指数变换曲线的起始位置。参数 γ 也为常数，其取值对变换函数的特性有很大的影响。指数变换函数曲线如图 3-7 所示。图 3-7(a)表示 $\gamma<1$ 时的指数变换函数曲线。当 $\gamma<1$ 时，指数变换

的作用与对数变换类似，可以将输入图像的窄带低灰度区间映射为一宽带输出区间，从而更好地展现图像中的暗区域信息。图 3-7(b)表示$\gamma>1$ 时的指数变换函数曲线。当$\gamma>1$ 时，指数变换可以对输入图像的窄带高灰度区域进行拉伸。

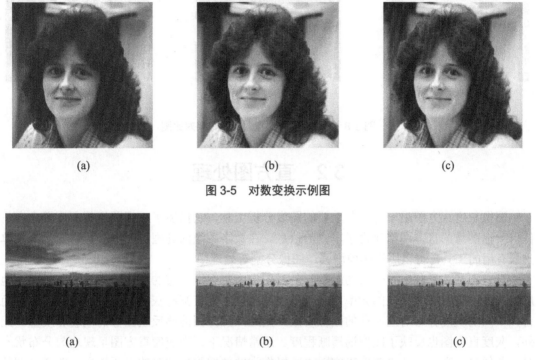

图 3-5　对数变换示例图

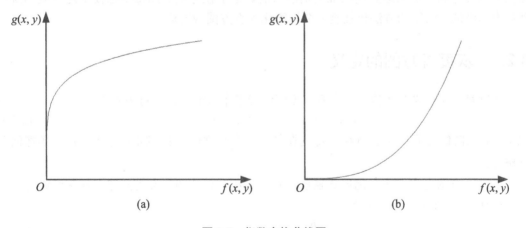

图 3-6　利用对数变换增强曝光不足图像的对比度

图 3-7　指数变换曲线图

指数变换拉大了不同点的灰度值距离，提高了图像的对比度。对图像采用不同γ值的指数变换结果如图 3-8 所示。其中，图 3-8(a)是原图像；图 3-8(b)是$\gamma=0.6$ 时的指数变换的结果；图 3-8(c)是$\gamma=1.7$ 时的指数变换的结果。

　　　(a)　　　　　　　　　　　　(b)　　　　　　　　　　　　(c)

图 3-8　取不同 γ 值的指数变换结果对比图

3.2　直方图处理

　　图像灰度直方图是一种十分重要的图像分析工具，它描述了一幅图像的灰度级内容。任何一幅图像的直方图都包含了丰富的信息。在数字图像的处理过程中，直方图是最简单且最有用的工具，可以用于图像增强、图像分割等处理中。

　　直方图是关于灰度级分布的函数，是对图像中灰度级分布的统计。直方图可以直观地反映图像中某种灰度出现的频率，也可以表示图像中具有某种灰度级像素的数目。通常而言，不同的灰度分布对应不同的图像质量。因此，直方图能够反映图像的概貌和质量。此外，灰度直方图也反映了图像的清晰程度。通常情况下，当灰度直方图呈现均匀分布状态时，图像最清晰。因此，灰度直方图也可以作为图像增强处理时的重要依据，并通过调整图像的灰度分布情况来达到使图像清晰的目的。基于直方图的图像增强技术是以概率统计理论为基础的，常用的方法包括直方图均衡化和直方图规定化。

3.2.1　灰度直方图的定义

　　灰度直方图定义为图像中具有各灰度级的像素个数的统计，可表示为

$$h(k) = n_k, \qquad k = 0, 1, \cdots, L-1 \tag{3.2.1}$$

式中，k 为图像的第 k 个灰度级；n_k 为图像中具有灰度值 k 的像素的个数；L 为图像的灰度级数。

　　灰度直方图也常用归一化形式表示。归一化灰度直方图定义为图像中各灰度级出现的频率统计(分布概率)，可表示为

$$p(k) = \frac{n_k}{n}, \qquad k = 0, 1, \cdots, L-1 \tag{3.2.2}$$

且

$$\sum_{k=0}^{L-1} p(k) = 1 \tag{3.2.3}$$

式中，n 为图像总像素的个数。其余参数含义与式(3.2.1)相同。$p(k)$ 是灰度级 k 的分布概率。相应地，$p(\bullet)$ 被称为图像灰度级的概率密度函数。

除上述两种表示形式外，在实际应用中，灰度直方图也常常以图形化的形式展现。通常情况下，灰度直方图用横坐标表示像素的灰度级别，纵坐标表示对应的灰度级出现的频率(像素的个数)。图 3-9 显示了一幅图像及其对应的灰度直方图和归一化灰度直方图。其中，图 3-9(a)是原图像；图 3-9(b)是图 3-9(a)的灰度直方图；图 3-9(c)是对应的归一化灰度直方图。

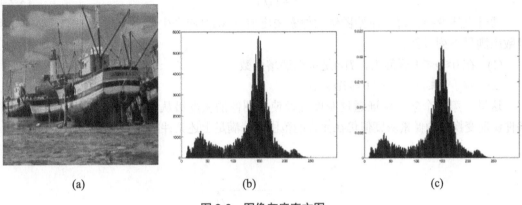

(a)　　　　　　　　　　　(b)　　　　　　　　　　　(c)

图 3-9　图像灰度直方图

灰度直方图具有以下三个重要的性质。

1. 灰度直方图的位置缺失性

灰度直方图是图像中各像素灰度级出现的频率(或次数)的统计结果。它只反映该图像中不同灰度值的像素个数占图像总像素个数的比例，而不能反映具有同一灰度值的像素在图像中的位置。

2. 图像与灰度直方图之间的一对多关系

任一幅图像都可以唯一地确定出一幅与其对应的灰度直方图。对于不同的多幅图像来说，由于灰度直方图的位置缺失性，只要其灰度级出现频率的分布相同，就都具有相同的灰度直方图，即图像与灰度直方图之间是一对多的关系。因此，通常运用图像的灰度直方图对图像进行定性分析。

3. 灰度直方图的叠加性

灰度直方图是图像中像素灰度值的统计。因此，若把一幅图像分成几个子图像，那么该图像的灰度直方图就等于各子图像灰度直方图的累加和。

3.2.2　直方图均衡化

直方图均衡化主要用于灰度动态范围偏小图像的处理，是一种典型的通过对图像直方图进行自动修正来获得图像增强效果的方法。

直方图均衡化的基本思路是通过灰度变换方法对图像像素的灰度值进行调整(改变各灰度级的概率分布)，使变换后图像的直方图在整个灰度范围内呈现均匀分布的状态。这样就可以将出现频率较低的灰度级并入邻近的灰度级中，以减少图像总的灰度等级，同时将原图像中具有相近灰度且出现频率较高的灰度级区域的反差增大，从而增加图像的对比度，使图像的细节变得更加清晰。

设 r 和 s 分别表示原始图像灰度级和直方图均衡化后图像的灰度级。为便于讨论，对 r 和 s 进行归一化，使 $0 \leqslant r, s \leqslant 1$。归一化后，对于一幅给定的图像，灰度级分布在 $0 \leqslant r \leqslant 1$ 范围内，可以对 $[0, 1]$ 区间内的任意一个 r 值进行如下变换：

$$s = T(r) \tag{3.2.4}$$

通过上述变换，每个原始图像的像素灰度值 r 都对应产生一个 s 值。式(3.2.4)的变换函数应满足下列条件。

(1) 在 $0 \leqslant r \leqslant 1$ 区间内，$T(r)$ 是单调递增函数。

(2) 对于 $0 \leqslant r \leqslant 1$，有 $0 \leqslant T(r) \leqslant 1$。

这里，第一个条件保证通过灰度变换使原图像的灰度级从白到黑的次序不变，第二个条件保证变换后的像素灰度值仍在允许的范围内。满足上述条件的变换函数如图 3-10 所示。

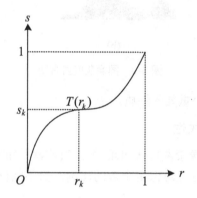

图 3-10　灰度变换函数 $s=T(r)$ 曲线图

设原图像 f 的灰度级为 L，像素总数为 n，$n_f(r)$ 为原图像中灰度级为 r 的像素个数，其概率密度函数为 $p_f(r)$。直方图均衡化变换后图像的灰度级为 s，一般要求处理前后图像的灰度级数保持不变，则变换后图像 g 的灰度级 $s = 0,1,\cdots,L-1$，则直方图均衡化方法的基本步骤如下所述。

(1) 统计原图像 f 各灰度级的像素个数 $n_f(r)$，并计算原图像各灰度级的分布概率，即

$$p_f(r) = \frac{n_f(r)}{n}, \quad r = 0,1,\cdots,L-1 \tag{3.2.5}$$

(2) 计算原图像各灰度级的累计分布概率 $P_f(r)$，即

$$P_f(r) = \sum_{i=0}^{r} p_f(i), \quad r = 0,1,\cdots,L-1 \tag{3.2.6}$$

(3) 利用灰度变换函数计算均衡化后图像中包含的灰度级 s，即

$$s = \text{Int}[(L-1)P_f(r) + 0.5], \quad r = 0,1,\cdots,L-1 \tag{3.2.7}$$

这里，Int 是取整函数。

(4) 按照确定的灰度映射关系 $r \rightarrow s$，得到均衡化处理后图像。

综上所述，直方图均衡化的实质就是找到一种灰度非线性变换，使像素灰度分布更加均匀。同时，直方图均衡化也保证了灰度变换范围与原来一致，以保持图像原有的强度特

征，避免整体变亮或变暗。通过直方图均衡化，可以增加图像的动态范围，从而达到增强图像整体对比度，使图像更清晰的目的。直方图均衡化处理示例如图 3-11 所示。其中，图 3-11(a)是原图像；图 3-11(b)是图 3-11(a)的灰度直方图；图 3-11(c)是直方图均衡化后处理的结果；图 3-11(d)是图 3-11(c)的灰度直方图。

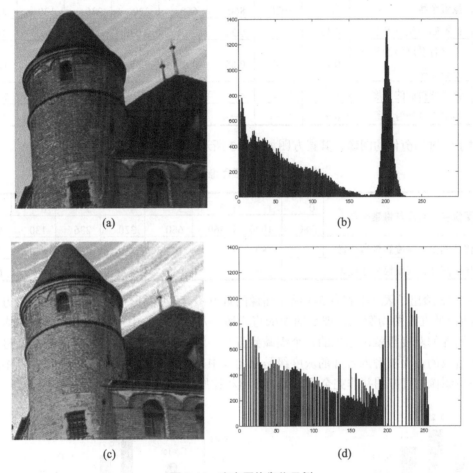

图 3-11　直方图均衡化示例

下面通过一个例子说明直方图均衡化的计算过程。

【例 3-1】设有一幅大小为 64×64 的灰度图像，有八个灰度级，其各灰度级的像素个数如表 3-1 所示，要求对其进行直方图均衡化处理。

表 3-1　图像各灰度级的像素个数

灰度级	0	1	2	3	4	5	6	7
像素个数	780	1020	860	660	320	236	130	90

对表 3-1 所示图像进行直方图均衡化处理的过程如表 3-2 所示。

表 3-2　图像直方图均衡化的处理过程

步骤	计算内容	计算结果							
1	列出图像灰度级及其像素个数	0	1	2	3	4	5	6	7
		780	1020	860	660	320	236	130	90
2	计算归一化直方图	0.19	0.25	0.21	0.16	0.08	0.06	0.03	0.02
3	计算各灰度级的累计分布概率	0.19	0.44	0.65	0.81	0.89	0.95	0.98	1.00
4	计算变换后的灰度级	1	3	4	5	6	6	6	7
5	确定灰度映射关系	0→1	1→3	2→4	3→5	4→6	5→6	6→6	7→7

对于经过均衡化的图像，其直方图如表 3-3 所示。

表 3-3　均衡化后图像的直方图

原图像灰度级及其像素个数	0	1	2	3	4	5	6	7
	780	1020	860	660	320	236	130	90
均衡化后图像各灰度级像素个数		780		1020	860	660	686	90
均衡化后图像各灰度级分布概率		0.19		0.25	0.21	0.16	0.17	0.02

图 3-12 给出了表 3-1 和表 3-3 所示图像的直方图。其中，图 3-12(a)是原图像直方图；图 3-12(b)是直方图均衡化处理后图像的直方图。从图 3-12 中可以看出，直方图均衡化后，原图像的灰度级就由原来的八个缩减到五个，这是由于均衡化过程中对灰度级进行四舍五入造成的，而被舍入合并的灰度级是原图像中出现频率较低的灰度级。在本例中，虽然变换后图像的直方图并非完全均匀分布，但相比原图像的直方图分布要均匀一些。

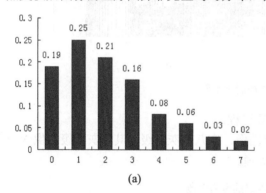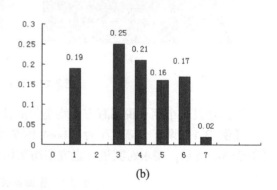

(a)　　　　　　　　　　　　　　　　　(b)

图 3-12　【例 3-1】直方图均衡化的示意图

3.2.3　直方图规定化

直方图均衡化能自动增强整个图像的对比度，得到全局均匀化的直方图，从而获得更清晰的图像。但是，由于直方图均衡化方法只能产生唯一结果，不能用于交互方式的图像增强处理。而在实际应用中，有时需要具有特定形状直方图的图像，以便有选择地对图像中某些灰度级进行增强或者使图像灰度值分布满足特定的要求。这时可以采用比较灵活的直方图规定化方法。

直方图规定化，也称直方图匹配，就是通过某种灰度变换函数，把原图像变换成具有期望的某种形状直方图的图像。利用直方图规定化方法，用户可以指定需要的规定化函数来得到特殊的增强效果。一般而言，对于某些图像，选择合适的规定化函数常常能够获得比直方图均衡化方法更好的结果。

设 $p_f(r)$ 为原图像 f 灰度级 r 的分布概率， $p_g(s)$ 为期望图像 g 灰度级 s 的分布概率， r 和 s 具有相同的取值范围，即 $r, s = 0, 1, \cdots, L-1$ ，则直方图规定化方法的基本步骤如下所述。

(1) 计算原图像直方图的累积分布概率 $P_f(r)$ 。

$$P_f(r) = \sum_{i=0}^{r} p_f(i) , \quad r = 0, 1, \cdots, L-1 \tag{3.2.8}$$

(2) 计算规定化直方图的累积分布概率 $P_g(s)$ 。

$$P_g(s) = \sum_{j=0}^{s} p_g(j) , \quad s = 0, 1, \cdots, L-1 \tag{3.2.9}$$

(3) 按照 $P_f(r) \rightarrow P_g(s)$ 最靠近原则确定 $r \rightarrow s$ 的灰度变换关系。

(4) 求出 $r \rightarrow s$ 的变换函数，对原图像进行灰度变换。

$$s = T(r) \tag{3.2.10}$$

【例 3-2】对表 3-1 所示图像进行直方图规定化处理。其中，给定的规定直方图如表 3-4 所示。

表 3-4　规定直方图的灰度级概率分布

灰度级	0	1	2	3	4	5	6	7
各灰度级分布概率	0	0	0	0.15	0.2	0.3	0.2	0.15

对表 3-1 所示图像进行直方图规定化处理的过程如表 3-5 所示。

表 3-5　图像直方图规定化的处理过程

步骤	计算内容	计算结果							
1	列出图像灰度级 r 及其像素个数	0	1	2	3	4	5	6	7
		780	1020	860	660	320	236	130	90
2	计算原始直方图	0.19	0.25	0.21	0.16	0.08	0.06	0.03	0.02
3	计算原始累积直方图	0.19	0.44	0.65	0.81	0.89	0.95	0.98	1.00
4	列出规定直方图	0	0	0	0.15	0.2	0.3	0.2	0.15
5	计算规定累积直方图	0	0	0	0.15	0.35	0.65	0.85	1.00
6	按照 $P_f(r) \rightarrow P_g(s)$ 找到 r 对应的 s	3	4	5	6	6	7	7	7
7	确定灰度变换关系	0→3	1→4	2→5	3→6	4→6	5→7	6→7	7→7

其中，按照 $P_f(r) \rightarrow P_g(s)$ 最靠近原则确定 $r \rightarrow s$ 的变换方法为

(1) $P_f(r=0) = 0.19 \xrightarrow{\text{最靠近}} P_g(s=3) = 0.15$ ，所以灰度变换关系为 $r = 0 \rightarrow s = 3$ 。

(2) $P_f(r=1)=0.44\xrightarrow{\text{最靠近}}P_g(s=4)=0.35$，所以 $r=1\rightarrow s=4$。

(3) $P_f(r=2)=0.65\xrightarrow{\text{最靠近}}P_g(s=5)=0.65$，所以 $r=2\rightarrow s=5$。

(4) $P_f(r=3)=0.81\xrightarrow{\text{最靠近}}P_g(s=6)=0.85$，所以 $r=3\rightarrow s=6$。

(5) $P_f(r=4)=0.89\xrightarrow{\text{最靠近}}P_g(s=6)=0.85$，所以 $r=4\rightarrow s=6$。

(6) $P_f(r=5)=0.95\xrightarrow{\text{最靠近}}P_g(s=7)=1.00$，所以 $r=5\rightarrow s=7$。

(7) $P_f(r=6)=0.98\xrightarrow{\text{最靠近}}P_g(s=7)=1.00$，所以 $r=6\rightarrow s=7$。

(8) $P_f(r=7)=1.00\xrightarrow{\text{最靠近}}P_g(s=7)=1.00$，所以 $r=7\rightarrow s=7$。

对表 3-1 所示图像进行规定化处理后，处理结果如表 3-6 所示。

表 3-6 规定化后图像的直方图

原图像灰度级 r 及其像素个数	0	1	2	3	4	5	6	7
	780	1020	860	660	320	236	130	90
规定化后图像各灰度级像素个数				780	1020	860	980	456
规定化后图像各灰度级分布概率				0.19	0.25	0.21	0.24	0.11

图 3-13 给出了表 3-6 所示图像的直方图。其中，图 3-13(a)是原图像的直方图；图 3-13(b)是直方图规定化处理后图像的直方图。

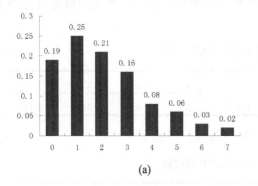
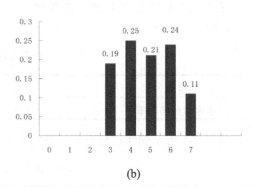

(a)   (b)

图 3-13 【例 3-2】直方图规定化的示意图

利用直方图规定化进行图像增强的主要困难在于如何构造有意义的直方图。规定化直方图构造一般采用两种方法。一种是给定一个概率密度函数，如采用均匀分布、高斯分布、瑞利分布等。一些常用的直方图规定化转换函数如表 3-7 所示。另一种方法是采用交互的方法得到具有希望形状的直方图函数，并将该函数数字化，然后再利用其进行直方图规定化处理。

图 3-14 给出了直方图均衡化方法和直方图规定化方法的一组对比示例。图 3-14(a)是原图像；图 3-14(b)是原图像的灰度直方图；图 3-14(c)是直方图均衡化处理的结果；图 3-14(d)是图 3-14(c)的灰度直方图；图 3-14(e)是直方图规定化处理的结果；图 3-14(f)是图 3-14(e)的灰度直方图。而规定化直方图使用如图 3-15 所示的二维高斯函数曲线。在本例中可以看到，直方图均衡化的结果总体偏亮，其图像整体的视觉效果要比直方图规定化的结果差一些。

表 3-7　图像直方图规定化转换函数

	规定的概率密度函数	转换函数
均匀	$p_g(s) = \dfrac{1}{r_{\max} - r_{\min}} \quad r_{\min} \leq r \leq r_{\max}$	$s = \left[r_{\max} - r_{\min} \right] P_f(r) + r_{\min}$
指数	$p_g(s) = a \exp\{-a(r - r_{\min})\} \quad r_{\min} \leq r \leq r_{\max}$	$s = r_{\min} - \dfrac{1}{a} \ln\left[1 - P_f(r) \right]$
瑞利	$p_g(s) = \dfrac{r - r_{\min}}{a^2} \exp\left\{ -\dfrac{(r - r_{\min})^2}{2a^2} \right\} \quad r_{\min} \leq r \leq r_{\max}$	$s = r_{\min} + \left[2a^2 \ln\left(\dfrac{1}{1 - P_f(r)} \right) \right]^{\frac{1}{2}}$
双曲线 (立方根)	$p_g(s) = \dfrac{1}{3} \dfrac{r^{2/3}}{r_{\max}^{1/3} - r_{\min}^{1/3}} \quad r_{\min} \leq r \leq r_{\max}$	$s = \left[(r_{\max}^{1/3} - r_{\min}^{1/3}) P_f(r) + r_{\min}^{1/3} \right]^3$
双曲线 (对数)	$p_g(s) = \dfrac{1}{r\left[\ln r_{\max} - \ln r_{\min} \right]} \quad r_{\min} \leq r \leq r_{\max}$	$s = r_{\min} \left[\dfrac{r_{\max}}{r_{\min}} \right]^{P_f(r)}$

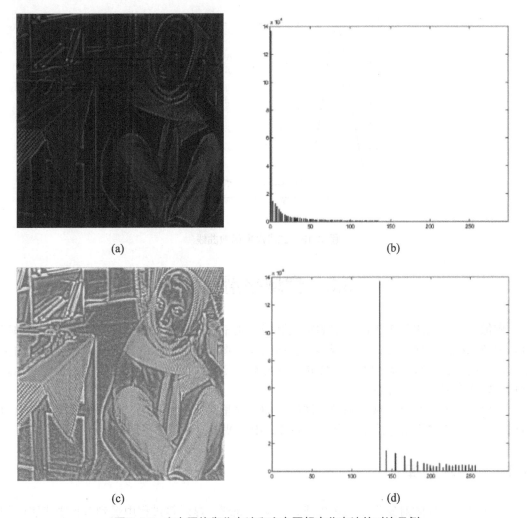

(a)　　　　　　　　　　(b)

(c)　　　　　　　　　　(d)

图 3-14　直方图均衡化方法和直方图规定化方法的对比示例

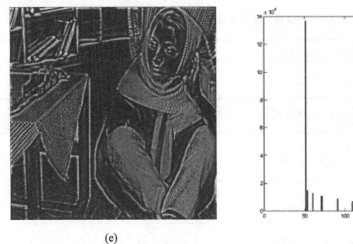

<table>
<tr><td>(e)</td><td>(f)</td></tr>
</table>

图 3-14　直方图均衡化方法和直方图规定化方法的对比示例(续)

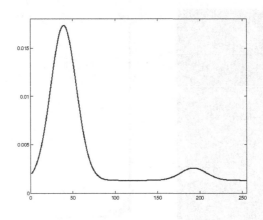

图 3-15　二维高斯函数曲线

3.3　空域平滑滤波

图像平滑是指用于突出图像中的宽大区域、主干部分及低频成分，抑制图像噪声和干扰，使图像亮度平缓渐变，突变减小，从而改善图像质量的图像处理方法。图像平滑的主要目的是为了消除被污染图像中的噪声，因此被广泛应用于图像显示、传输、分析、动画制作、媒体合成等多个方面。

图像平滑的方法有空域法和频域法两大类。这里只讨论空域法，对于频域法将在第 4 章讨论。空域图像平滑方法主要有均值滤波、中值滤波、多图像平均等。

3.3.1　基本原理

图像平滑处理的对象是在图像生成、传输、处理、显示等过程中受到多种噪声影响的图像或者是包含不希望过多地展现细节信息的图像。图像平滑处理可去除部分噪声，消除图像的一些细节，同时也会降低图像锐度。显而易见，经过平滑处理的图像会产生一定程度的模糊。

噪声是影响数字图像视觉质量和后继处理的重要因素。数字图像的噪声主要来自图像的获取和传输过程。本章只对数字图像处理中最常见的噪声类别进行说明。有关噪声的更详细知识将在第 5 章介绍。

常见噪声包括高斯噪声和椒盐噪声。高斯噪声是指图像噪声的统计分布特性服从高斯分布。椒盐噪声则是指图像中出现的位置随机、呈现颗粒外观的噪声。受高斯噪声和椒盐噪声污染的图像如图 3-16 所示。其中，图 3-16(a)是原图像；图 3-16(b)是受高斯噪声污染的图像；图 3-16(c)是受椒盐噪声污染的图像。

 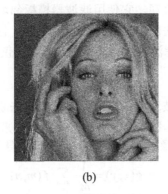 

(a)　　　　　　　　　　(b)　　　　　　　　　　(c)

图 3-16　常见噪声示例图

空间域的图像平滑滤波是利用空域滤波器对图像中每个像素的邻域信息进行滤波操作而达到平滑的目的。空域平滑滤波方法可以表示为

$$g(x,y) = \sum_{s=-a}^{a} \sum_{t=-b}^{b} w(s,t) f(x+s, y+t) \tag{3.3.1}$$

其中，$f(x, y)$表示原图像中坐标为(x, y)的待处理像素的灰度值。$g(x, y)$表示滤波后对应像素的灰度值。$w(s, t)$表示平滑滤波器，也称为模板或掩模。a 和 b 表示邻域的范围。如果 a 和 b 都取 1，则表示利用 3×3 的平滑滤波器对图像进行操作，运算示例如图 3-17 所示。在运算时，滤波器的中心系数 $w(0, 0)$对准图像中当前待处理像素 $f(x, y)$，滤波器的其他系数与$f(x, y)$的邻域像素相对应，并根据式(3.3.1)得到 $g(x, y)$的值。然后，对原图像中的每个像素进行相同的滤波操作，就可以得到空域平滑滤波后的图像。

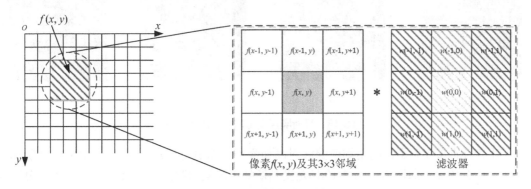

图 3-17　像素邻域滤波示意图

从图 3-17 可以看到，空域平滑滤波实质上就是一种邻域运算，即输出图像中每个像素的值都是根据输入图像该像素周围一定邻域内像素值的某种运算得到的。而邻域像素的范围和具体运算均可以通过空域滤波器来表示。这里，如果输出像素是输入图像邻域像素的线性运算结果，则称该滤波操作为线性平滑滤波，反之则称为非线性平滑滤波。

线性平滑滤波常见的有均值滤波、加权均值滤波等。而非线性平滑滤波常见的有中值滤波、边缘保持滤波等。

3.3.2 线性平滑滤波

线性平滑滤波的概念非常直观，它使用滤波器模板邻域内像素的均值代替原图像中每个像素的值。线性平滑滤波器去除高斯噪声的效果很好，且在大多数情况下，对其他类型的噪声也有一定的消除效果。滤波器的种类有很多，这里仅仅提及最常用的。

1. 均值滤波

均值滤波是典型的线性滤波算法，也称为邻域平均法或局部平滑法。这种方法的基本思路是对图像的当前像素，取其邻域内像素的平均灰度值来代替当前像素的灰度值。

设一幅大小为 $N{\times}N$ 的图像 $f(x,y)$，用邻域平均法得到的平滑图像为 $g(x,y)$，则

$$g(x,y) = \frac{1}{M}\sum_{m,n \in S} f(m,n) \tag{3.3.2}$$

式中，$x,y = 0,1,\cdots,N-1$，S 为 (x,y) 邻域中的像素坐标的集合，但不包括 (x,y)，M 表示 (x,y) 邻域中像素的个数。

常用的 4-邻域和 8-邻域均值滤波器分别为

$$W_1 = \frac{1}{4}\begin{bmatrix} 0 & 1 & 0 \\ 1 & 0 & 1 \\ 0 & 1 & 0 \end{bmatrix}, \quad W_2 = \frac{1}{8}\begin{bmatrix} 1 & 1 & 1 \\ 1 & 0 & 1 \\ 1 & 1 & 1 \end{bmatrix}$$

对高斯噪声图像利用 4-邻域和 8-邻域均值滤波器进行平滑滤波，其结果如图 3-18 所示。其中，图 3-18(a)是原图像；图 3-18(b)是受高斯噪声污染的图像；图 3-18(c)是 4-邻域均值滤波处理的结果；图 3-18(d)是 8-邻域均值滤波处理的结果。

(a)　　　　　　　　　(b)　　　　　　　　　(c)　　　　　　　　　(d)

图 3-18　高斯噪声图像均值滤波示例图

对不同的邻域大小，利用均值滤波对高斯噪声图像进行滤波，其结果如图 3-19 所示。其中，图 3-19(a)是原图像；图 3-19(b)是受高斯噪声污染的图像；而图 3-19(c)~(f)是分别使用 3×3、5×5、7×7 和 9×9 模板得到的平滑图像。

对不同的邻域大小，利用均值滤波对椒盐噪声图像进行滤波，其结果如图 3-20 所示。其中图 3-20(a)是原图像；图 3-20(b)是受椒盐噪声污染的图像；而图 3-20(c)～(f)是分别使用 3×3、5×5、7×7 和 9×9 模板得到的平滑图像。

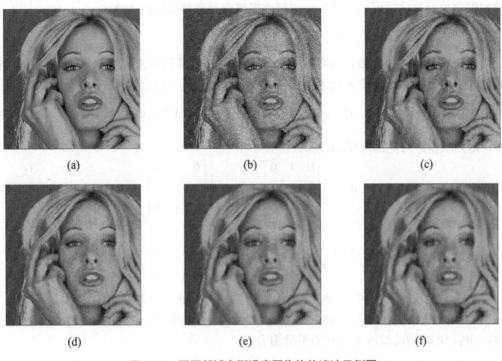

图 3-19　不同邻域高斯噪声图像均值滤波示例图

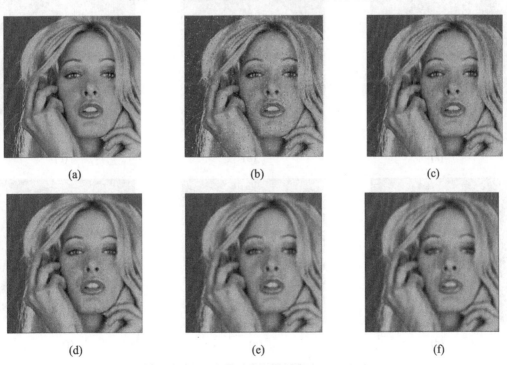

图 3-20　不同邻域椒盐噪声图像均值滤波示例图

从图 3-19 和图 3-20 可以看出，均值滤波可以起到抑制噪声的作用，对高斯噪声图像的平滑效果较好。同时，邻域的大小与平滑的效果存在密切的关系。通常情况下，邻域越大则平滑的效果越好。但是，邻域过大，平滑会使边缘信息的损失越大，从而使输出图像的模糊程度也越严重。因此，在实际应用中需要合理选择邻域的大小。

2. 加权均值滤波

为了使平滑滤波更有效，可以采用加权均值滤波，即利用邻域内像素的灰度值和当前像素的加权灰度值的平均值来代替当前像素的灰度值。其计算公式为

$$g(x,y) = \frac{1}{M+K}\left[\sum_{m,n \in S} f(m,n) + Kf(x,y)\right] \tag{3.3.3}$$

式中，K 为权值。常见的加权均值滤波器有

$$W_3 = \frac{1}{5}\begin{bmatrix} 0 & 1 & 0 \\ 1 & 1 & 1 \\ 0 & 1 & 0 \end{bmatrix}, \quad W_4 = \frac{1}{6}\begin{bmatrix} 0 & 1 & 0 \\ 1 & 2 & 1 \\ 0 & 1 & 0 \end{bmatrix}$$

$$W_5 = \frac{1}{9}\begin{bmatrix} 1 & 1 & 1 \\ 1 & 1 & 1 \\ 1 & 1 & 1 \end{bmatrix}, \quad W_6 = \frac{1}{10}\begin{bmatrix} 1 & 1 & 1 \\ 1 & 2 & 1 \\ 1 & 1 & 1 \end{bmatrix}$$

用这四个加权滤波器对高斯噪声图像进行加权均值滤波，其结果如图 3-21 所示。其中，图 3-21(a)是原图像，图 3-21(b)是受高斯噪声污染的图像，而图 3-21(c)～(f)是分别使用 W_3、W_4、W_5 和 W_6 滤波器得到的平滑图像。

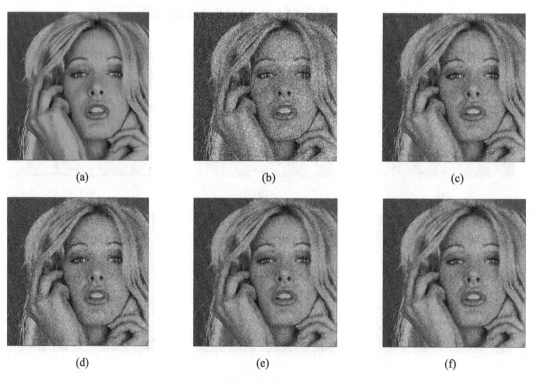

图 3-21　高斯噪声图像加权均值滤波示例图

加权均值滤波由于要考虑当前像素的灰度值，因此能在一定程度上减少图像模糊。在实际应用中，还可以根据需要设计具有不同形状和规模的平滑滤波器，如

$$W_7 = \frac{1}{16}\begin{bmatrix} 1 & 2 & 1 \\ 2 & 4 & 2 \\ 1 & 2 & 1 \end{bmatrix}, \quad W_8 = \frac{1}{25}\begin{bmatrix} 1 & 1 & 1 & 1 & 1 \\ 1 & 1 & 1 & 1 & 1 \\ 1 & 1 & 1 & 1 & 1 \\ 1 & 1 & 1 & 1 & 1 \\ 1 & 1 & 1 & 1 & 1 \end{bmatrix}$$

其中，W_7 滤波器称为高斯(Gauss)滤波器，也属于加权均值滤波器，其邻域内不同的像素采用不同的权值，体现了离当前待处理像素较近的像素的重要性。高斯滤波器在对处理像素加权(权值 $K=4$)的同时，也对当前待处理像素所在行和所在列的像素进行加权(权值 $K=2$)，即认为离当前待处理像素越近的像素，对该像素的影响越大。高斯滤波器的效果是在平滑图像的同时，能较好地保持水平和垂直方向的边缘。

使用 W_7 和 W_8 对受高斯噪声污染的图像进行处理的结果如图 3-22 所示。其中，图 3-22(a)是受高斯噪声污染的图像，图 3-22(b)～(d)是分别使用 W_3、W_7 和 W_8 滤波器得到的平滑图像。从图 3-22 中可以看到，采用 W_7 模板，在实现平滑滤波的同时，滤波后的图像要比 W_3 模板的处理结果清晰一些。而 W_8 模板的平滑效果相对于 W_7 模板更强一些，但滤波后的图像变得有些模糊。

(a)   (b)   (c)   (d)

图 3-22 不同邻域高斯噪声图像加权均值滤波示例图

3. 超限平滑滤波

为了尽可能地减少由于均值滤波而产生的模糊效应，还可以采用超限平滑滤波。超限平滑滤波方法可以有效抑制椒盐噪声，并能够减轻图像的模糊程度，从而较好地保护有微小变化的目标物细节。超限平滑滤波法的公式如下：

$$g(x,y) = \begin{cases} \frac{1}{M}\sum_{m,n \in S} f(m,n) & \left|f(x,y) - \frac{1}{M}\sum_{m,n \in S} f(m,n)\right| > T \\ f(x,y) & \left|f(x,y) - \frac{1}{M}\sum_{m,n \in S} f(m,n)\right| \leq T \end{cases} \tag{3.3.4}$$

式(3.3.4)中，T 为规定的非负阈值。该公式通过判断当前像素的灰度值和它邻域内像素平均灰度值的差是否在规定的阈值范围内，来决定当前像素的灰度值。如果邻域内像素均值小于或等于阈值，则保留当前待处理像素的灰度值不变；反之则说明该像素可能是噪声点，就可以用邻域内像素的平均灰度值来代替当前待处理像素的灰度值。

在超限平滑法的应用中，阈值 T 的选择对去噪效果影响很大。若 T 选择的太大，则会

减弱噪声的去除效果；而 T 选择的太小，则可能起不到平滑的作用。因此，在实际处理过程中，T 的选择需要根据图像的特点作具体分析，并通过经验值或多次试验来获得。通常情况下，可以将 T 设置为 $k\sigma_f$。这里 σ_f 为图像的均方差。

利用 3×3 的均值滤波器和超限平滑滤波器处理受椒盐噪声污染图像的对比结果如图 3-23 所示。其中，图 3-23(a)是受椒盐噪声污染的图像，图 3-23(b)～(d)分别是使用均值滤波、$T=50$ 和 $T=80$ 的超限中值滤波器对图 3-23(a)进行处理的结果。从图 3-23 中可以看出，$T=50$ 时的超限平滑滤波明显比均值滤波效果好。而同样采用超限平滑滤波，$T=50$ 时的去噪效果明显优于 $T=80$ 时的结果。因此，使用超限平滑滤波时要选择合适的阈值。

 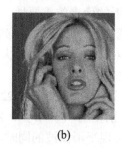  

(a)　　　　　　　　(b)　　　　　　　　(c)　　　　　　　　(d)

图 3-23　均值滤波和超限平滑滤波对比示例图

4. 多图像平均法

如果在相同的条件下能够获取同一场景的若干幅图像，则可以采用多图像平均法来消减图像中的随机噪声。

设在相同的条件下，获取的同一场景 M 幅图像为

$$f(x,y) = \{f_1(x,y), f_2(x,y), \cdots, f_M(x,y)\} \tag{3.3.5}$$

则多图像平均法为

$$g(x,y) = \frac{1}{M}\sum_{i=1}^{M} f_i(x,y) \tag{3.3.6}$$

如果图像中仅包含与图像不相关的加性白噪声，其均值为 0，方差为 σ_η^2，并且各幅图像间的噪声不相关，即

$$f_i(x,y) = f_s(x,y) + \eta_i(x,y) \tag{3.3.7}$$

则可以得出

$$E\{g(x,y)\} = f_s(x,y) \tag{3.3.8}$$

$$\sigma_{g(x,y)}^2 = \frac{1}{M}\sigma_\eta^2 \tag{3.3.9}$$

式(3.3.8)和式(3.3.9)表明，多幅图像平均后，图像信号不变，但其中各个像素噪声的方差降为单幅图像中该像素噪声方差的 $\frac{1}{M}$。并且随着图像数目 M 的增加，噪声方差越小，图像噪声去除效果越好。多图像平均法的滤波效果如图 3-24 所示。其中，图 3-24(a)是受高斯噪声污染的图像，图 3-24(b)～(d)分别是使用 4 幅图 3-24(a)、8 幅图 3-24(a)和 20 幅图 3-24(a)进行平均的结果。从图 3-24 中可以看到，对于单纯的高斯噪声，多图像平均法也可以起到平滑去噪的作用。

(a)　　　　　　　　(b)　　　　　　　　(c)　　　　　　　　(d)

图 3-24　多图像平均滤波示例图

3.3.3　非线性平滑滤波

非线性平滑滤波的原理与线性平滑滤波有很大的不同。非线性平滑滤波以滤波器所确定的像素邻域范围内像素值的排序为基础，使用统计排序确定的某个像素的值作为平滑处理的结果。常用的非线性平滑滤波方法主要有中值滤波、百分比滤波等。

1. 中值滤波

中值滤波是一种常用的非线性平滑滤波技术，其基本思路是利用中值滤波器覆盖范围内所有像素灰度值的中间值(不是平均值)作为当前待处理像素的值。

中值滤波通过选择邻域内排序中间值来消除图像孤立噪声点的影响。所以，中值滤波对椒盐噪声有良好的滤除效果。在滤除椒盐噪声的同时，中值滤波也能够较好地保护图像中的边缘信息，使之不被模糊。这种优良特性是线性平滑滤波方法所不具备的。此外，中值滤波的算法比较简单，易于用硬件实现。

设原图像在 (x,y) 处的灰度值为 $f(x,y)$，用中值滤波处理的结果为 $g(x,y)$，则

$$g(x,y) = \text{median}\{f(x-i,y-j),i,j\in W\} \tag{3.3.10}$$

式中，W 为选定的邻域(中值滤波器覆盖的区域)。通常，将 W 内像素的个数选为奇数，以保证有一个中间值。若 W 内像素的个数为偶数，则可以取中间两个值的平均值作为中值。

利用同样形状和大小的均值和中值滤波器对含噪图像进行处理，去噪效果对比如图 3-25 所示。其中，图 3-25(a)和图 3-25(d)分别是受高斯噪声和椒盐噪声污染的图像，图 3-25(b)和图 3-25(c)分别是利用 3×3 均值滤波器和中值滤波器对图 3-25(a)进行处理的结果，而图 3-25(e)和图 3-25(f)分别是利用 3×3 均值滤波器和中值滤波器对图 3-25(d)进行处理的结果。从图 3-25 中可以看到，对于高斯噪声图像，均值滤波比中值滤波效果好。而在去除椒盐噪声时，中值滤波比均值滤波更有效。

中值滤波的关键是选择合适形状和大小的滤波器。常用的中值滤波器有线形、十字形、X 形、矩形、菱形和圆形等，如图 3-26 所示。其中，图 3-26(a)～(f)分别表示线形、十字形、X 形、矩形、菱形和圆形中值滤波器。

利用不同尺寸的矩形中值滤波器对受椒盐噪声污染的图像进行处理，其结果如图 3-27 所示。其中，图 3-27(a)是原图像，图 3-27(b)是图 3-27(a)受椒盐噪声污染的结果，而图 3-27(c)～(f)是分别使用 3×3、5×5、7×7 和 9×9 中值滤波器对图 3-27(b)进行处理得到的结果。

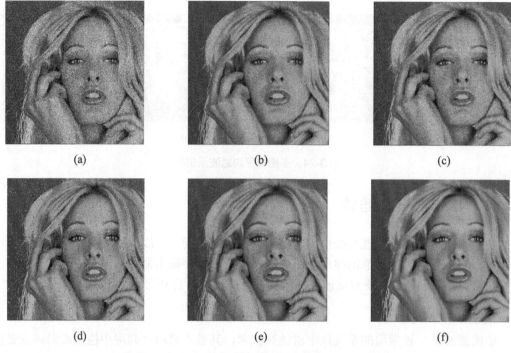

图 3-25　均值滤波和中值滤波去噪效果对比示例图(续)

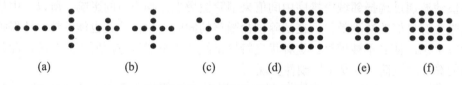

图 3-26　中值滤波器常用形状

　　通常情况下，使用不同形状和大小的中值滤波器会产生不同的滤波效果。一般要根据噪声和图像中目标物的细节选择合适的中值滤波器。比如，目标物体形状是块状的图像，可以使用矩形中值滤波器。对于具有丰富尖角几何结构的图像，一般适宜采用十字形中值滤波器，且滤波器的大小最好不要超过图像中最小目标物的尺寸，否则会丢失目标物的细小几何特征。而对于一些细节多，特别是点、线、尖顶细节较多的图像则不宜采用中值滤波。

图 3-27　不同尺寸的矩形中值滤波器对噪声污染图像滤波示例图

(d)　　　　　　　　　　　(e)　　　　　　　　　　　(f)

图 3-27　不同尺寸的矩形中值滤波器对噪声污染图像滤波示例图(续)

2. 百分比滤波

中值滤波实际上是一类更通用的滤波——百分比滤波的一个特例。百分比滤波器的基本原理是先将滤波模板覆盖范围内的像素值进行排序，然后从排序队列中选择位于特定百分比位置上的像素值作为滤波结果。比如，选取灰度序列中位于 50%位置的像素作为滤波结果，就是中值滤波。如果选取灰度序列中位于 0%位置的像素，就可得到最小值滤波器。而如果选取了灰度序列中位于 100%位置的像素，就可得到最大值滤波器。最小值滤波器和最大值滤波器也经常会被使用。这两种滤波器可以分别表示为

$$g_{\min}(x,y) = \min\{f(x-i,y-j), i,j \in W\} \tag{3.3.11}$$

$$g_{\max}(x,y) = \max\{f(x-i,y-j), i,j \in W\} \tag{3.3.12}$$

最大值滤波器可用来检测图像中最亮的点，并可消除低取值的椒噪声。而最小值滤波器可用来检测图像中最暗的点，并能消除高取值的盐噪声。中值滤波、最大值滤波和最小值滤波在消除椒盐噪声时的结果对比如图 3-28 所示。其中，图 3-28(a)是受椒盐噪声污染的图像，而图 3-28(b)～(d)分别是利用中值滤波器、最小值滤波器和最大值滤波器对图 3-28(a)进行处理的结果。

(a)　　　　　　　　(b)　　　　　　　　(c)　　　　　　　　(d)

图 3-28　百分比滤波器对椒盐噪声污染图像滤波示例图

此外，根据需要，也可以将最大值滤波器和最小值滤波器结合起来使用。例如中点滤波就是取最大值和最小值的均值作为滤波结果输出：

$$g_{\text{mid}}(x,y) = \frac{1}{2}\{g_{\min}(x,y) + g_{\max}(x,y)\} \tag{3.3.13}$$

中点滤波吸收了排序滤波和均值滤波两种方式的优点。它对多种随机分布的噪声(如高斯噪声、均匀噪声等)都有较好的滤除效果。中点滤波与其他几种百分比滤波方法对高斯噪

声图像的处理结果对比如图 3-29 所示。其中，图 3-29(a)是受高斯噪声污染的图像，而图 3-29(b)～(e)分别是利用中值滤波器、最小值滤波器、最大值滤波器和中点滤波器对图 3-29(a)进行处理的结果。

    (a)   (b)   (c)   (d)   (e)

图 3-29　百分比滤波方法对高斯噪声污染图像滤波示例图

3.4　空域锐化滤波

在获取和传输过程中，由于图像传输或转换系统的传递，函数对高频成分具有衰减作用，会导致一些图像的细节轮廓产生退化。另外，图像平滑在降低噪声的同时也会导致目标的轮廓不清晰和线条不鲜明。究其原因，主要是图像受到了平均或积分运算的影响。因此，可采用导数运算方式使图像变得更清晰。这种增强图像轮廓和细节的方法，就被称为图像锐化(Image Sharpness)。

图像锐化的主要目的有两个：①增强图像的边缘及灰度跳变部分，使模糊的图像变得更加清晰，改善图像的质量，使图像更适合人眼观察和识别；②使目标物体的边缘突出，以便于提取目标的边缘，从而为进一步对图像进行分割、目标区域识别、区域形状提取等理解与分析操作奠定基础。

图像锐化方法可分为空域处理方法和频域处理方法两类。本节主要介绍空域锐化方法，频域锐化方法将在第 4 章介绍。

3.4.1　基本原理

导数作为数学中求解数据变化率的一种方法，可用来求解图像中目标物轮廓和细节(统称为边缘)等突变部分的变化。对数字信号，由于其是离散化的，导数通常用差分来表示。

设一维离散函数 $f(x)$ 的一阶导数为 $\dfrac{\partial f}{\partial x}$，则该函数一阶导数的差分表示形式为

$$\frac{\partial f}{\partial x} = f(x+1) - f(x) \tag{3.4.1}$$

可以利用下式对函数 $f(x)$ 进行锐化

$$g(x) = f(x) - \frac{\partial f}{\partial x} \tag{3.4.2}$$

一维离散函数二阶导数的差分表示形式为

$$\frac{\partial^2 f}{\partial^2 x} = \left[f(x+1) - f(x) \right] - \left[f(x) - f(x-1) \right] \tag{3.4.3}$$
$$= f(x+1) + f(x-1) - 2f(x)$$

同理，可以利用下式对 $f(x)$ 进行二阶导数锐化：

$$g(x,y) = f(x) - \frac{\partial^2 f}{\partial^2 x} \tag{3.4.4}$$

【例3-3】对一维离散函数 $f(x)$，对其进行一阶导数和二阶导数锐化。

$f(x) = [5,5,4,3,2,1,0,0,0,6,8,8,8,7,6,6,6,3,2,1,3,3,7,7,7,7]$

$f(x)$ 的图形如图 3-30(a)所示。由式(3.4.1)可以求其一阶导数为

$$\frac{\partial f}{\partial x} = [0,-1,-1,-1,-1,0,0,6,2,0,0,-1,-1,0,0,-3,-1,-1,2,0,4,0,0,0]$$

利用式(3.4.2)进行一阶导数锐化后的结果如图 3-30(b)所示。

对一维函数 $f(x)$，由式(3.4.3)求其二阶导数为

$$\frac{\partial^2 f}{\partial^2 x} = [-1,0,0,0,0,1,0,6,-4,-2,0,-1,0,1,0,-3,2,0,3,-2,4,-4,0,0]$$

利用式(3.4.4)进行二阶导数锐化后的结果如图 3-30(c)所示。

从图 3-30 中可以看出，锐化后的函数，波形变化较快，而且出现了"过冲"，即在波形底部突变处形成了"下冲"，在波形上部突变处形成了"上冲"，这就使一维函数值变化较大的区域(可以看作一维函数的"边缘")得到了突出，从而达到了锐化的目的。

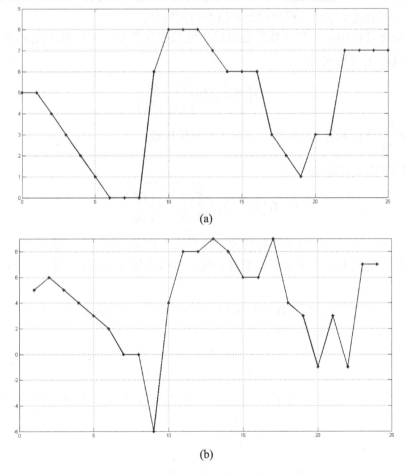

(a)

(b)

图 3-30 一维函数导数锐化结果对比图

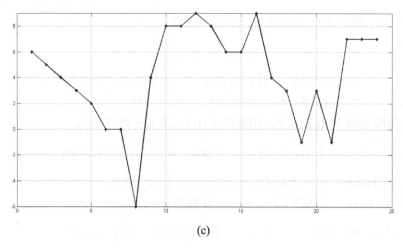

(c)

图 3-30 一维函数导数锐化结果对比图(续)

3.4.2 梯度锐化法

上节介绍了一维离散函数的一阶和二阶导数锐化方法，将其推广到图像处理中，就必然对应两种常用的锐化方法：梯度锐化和拉普拉斯锐化。

在图像处理过程中，一阶导数是通过梯度幅值来实现的。对图像 $f(x,y)$ 在位置 (x,y) 处的梯度 $G[f(x,y)]$ 可定义为

$$G[f(x,y)] = \begin{bmatrix} \dfrac{\partial f}{\partial x} & \dfrac{\partial f}{\partial y} \end{bmatrix}^{\mathrm{T}} \tag{3.4.5}$$

其中，$\dfrac{\partial f}{\partial x}$ 和 $\dfrac{\partial f}{\partial y}$ 分别表示 x 方向和 y 方向的一阶偏导数。

而梯度的幅值可以定义为

$$G[f(x,y)] = \sqrt{\left(\dfrac{\partial f}{\partial x}\right)^2 + \left(\dfrac{\partial f}{\partial y}\right)^2} \tag{3.4.6}$$

一般情况下，梯度的幅值也简称梯度。由梯度的定义可知，在图像灰度变化较大的边缘区域，其梯度值较大；在灰度变化平缓区域，其梯度值较小；而在灰度均匀的区域，其梯度值趋于零。

式(3.4.6)中的偏导数需要对每个像素位置进行计算，而实际在数字图像中求偏导数也是利用差分来代替的。在这里 x 和 y 方向的一阶差分可分别定义为

$$\nabla_x f(x,y) = f(x+1,y) - f(x,y) \tag{3.4.7}$$

$$\nabla_y f(x,y) = f(x,y+1) - f(x,y) \tag{3.4.8}$$

式(3.4.7)和式(3.4.8)所示像素间的关系如图 3-31(a)所示，转换成模板如图 3-31(b)所示。

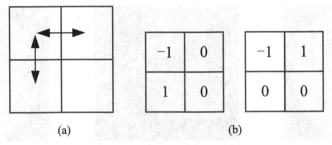

图 3-31 图像梯度算子示例

因此，数字图像的梯度可表示为

$$G[f(x,y)]=\sqrt{\nabla_x f(x,y)^2+\nabla_y f(x,y)^2}$$ (3.4.9)

设原始图像为 $f(x,y)$，其梯度为 $G[f(x,y)]$，输出图像为 $g(x,y)$。利用梯度法对图像进行锐化处理可以采用以下几种方式。

(1) 利用梯度直接进行锐化，即

$$g(x,y) = G[f(x,y)]$$ (3.4.10)

该方法适用于轮廓比较突出，灰度变化平缓的图像。比如，对图 3-32(a)所示的图像进行梯度锐化处理，结果如图 3-32(b)所示。

(2) 如果锐化的背景需要保留，可以辅以阈值判断，即

$$g(x,y) = \begin{cases} G[f(x,y)] & G[f(x,y)] \geqslant T \\ f(x,y) & G[f(x,y)] < T \end{cases}$$ (3.4.11)

其中，T 为非负阈值。如果 T 选择合适，就能达到既突出轮廓，又不破坏背景的目的。对图 3-32(a)所示的图像进行处理，结果如图 3-32(c)所示。

(3) 如果锐化的背景需要保留，轮廓取单一灰度值，可以采用

$$g(x,y) = \begin{cases} L_o & G[f(x,y)] \geqslant T \\ f(x,y) & G[f(x,y)] < T \end{cases}$$ (3.4.12)

其中，L_o 为指定的轮廓灰度值。对图 3-32(a)所示的图像进行处理，结果如图 3-32(d)所示。

(4) 如果锐化的轮廓需要保留，背景取单一灰度值，可以采用

$$g(x,y) = \begin{cases} G[f(x,y)] & G[f(x,y)] \geqslant T \\ L_b & G[f(x,y)] < T \end{cases}$$ (3.4.13)

其中，L_b 为指定的背景灰度值。对图 3-32(a)所示的图像进行处理，结果如图 3-32(e)所示。

(5) 如果锐化的轮廓和背景均取单一灰度值(即二值化)，可以采用

$$g(x,y) = \begin{cases} L_o & G[f(x,y)] \geqslant T \\ L_b & G[f(x,y)] < T \end{cases}$$ (3.4.14)

其中，L_o 为指定的轮廓灰度值；L_b 为指定的背景灰度值。对图 3-32(a)所示的图像进行二值化处理后，其结果如图 3-32(f)所示。

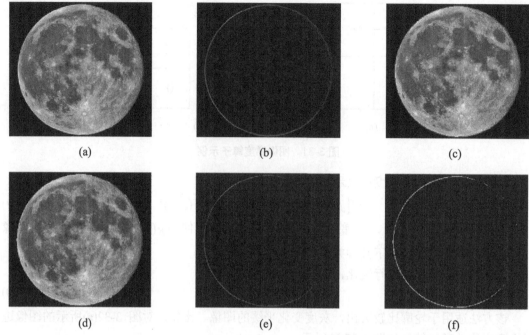

图 3-32　利用梯度法对图像进行锐化处理的示例图

式(3.4.7)和式(3.4.8)表示的近似处理方法并不是唯一的方法。常用的梯度锐化法还有 Roberts 算子法、Sobel 算子法和 Prewitt 算子法。

Roberts 算子法简单直观，又称为交叉差分算子法，如图 3-33(a)所示。Roberts 算子法采用交叉差分运算，如图 3-33(b)所示，其定义为

$$\nabla_x f(x,y) = f(x+1,y+1) - f(x,y) \tag{3.4.15}$$
$$\nabla_y f(x,y) = f(x,y+1) - f(x+1,y) \tag{3.4.16}$$

式(3.4.18)和式(3.4.19)转化成模板形式，如图 3-33(b)所示。

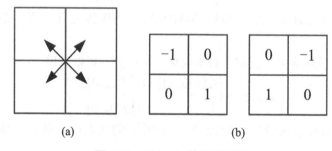

(a)　　　　　　　　(b)

图 3-33　Roberts 算子示意图

Roberts 算子是偶数尺寸的模板，没有对称中心。因此，更多的时候，可以采用 Sobel 算子或 Prewitt 算子。Sobel 算子定义为

$$\nabla_x f(x,y) = \left[f(x+1,y-1) + 2f(x+1,y) + f(x+1,y+1) \right] \\ - \left[f(x-1,y-1) + 2f(x-1,y) + f(x-1,y+1) \right] \tag{3.4.17}$$

$$\nabla_y f(x,y) = \left[f(x-1,y+1) + 2f(x,y+1) + f(x+1,y+1) \right]$$
$$- \left[f(x-1,y-1) + 2f(x,y-1) + f(x+1,y-1) \right] \tag{3.4.18}$$

式(3.4.17)和式(3.4.18)转化成模板形式，如图 3-34 所示。

-1	-2	-1
0	0	0
1	2	1

-1	0	1
-2	0	2
-1	0	1

图 3-34 Sobel 算子

Prewitt 算子也是 3×3 模板，如图 3-35 所示。

-1	-1	-1
0	0	0
1	1	1

-1	0	1
-1	0	1
-1	0	1

图 3-35 Prewitt 算子

3.4.3 拉普拉斯锐化法

拉普拉斯(Laplacian)算子是一种二阶导数算子。对一个连续函数 $f(x,y)$ 而言，它在位置 (x,y) 处的拉普拉斯算子可定义为

$$\nabla^2 f = \frac{\partial^2 f}{\partial^2 x} + \frac{\partial^2 f}{\partial^2 y} \tag{3.4.19}$$

对数字图像来说，图像 $f(x,y)$ 的拉普拉斯算子可定义为

$$\nabla^2 f(x,y) = \nabla_x^2 f(x,y) + \nabla_y^2 f(x,y) \tag{3.4.20}$$

其中，$\nabla_x^2 f(x,y)$ 和 $\nabla_y^2 f(x,y)$ 是 $f(x,y)$ 在 x 方向和 y 方向的二阶差分，即

$$\nabla_x^2 f(x,y) = f(x+1,y) + f(x-1,y) - 2f(x,y) \tag{3.4.21}$$

$$\nabla_y^2 f(x,y) = f(x,y+1) + f(x,y-1) - 2f(x,y) \tag{3.4.22}$$

因此，拉普拉斯算子可表示为

$$\nabla^2 f(x,y) = f(x+1,y) + f(x-1,y) + f(x,y+1) + f(x,y-1) - 4f(x,y) \tag{3.4.23}$$

拉普拉斯算子用模板形式可以表示为

$$W_1 = \begin{bmatrix} 0 & 1 & 0 \\ 1 & -4 & 1 \\ 0 & 1 & 0 \end{bmatrix}$$

由一维函数的锐化公式可以得到拉普拉斯锐化公式为

$$g(x,y) = f(x,y) + \alpha[-\nabla^2 f(x,y)]$$
$$= f(x,y) - \alpha[f(x+1,y) + f(x-1,y) + f(x,y+1) + f(x,y-1) - 4f(x,y)] \quad (3.4.24)$$
$$= (1+4\alpha)f(x,y) - \alpha[f(x+1,y) + f(x-1,y) + f(x,y+1) + f(x,y-1)]$$

式中，α 为锐化强度系数(一般取为正整数)。当 $\alpha=2$ 时的拉普拉斯算子为

$$W_2 = \begin{bmatrix} 0 & -2 & 0 \\ -2 & 9 & -2 \\ 0 & -2 & 0 \end{bmatrix}$$

锐化强度系数 α 越大，表示图像锐化的程度就越强，不同的 α 取值下的锐化结果对比如图 3-36 所示。其中，图 3-36(a)是原图像，图 3-36(b)是 α 为 1 的拉普拉斯锐化图像，而图 3-36(c)则是 α 为 2 时的处理结果。

(a)
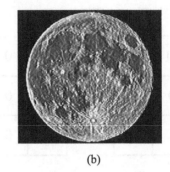
(b)
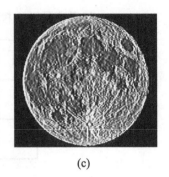
(c)

图 3-36　不同 α 取值下的拉普拉斯锐化结果对比图

3.5　习　　题

1. 图像增强的目的是什么？空间域图像增强包含哪些基本方法？
2. 图像对数变换的作用是什么？
3. 什么是图像的灰度直方图？灰度直方图具有什么特点？
4. 假定有 64×64 大小的图像，灰度为 16 级，其各灰度级的像素个数如表 3-8 所示。试进行直方图均衡化处理，并画出处理前后的直方图。

表 3-8　图像各灰度级的像素个数

灰度级	0	1	2	3	4	5	6	7
像素个数	800	650	600	430	300	230	200	170
灰度级	8	9	10	11	12	13	14	15
像素个数	150	130	110	96	80	70	50	30

5. 假定一幅图像灰度级为 8 级，其各灰度级的概率分布如表 3-9 所示。现要求对其进行直方图规定化，且规定化后的图像必须具有如表 3-10 所示的灰度级概率分布。

表 3-9 图像各灰度级的概率分布

灰度级	0	1	2	3	4	5	6	7
各灰度级概率分布	0.14	0.22	0.25	0.17	0.10	0.06	0.03	0.03

表 3-10 规定直方图的各灰度级概率分布

灰度级	0	1	2	3	4	5	6	7
各灰度级概率分布	0	0	0	0.19	0.25	0.21	0.24	0.11

6. 有一幅 8×8 的图像，如图 3-37(a)所示，其灰度值如图 3-37(b)所示。现要求对该图像进行均值滤波，模板大小分别为 3×3 和 5×5，写出处理结果并比较。(图像边界不考虑)

228	208	90	97	145	42	58	27
245	62	212	145	120	154	233	246
140	237	149	19	3	67	39	1
35	89	140	13	86	167	211	198
38	50	234	135	41	176	137	209
65	64	73	199	203	191	255	222
215	157	193	239	79	115	20	21
65	121	192	33	135	21	113	102

(a)   (b)

图 3-37 图像及其灰度值

7. 用中值滤波处理如图 3-37(a)所示的图像，模板大小分别为 3×3 和 5×5，写出处理结果并比较。(图像边界不考虑)

8. 编写程序。给图像中分别添加一定量的高斯噪声和椒盐噪声，然后分别使用模板大小为 3×3 的均值滤波器和中值滤波器对含噪图像进行处理并对处理结果进行比较。

9. 试述各种空域平滑方法的功能、适用条件及其优缺点。请说明以下所示空间滤波器的类型(平滑或锐化)。

$$H_1 = \frac{1}{9}\begin{bmatrix} 1 & 1 & 1 \\ 1 & 1 & 1 \\ 1 & 1 & 1 \end{bmatrix} \quad H_2 = \frac{1}{10}\begin{bmatrix} 1 & 1 & 1 \\ 1 & 2 & 1 \\ 1 & 1 & 1 \end{bmatrix} \quad H_3 = \begin{bmatrix} -1 & 2 & -1 \\ 2 & -4 & 2 \\ -1 & 2 & -1 \end{bmatrix}$$

$$H_4 = \frac{1}{8}\begin{bmatrix} 1 & 1 & 1 \\ 1 & 0 & 1 \\ 1 & 1 & 1 \end{bmatrix} \quad H_5 = \begin{bmatrix} -2 & 1 & -2 \\ 1 & 4 & 1 \\ -2 & 1 & -2 \end{bmatrix} \quad H_6 = \begin{bmatrix} 2 & 2 & 2 \\ 2 & -16 & 2 \\ 2 & 2 & 2 \end{bmatrix}$$

10. 请分别用 Roberts 算子、Sobel 算子和 Prewitt 算子对如图 3-38 所示的图像进行梯度运算。

1	2	7	9	4	3	1	1
0	1	6	8	3	2	1	1
7	6	15	18	9	8	5	2
1	2	7	9	4	3	3	3
1	2	7	9	4	3	8	1
1	1	1	5	1	1	1	1
1	7	1	8	1	7	1	1

图 3-38   一幅 8×8 图像的灰度值

11. 编写程序。分别利用 Sobel 算子和拉普拉斯算子对图像进行锐化处理，并对处理结果进行比较。

第4章 图像变换与频域图像增强

在第 1 章中已经提到，对于图像的处理，既可以直接在空间域中进行，也可以在变换域中进行。这些将图像变换到其他数据空间进行处理的方法统称为变换域方法。

在实际应用中，图像变换具有重要的作用。为了快速有效地对图像进行处理和分析，经常需要借助某种数学工具将图像由空间域转换到另外的数据域中，并利用这些数据域的一些特有性质进行操作。通常而言，"另外的数据域"可以更集中地反映图像中的某些有效信息，或者可以更方便地获得某种处理结果。

变换域图像处理方法包含三个基本步骤。

(1) 将图像由空间域转换到变换域。

(2) 在变换域中对变换后的图像数据进行处理。

(3) 将处理完成的图像数据再由变换域转换回空间域。

因此，图像变换应该是双向的。在图像处理过程中，一般将图像从空间域向其他数据域的变换称为正变换，而将其他数据域向空间域的转换称为反变换或逆变换。

应用于数字图像处理的变换类型很多，而最基本的是离散傅里叶变换。除此之外，还有沃尔什—阿达玛变换、离散余弦变换、哈尔变换、斜变换和离散小波变换等。本章将介绍离散傅里叶变换、离散余弦变换、离散小波变换以及基于离散傅里叶变换的频域增强方法。

4.1 离散傅里叶变换

离散傅里叶变换(Discrete Fourier Transform，DFT)建立了离散空域和离散频域之间的联系。离散傅里叶变换和傅里叶频谱的物理意义都比较明确，将图像由空间域变换到频率域，可以利用频率成分和图像结构之间的对应关系，解释空间域滤波的某些性质。一些在空间域表述困难的增强问题，在频率域中将变得非常普通。利用计算机对经过离散傅里叶变换后的图像信息进行处理，在很多情况下比直接在空间域中进行处理方便得多。此外，由于 DFT 具有快速算法(Fast Fourier Transform，FFT)，这可以大大减少 DFT 的运算量，提高处理效率。因此，从 20 世纪 60 年代 FFT 提出以来，离散傅里叶变换在数字信号处理和数字图像处理中都得到了广泛的应用。

4.1.1 一维和二维离散傅里叶变换

1. 一维离散傅里叶变换

如果 $x(n)$ 为一个 N 点有限长数字序列，则其离散傅里叶变换可由下式表示：

$$X(u) = \sum_{n=0}^{N-1} x(n) \mathrm{e}^{-j\frac{2nu\pi}{N}} \qquad u = 0,1,\cdots,N-1 \tag{4.1.1}$$

$X(u)$为信号$x(n)$的频谱。

其对应的离散傅里叶反变换为

$$x(n) = \frac{1}{N}\sum_{u=0}^{N-1}X(u)\mathrm{e}^{j\frac{2nu\pi}{N}} \qquad n = 0,1,\cdots,N-1 \tag{4.1.2}$$

2. 二维离散傅里叶变换

如果$f(x, y)$为一幅$M{\times}N$的数字图像，则其离散傅里叶变换可由下式表示：

$$F(u,v) = \sum_{x=0}^{M-1}\sum_{y=0}^{N-1}f(x,y)\mathrm{e}^{-j2\pi\left(\frac{xu}{M}+\frac{yv}{N}\right)} \qquad u = 0,1,\cdots,M-1，\quad v = 0,1,\cdots,N-1 \tag{4.1.3}$$

其对应的离散傅里叶反变换为

$$f(x,y) = \frac{1}{MN}\sum_{u=0}^{M-1}\sum_{v=0}^{N-1}F(u,v)\mathrm{e}^{j2\pi\left(\frac{xu}{M}+\frac{yv}{N}\right)} \qquad x = 0,1,\cdots,M-1，\quad y = 0,1,\cdots,N-1 \tag{4.1.4}$$

因为离散傅里叶变换是复函数，因此可以使用极坐标形式来表示：

$$F(u,v) = |F(u,v)|\mathrm{e}^{j\phi(u,v)} \tag{4.1.5}$$

或者

$$F(u,v) = R(u,v) + jI(u,v) \tag{4.1.6}$$

其中，$R(u, v)$和$I(u, v)$分别为$F(u, v)$的实部和虚部。

$F(u, v)$的模和相角定义为

$$|F(u,v)| = \left[R^2(u,v) + I^2(u,v)\right]^{\frac{1}{2}} \tag{4.1.7}$$

$$\phi(u,v) = \arctan\left[\frac{I(u,v)}{R(u,v)}\right] \tag{4.1.8}$$

其中，$|F(u, v)|$也被称为$F(u, v)$的频谱。

$F(u, v)$的另一个重要概念是功率谱，功率谱的定义为

$$P(u,v) = |F(u,v)|^2 = R^2(u,v) + I^2(u,v) \tag{4.1.9}$$

此外，如果$u=v=0$代入式(4.1.3)，可以得到

$$F(0,0) = \sum_{x=0}^{M-1}\sum_{y=0}^{N-1}f(x,y) \tag{4.1.10}$$

而对于数字图像$f(x, y)$，它的灰度均值为

$$\overline{f(x,y)} = \frac{1}{MN}\sum_{x=0}^{M-1}\sum_{y=0}^{N-1}f(x,y) \tag{4.1.11}$$

比较上述两式可得

$$F(0,0) = MN\overline{f(x,y)} \tag{4.1.12}$$

因为在原点处的u、v分量都为0，所以$F(0, 0)$也被称为频谱的直流分量。这一术语来源于电气工程。因为在电气工程中，直流表示频率为零的电流。由于比例系数MN通常很大，所以$F(0, 0)$是$F(u, v)$频谱的最大分量，通常它比其他频率分量大几个数量级。

图 4-1 显示了一幅人工生成简单图像的傅里叶频谱。其中，图 4-1(a)是原图，图 4-1(b)是图 4-1(a)的频谱，其值被标定在[0, 255]区间，并以图像的形式显示。从图 4-1(b)中可以看到，图像的傅里叶变换在频谱原点周围区域最亮(包含最大值)。同时，频谱图的其余三

个角具有类似的高值，这是由傅里叶变换的周期性和对称性决定的。由于如图 4-1(b)所示的频谱图不便于观察，因此通常将傅里叶幅频图等分为四个子块并进行对角置换(频谱移中)。这样，频谱图的坐标原点变换到了幅频图的中心位置(将频谱图的低频部分变换到频谱图中心)，使频谱图更便于观察。频谱移中的结果如图 4-1(c)所示。此外，为了更好地查看频谱图的细节，可以对频谱移中之后的频谱图再进行对数变换，变换结果如图 4-1(d)所示。

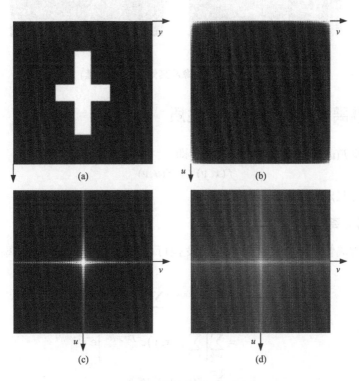

图 4-1　人工图像及其傅里叶频谱

　　图 4-2 显示了两幅自然图像和它们对应的频谱图。其中，图 4-2(a)和图 4-2(c)分别为 barbara 和 lighthouse 图像，图 4-2(b)和图 4-2(d)分别对应 barbara 和 lighthouse 图像的频谱图。

图 4-2　自然图像及其傅里叶频谱

(c)   (d)

图 4-2   自然图像及其傅里叶频谱(续)

4.1.2   二维离散傅里叶变换的性质

设 $f(x,y)$ 和 $F(u,v)$ 构成傅里叶变换对，即

$$f(x,y) \leftrightarrow F(u,v) \tag{4.1.13}$$

则有以下一些定理成立。

1. 变换可分离性

变换的可分离性是指二维离散傅里叶变换可以用两个可分离的一维离散傅里叶变换来表示：

$$
\begin{aligned}
F(u,v) &= \sum_{x=0}^{M-1} \mathrm{e}^{-j2\pi xu/M} \sum_{y=0}^{N-1} f(x,y) \mathrm{e}^{-j2\pi yv/N} \\
&= \sum_{x=0}^{M-1} \left[\sum_{y=0}^{N-1} f(x,y) \mathrm{e}^{-j2\pi yv/N} \right] \mathrm{e}^{-j2\pi xu/M} \\
&= \sum_{x=0}^{M-1} F(x,v) \mathrm{e}^{-j2\pi xu/M}
\end{aligned}
\tag{4.1.14}
$$

或者

$$
\begin{aligned}
F(u,v) &= \sum_{y=0}^{N-1} \mathrm{e}^{-j2\pi yv/N} \sum_{x=0}^{M-1} f(x,y) \mathrm{e}^{-j2\pi xu/M} \\
&= \sum_{y=0}^{N-1} \left[\sum_{x=0}^{M-1} f(x,y) \mathrm{e}^{-j2\pi xu/M} \right] \mathrm{e}^{-j2\pi yv/N} \\
&= \sum_{y=0}^{N-1} F(u,y) \mathrm{e}^{-j2\pi yv/N}
\end{aligned}
\tag{4.1.15}
$$

式(4.1.14)和式(4.1.15)说明，二维离散傅里叶变换可以借助一维离散傅里叶变换来实现，即：

$$f(x,y) \xrightarrow{\quad\text{沿列进行一维DFT}\quad} F(x,v) \xrightarrow{\quad\text{沿行进行一维DFT}\quad} F(u,v)$$

或者

$$f(x,y) \xrightarrow{\quad\text{沿行进行一维DFT}\quad} F(u,y) \xrightarrow{\quad\text{沿列进行一维DFT}\quad} F(u,v)$$

由于一维离散傅里叶变换有快速算法 FFT，因此二维离散傅里叶变换也可以借助 FFT 来快速实现。

2．周期性

设 a、b、M、N 为整数，二维离散傅里叶变换的周期性定理表示为

$$F(u,v) = F(u+aM, v+bN) \tag{4.1.16}$$

这说明，$f(x, y)$ 的二维离散傅里叶变换的频谱是水平方向以 N 为周期、垂直方向以 M 为周期的周期性图像。

同样，二维离散傅里叶变换的逆变换也具有周期性

$$f(x,y) = f(x+aM, y+bN) \tag{4.1.17}$$

3．共轭对称性

由于图像 $f(x, y)$ 一般为实函数，则 $F(u, v)$ 具有共轭对称性，即

$$F(u,v) = F^*(-u,-v) \tag{4.1.18}$$

式中，$F^*(\cdot)$ 表示 $F(u, v)$ 的共轭函数。此外，还有

$$|F(u,v)| = |F^*(-u,-v)| \tag{4.1.19}$$

4．平移特性

二维离散傅里叶变换的平移定理表示为

$$f(x-x_0, y-y_0) \leftrightarrow F(u,v)\mathrm{e}^{-j2\pi(ux_0+vy_0)} \tag{4.1.20}$$

$$f(x,y)\mathrm{e}^{j2\pi(u_0x+v_0y)} \leftrightarrow F(u-u_0, v-v_0) \tag{4.1.21}$$

式中，x_0、y_0、u_0、v_0 均为标量。

式(4.1.20)表明 $f(x, y)$ 在空间域的平移相当于其傅里叶变换在频率域与一个指数项相乘。式(4.1.21)表明 $f(x, y)$ 在空间域与一个指数项相乘相当于其傅里叶变换在频率域的平移。另外从式(4.1.20)可知，对 $f(x, y)$ 的平移不影响其傅里叶变换的幅值。

5．旋转不变性

若用极坐标表示 $f(x, y)$ 和 $F(u, v)$，并设 $x=r\cos\theta$，$y=r\sin\theta$，$u=w\cos\varphi$，$v=w\cos\varphi$，则 $f(x, y)$ 和 $F(u, v)$ 可以转化为 $f(r, \theta)$ 和 $F(w, \varphi)$。即

$$f(r,\theta) \leftrightarrow F(w,\varphi) \tag{4.1.22}$$

这样有

$$f(r,\theta+\theta_0) \leftrightarrow F(w,\varphi+\theta_0) \tag{4.1.23}$$

从上式可知，图像在空间域中旋转 θ_0 角度，它的傅里叶变换 $F(u, v)$ 也旋转同样的角度，反之亦然。

6．尺度相似性

二维离散傅里叶变换的尺度相似性也被称为尺度变换定理，它给出了傅里叶变换在缩放(尺度)变化时的性质。设 a 和 b 为实数，则有

$$af(x,y) \leftrightarrow aF(u,v) \tag{4.1.24}$$

$$f(ax, by) \leftrightarrow \frac{1}{|ab|} F\left(\frac{u}{a}, \frac{v}{b}\right) \tag{4.1.25}$$

7. 卷积定理

设图像 $f(x, y)$ 的尺寸为 $M \times N$，空间域滤波器 $h(x, y)$ 的尺寸为 $A \times B(A<M，B<N)$，利用 $h(x, y)$ 可以对 $f(x, y)$ 进行卷积运算。

为了便于求解线性卷积，就需要对 $h(x, y)$ 进行延拓，即将 $h(x, y)$ 添零并延拓成 $M \times N$ 的周期函数

$$h_e(x, y) = \begin{cases} h(x, y) & 0 \leqslant x \leqslant A-1 且 0 \leqslant y \leqslant B-1 \\ 0 & A \leqslant x \leqslant M-1 且 B \leqslant y \leqslant N-1 \end{cases} \tag{4.1.26}$$

由此，定义

$$H_e(u, v) = \sum_{x=0}^{M-1} \sum_{y=0}^{N-1} h_e(x, y) e^{-j2\pi\left(\frac{xu}{M} + \frac{yv}{N}\right)} \tag{4.1.27}$$

则 $h(x, y)$ 和 $f(x, y)$ 的卷积定义为

$$f(x, y) * h_e(x, y) = \sum_{i=0}^{M-1} \sum_{j=0}^{N-1} f(x, y) h_e(x-i, y-j) \tag{4.1.28}$$

式中，$*$ 表示卷积运算。

根据卷积定理，有

$$f(x, y) * h_e(x, y) \leftrightarrow F(u, v) H_e(u, v) \tag{4.1.29}$$

$$f(x, y) h_e(x, y) \leftrightarrow F(u, v) * H_e(u, v) \tag{4.1.30}$$

二维离散傅里叶变换的卷积定理说明，图像和滤波器在空间域的卷积与它们的傅里叶变换在频率域的乘积构成一对变换。而图像和滤波器在空间域的乘积与它们的傅里叶变换在频率域的卷积构成一对变换。

8. 相关定理

设 $f(x, y)$、$h(x, y)$、$h_e(x, y)$ 和 $H_e(u, v)$ 的定义同上，则图像 $f(x, y)$ 和空间域滤波器 $h(x, y)$ 的相关运算定义为

$$f(x, y) \updownarrow h_e(x, y) = \sum_{i=0}^{M-1} \sum_{j=0}^{N-1} f(x, y) h_e(x+i, y+j) \tag{4.1.31}$$

式中，$\updownarrow$ 表示相关运算。

根据相关定理，有

$$f(x, y) \updownarrow h_e(x, y) \leftrightarrow F(u, v) H_e^*(u, v) \tag{4.1.32}$$

$$f(x, y) h_e(x, y) \leftrightarrow F(u, v) \updownarrow H_e^*(u, v) \tag{4.1.33}$$

相关定理说明，图像和滤波器在空间域的相关运算与它们的傅里叶变换(其中一个为其复共轭)在频率域的乘积构成一对变换，而图像和滤波器在空间域的乘积与它们的傅里叶变换(其中一个为其复共轭)在频率域的相关构成一对变换。

4.2　离散余弦变换

　　离散傅里叶变换是复数运算，运算量很大。尽管有 FFT 可以提高运算速度，但是在图像编码、特别是在图像实时处理过程中非常不便。根据离散傅里叶变换的性质，实偶函数的傅里叶变换只包含实数项，因此可以构造一种实数域的变换——离散余弦变换(Discrete Cosine Transform，DCT)。离散余弦变换是一种可分离和对称的变换。近年来，离散余弦变换在图像压缩编码和图像特征提取等领域得到了广泛的应用。

　　一维离散傅里叶变换及其反变换分别定义为

$$C(u) = a(u)\sum_{n=0}^{N-1} x(n)\cos\left[\frac{(2n+1)u\pi}{2N}\right] \quad u = 0,1,\cdots,N-1 \tag{4.2.1}$$

$$x(n) = \sum_{u=0}^{N-1} a(u)C(u)\cos\left[\frac{(2n+1)u\pi}{2N}\right] \quad n = 0,1,\cdots,N-1 \tag{4.2.2}$$

其中，$a(u)$为归一化加权系数

$$a(u) = \begin{cases} \sqrt{\dfrac{1}{N}} & u = 0 \\[3mm] \sqrt{\dfrac{2}{N}} & u = 1,2,\cdots,N-1 \end{cases} \tag{4.2.3}$$

　　二维离散傅里叶变换及其反变换分别定义为

$$C(u,v) = a(u)a(v)\sum_{x=0}^{N-1}\sum_{y=0}^{N-1} f(x,y)\cos\left[\frac{(2x+1)u\pi}{2N}\right]\cos\left[\frac{(2y+1)v\pi}{2N}\right]$$
$$u,v = 0,1,\cdots,N-1 \tag{4.2.4}$$

$$f(x,y) = \sum_{u=0}^{N-1}\sum_{u=0}^{N-1} a(u)a(v)C(u,v)\cos\left[\frac{(2x+1)u\pi}{2N}\right]\cos\left[\frac{(2y+1)v\pi}{2N}\right]$$
$$x,y = 0,1,\cdots,N-1 \tag{4.2.5}$$

　　由于余弦函数是偶函数，所以离散余弦变换隐含 $2N$ 点的周期性。与隐含 N 点周期性的傅里叶变换不同，余弦变换可以减少在图像分块处的间断，这是它在图像压缩等处理任务中得到广泛应用的重要原因之一。离散余弦变换的基本函数与傅里叶变换的基本函数类似，都是定义在整个空间的，在计算任意一个变换域点时都需要利用所有原始图像的数据信息。所以，离散余弦变换也被认为可以描述图像全局的特性或被称为全局基本函数。

　　图 4-3 显示了两幅自然图像和它们对应的离散余弦变换的结果。其中，图 4-3(a)和图 4-3(c)分别为 barbara 和 lighthouse 图像。图 4-3(b)和图 4-3(d)分别对应 barbara 和 lighthouse 图像的离散余弦变换图像。从图 4-3(b)和图 4-3(d)中可以看到，离散余弦变换图像的左上角非常明亮。这是由于离散余弦变换图像的左上角对应低频分量，而图像的大部分能量实际上都分布于低频区域。

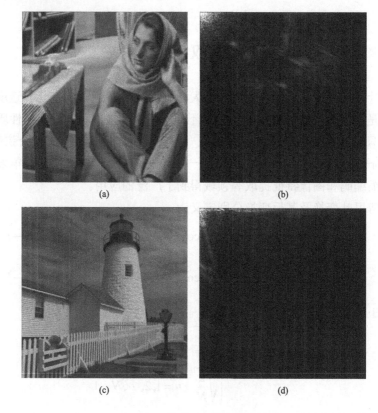

图 4-3　离散余弦变换示例

4.3　小　波　变　换

　　小波变换(Wavelet Transform)是近年来在应用数学、工程设计、测量勘探、图像处理等学科中得到广泛应用的一种变换分析工具。经过 20 多年的探索研究，小波变换基本的数学形式化体系已经建立，其理论基础也愈加扎实。与傅里叶变换相比，小波变换可以更有效地从信号中提取信息，并且能够解决许多傅里叶变换不能解决的困难问题。

　　小波变换是空间(时间)频率的局部化分析工具。其主要特点集中表现在对时间(二维信号为空间)和频率的双重分析及多分辨分析特性。小波变换通过伸缩和平移等运算对函数或信号逐步进行多尺度的细化分析，最终获得高频处时间(空间)细分、低频处频率细分的特点。小波变换能自适应地满足时(空)频信号分析的要求，成为继傅里叶变换以来在数学分析方法上的重大突破。由于小波变换可以聚焦函数或信号的任意细节，所以也被称为"数学显微镜"。

4.3.1　小波变换基础

　　小波变换的基础概念主要有三个，即序列展开、缩放函数和小波函数。下面分别予以介绍。为了叙述方便，以下讨论中均只考虑所定义的函数成立的情况，而不考虑函数成立的条件。

1. 序列展开

先考虑一维函数 $g(x)$，它可以用一组序列展开函数的线性组合来表示：

$$g(x) = \sum_m a_m \varphi_m(x) \tag{4.3.1}$$

式中，m 是整数；a_m 是实数，称为展开系数；$\varphi_m(x)$ 是实函数，称为展开函数。

如果对各种 $g(x)$，均有一组 a_m 使式(4.3.1)成立，则称 $\varphi_m(x)$ 为基本函数。而展开函数的集合 $\{\varphi_m(x)\}$ 称为基。所有可用式(4.3.1)表达的函数 $g(x)$ 构成一个函数空间 V，它与 $\{\varphi_m(x)\}$ 是密切相关的。即如果 $g(x) \in V$，则 $g(x)$ 可用式(4.3.1)表示。

为计算 a_m，需要考虑 $\{\varphi_m(x)\}$ 的对偶集合 $\{\varphi'_m(x)\}$。通过求对偶函数 $\varphi'_m(x)$ 的积分内积，即可得到 a_m。

$$a_m = \langle \varphi'_m(x), g(x) \rangle = \int \varphi''_m(x) g(x) \mathrm{d}x \tag{4.3.2}$$

式中，*表示复共轭。

下面仅考虑两种比较特殊的情况。

(1) 展开函数构成 V 的正交归一化基，即

$$\langle \varphi_i(x), \varphi_j(x) \rangle = \mu_{ij} = \begin{cases} 0 & i \neq j \\ 1 & i = j \end{cases} \tag{4.3.3}$$

此时基函数与其对偶函数相等，即 $\varphi_m(x) = \varphi'_m(x)$，式(4.3.2)成为

$$a_m = \langle \varphi_m(x), g(x) \rangle \tag{4.3.4}$$

(2) 展开函数仅构成 V 的正交基，但没有归一化，即

$$\langle \varphi_i(x), \varphi_j(x) \rangle = 0 \quad i \neq j \tag{4.3.5}$$

此时可以考虑基函数和其对偶函数的双正交，即(仍按照式(4.3.2)计算 a_m)：

$$\langle \varphi_i(x), \varphi_j{'}(x) \rangle = \mu_{ij} = \begin{cases} 0 & i \neq j \\ 1 & i = j \end{cases} \tag{4.3.6}$$

2. 尺度函数

现在考虑用上面的展开函数作为尺度函数，并对尺度函数进行平移和二进制缩放，考虑集合

$$\varphi_{i,j}(x) = 2^{i/2} \varphi(2^i x - j) \tag{4.3.7}$$

式中，j 决定了 $\varphi_{i,j}(x)$ 沿 X 轴的位置，i 决定了 $\varphi_{i,j}(x)$ 沿 X 轴的宽度，系数 $2^{i/2}$ 控制 $\varphi_{i,j}(x)$ 的幅度。

给定一个初始的 i(常取为0)，就可确定一个尺度函数空间 V_i。V_i 的尺寸随 i 的大小而增减。同时，各个尺度函数空间 V_i 是嵌套的，即 $V_i \subset V_{i+1}$。

根据上面的讨论，V_i 中的展开函数可以表示成 V_{i+1} 中展开函数的加权和。设 $b(j)$ 表示尺度函数系数，且考虑 $\varphi(x) = \varphi_{0,0}(x)$，则有

$$\varphi(x) = \sum_j b(j) \sqrt{2} \varphi(2x - j) \tag{4.3.8}$$

上式表明任何一个子空间的展开函数都可以用其下一个分辨率(1/2 分辨率)的子空间的展开函数来构建。该式也称为多分辨率细化方程。它实际上建立了相邻分辨率层次和函数空间之间的联系。

3．小波函数

设用 $\psi(x)$ 表示小波函数，对小波函数进行平移和二进制缩放，得到集合 $\{\psi_{i,j}(x)\}$

$$\psi_{i,j}(x) = 2^{i/2}\psi(2^i x - j) \tag{4.3.9}$$

与小波函数 $\psi_{i,j}(x)$ 对应的空间用 U_i 表示，如果 $g(x) \in U_i$，则类似式(4.3.1)，可将 $g(x)$ 用下式表示

$$g(x) = \sum_i a_i \psi_{i,j}(x) \tag{4.3.10}$$

尺度函数空间 V_i、V_{i+1} 和小波函数空间 U_i 由下式相关联

$$V_{i+1} = V_i \oplus U_i \tag{4.3.11}$$

式中，$\oplus$ 表示空间的并(类似于集合的并集)。V_{i+1} 中 V_i 的正交补集是 U_i，并且 V_i 中所有成员对于 U_i 中的所有成员都正交，即

$$\langle \varphi_{i,j}(x), \psi_{i,k}(x) \rangle = 0 \tag{4.3.12}$$

与尺度函数相对应，如果用 $c(j)$ 表示小波函数系数，则可以把小波函数表示成其下一个分辨率的尺度函数的加权和

$$\psi(x) = \sum_j c(j)\sqrt{2}\varphi(2x - j) \tag{4.3.13}$$

进一步，可以证明尺度函数系数 $b(j)$ 和小波函数系数 $c(j)$ 具有如下联系

$$c(j) = (-1)^j b(1 - j) \tag{4.3.14}$$

此外，根据式(4.3.11)，对属于 V_{j+1} 的 $g(x)$，可以使用 V_j 中的尺度函数和 U_j 中的小波函数来表示。这里，需要先将 $g(x)$ 分解成两部分

$$g(x) = g_a(x) + g_d(x) \tag{4.3.15}$$

式中，$g_a(x)$ 是利用 V_j 中的尺度函数得到的对 $g(x)$ 的一个近似，而 $g_d(x)$ 是 $g(x)$ 和 $g_a(x)$ 的差，可以用 U_j 中的小波函数的和来表示。

将 $g(x)$ 表示为 $g_a(x)$ 和 $g_d(x)$ 的组合，类似于用高通和低通滤波器的方法将信号分成两部分。$g(x)$ 的低频部分由 $g_a(x)$ 表示，而高频细节则由 $g_d(x)$ 表示。

4.3.2　离散小波变换

1．小波序列展开

根据尺度函数 $\varphi(x)$ 和小波函数 $\psi(x)$，对给定的函数 $g(x)$ 可以定义小波序列展开。设起始尺度 i 为 0，则有

$$g(x) = \sum_j b_0(j)\varphi_{0,j}(x) + \sum_{i=0}^{\infty}\sum_j c_i(j)\psi_{i,j}(x) \tag{4.3.16}$$

式中，$b_0(j)$ 称为尺度系数(也称为近似系数)，表示对 $g(x)$ 的近似；$c_i(j)$ 称为小波系数(也称为细节系数)，代表了 $g(x)$ 的细节。

如果展开函数形成一个正交基或紧框架，则 $b_0(j)$ 和 $c_i(j)$ 可以按照下列公式计算

$$b_0(j) = \langle g(x), \varphi_{0,j}(x) \rangle = \int g(x)\varphi_{0,j}(x)dx \tag{4.3.17}$$

$$c_i(j) = \langle g(x), \psi_{i,j}(x) \rangle = \int g(x)\psi_{i,j}(x)dx \tag{4.3.18}$$

如果展开函数仅构成 V 和 U 的双正交基，则上两式中的 $\varphi(x)$ 和 $\psi(x)$ 可用它们的对偶函数来替换。

2. 离散小波变换

如果 $g(n)$ 是一个离散序列，则可将 $g(n)$ 展开得到的系数称为 $g(n)$ 的离散小波变换(Discrete Wavelet Transform，DWT)

$$g(n) = \frac{1}{\sqrt{M}} \sum_j W_\varphi(0,j)\varphi_{0,j}(n) + \frac{1}{\sqrt{M}} \sum_{i=0}^{\infty} \sum_j W_\psi(i,j)\psi_{i,j}(n) \tag{4.3.19}$$

$$W_\varphi(0,j) = \frac{1}{\sqrt{M}} \sum_n g(n)\varphi_{0,j}(n) \tag{4.3.20}$$

$$W_\psi(i,j) = \frac{1}{\sqrt{M}} \sum_n g(n)\psi_{i,j}(n) \tag{4.3.21}$$

式中，$n = 0,1,2,\cdots,M-1$，$i = 0,1,2,\cdots,K-1$，$j = 0,1,2,\cdots,2^i-1$。$W_\varphi(0,j)$ 和 $W_\psi(i,j)$ 可分别称为近似系数和细节系数，对应小波序列展开中的 $b_0(j)$ 和 $c_i(j)$。同样，如果展开函数仅构成 V 和 U 的双正交基，则上式中的 $\varphi(n)$ 和 $\psi(n)$ 必须用它们的对偶函数 $\varphi'(n)$ 和 $\psi'(n)$ 来替换。

4.3.3　二维离散小波变换

一维离散小波变换可以很容易地扩展到二维。在二维条件下，需要一个二维尺度函数 $\varphi(x,y)$ 和三个二维小波 $\psi^H(x,y)$、$\psi^V(x,y)$、$\psi^D(x,y)$（其中，上标 H、V、D 分别表示水平、垂直和对角方向）。这些二维尺度函数和二维小波都是一维尺度函数和对应小波函数的乘积

$$\varphi(x,y) = \varphi(x)\varphi(y) \tag{4.3.22}$$

$$\psi^H(x,y) = \psi(x)\varphi(y) \tag{4.3.23}$$

$$\psi^V(x,y) = \varphi(x)\psi(y) \tag{4.3.24}$$

$$\psi^D(x,y) = \psi(x)\psi(y) \tag{4.3.25}$$

对于灰度图像，式(4.3.22)～式(4.3.25)可分别测量图像沿不同方向灰度的变化。ψ^H 度量沿列(水平方向)的变化；ψ^V 度量沿行(垂直方向)的变化；ψ^D 度量沿对角线方向的变化。

1. 二维离散小波变换

定义了 $\varphi(x,y)$、$\psi^H(x,y)$，$\psi^V(x,y)$ 和 $\psi^D(x,y)$，就可以进一步将一维离散小波变换推广到二维。首先定义二维的尺度和平移基函数。

$$\varphi_{i,m,n}(x,y) = 2^{i/2}\varphi(2^i x - m, 2^i y - n) \tag{4.3.26}$$

$$\psi_{i,m,n}^l(x,y) = 2^{i/2}\psi^l(2^i x - m, 2^i y - n) \qquad l = H,V,D \tag{4.3.27}$$

对于尺寸为 $M \times N$ 的图像 $g(x,y)$，其离散小波变换表示为

$$W_\varphi(0,m,n) = \frac{1}{\sqrt{MN}} \sum_{x=0}^{M-1} \sum_{y=0}^{N-1} g(x,y)\varphi_{0,m,n}(x,y) \tag{4.3.28}$$

$$W_\psi^l(i,m,n) = \frac{1}{\sqrt{MN}} \sum_{x=0}^{M-1} \sum_{y=0}^{N-1} g(x,y)\psi_{i,m,n}^l(x,y) \quad l = H,V,D \tag{4.3.29}$$

一般选择 $M=N=2^k$，这样 $i = 0,1,2,\cdots,k-1$。

通过离散小波反变换可以得到 $g(x,y)$。

$$g(x,y) = \frac{1}{\sqrt{MN}} \sum_m \sum_n W_\varphi(0,m,n)\varphi_{0,m,n}(x,y)$$
$$+ \frac{1}{\sqrt{MN}} \sum_{l=H,V,D} \sum_{i=0}^{\infty} \sum_m \sum_n W_\psi^l(i,m,n)\psi_{i,m,n}^l(x,y) \tag{4.3.30}$$

2. 图像的小波多尺度分解

小波变换的结果是将图像进行多尺度分解。这种分解是从高尺度向低尺度进行的。图 4-4 给出了利用小波变换对图像进行三级小波分解的示意图。在第一级小波分解时，原始图像被分解成一个低频分量(对应 W_φ)和三个高频分量(分别对应 W_ψ^H、W_ψ^V 和 W_ψ^D)，如图 4-4(a)所示。其中，$LL1$ 表示图像在水平 x 方向和垂直 y 方向均为低频分量，即原始图像的近似图像(平滑分量)；$HL1$ 对应图像水平 x 方向的高频分量和垂直 y 方向的低频分量，即原始图像的水平细节信息；$LH1$ 对应图像水平 x 方向的低频分量和垂直 y 方向的高频分量，即原始图像的垂直细节信息；$HH1$ 对应图像对角线方向高频分量，即原始图像的对角线细节信息。对 $LL1$ 做第二级分解，如图 4-4(b)所示，相应的可以得到 $LL2$、$HL2$、$LH2$ 和 $HH2$。对 $LL2$ 做类似的处理得到第三级分解结果，如图 4-4(c)所示。这样，将原图像做 i 级分解后，可以把图像分解成 $3i+1$ 幅图像。当然，就通常应用而言，三级分解得到的图像细节信息已经足够精细了。

LL1	HL1
LH1	HH1

(a)

LL2	HL2	HL1
LH2	HH2	
LH1	HH1	

(b)

LL3	HL3	HL2	HL1
LH3	HH3		
LH2	HH2		
LH1	HH1		

(c)

图 4-4　图像的二维小波变换分解示意图

图 4-5 所示给出了对图像进行一级小波分解和二级小波分解的示例。其中，图 4-5(a)是原图像，图 4-5(b)是一级小波分解后的图像，图 4-5(c)是二级小波分解后的图像。

(a)　　　　　　　　　　　(b)　　　　　　　　　　　(c)

图 4-5　小波多尺度分解实例

4.4　频域增强原理

　　图像增强技术基本上可分成两大类：空域处理法和频域处理法。在频域空间，图像的信息表现为不同频率分量的组合。所以，频率空间的增强是通过改变图像的不同频率分量来实现的。

　　图像频域增强不像空间域图像增强那么直接，也不是逐像素进行的。但是，利用频率分量来分析和解释图像增强原理却是非常直观的。利用频率成分和图像结构之间的对应关系，一些在空间域表述困难、难以实现的增强问题，在频率域中就会变得非常普通、易于实现。而且，在空间域设计一个滤波器来解决某个具体的图像增强问题时，滤波器参数的调整通常是比较困难的，而且也不直观。特别是滤波器的结构比较复杂时，直接在空间域进行卷积运算是不可思议的。而频率域处理对于迅速而全面地试验、调整滤波器参数是非常理想的。同时，利用傅立叶变换可以将空域卷积运算转换为频域点乘运算，从而简化计算步骤，提高运算速度。

　　图像的频谱反映了图像灰度变化的全局性质。使用频域增强方法的初衷是利用频率域的特殊性质来获得对图像更快、更有效的增强效果。频域增强借助频域滤波器来实现。设计频域滤波器就是要确定其可以滤除的频率和需要保留的频率。频域滤波器的设计比较直观。而且，频域变换通常有快速算法，这可以促使某些频域增强目标更快地实现。

　　如果用 T 表示(反变换用 T^{-1} 表示)将图像从空间域转换到频率域，用 E 表示在频率域对图像进行增强的操作，则利用频率增强方法将 $f(x, y)$ 增强为 $g(x, y)$ 可表示为

$$g(x, y) = T^{-1}\left\{E\left\{T\left[f(x, y)\right]\right\}\right\} \tag{4.4.1}$$

　　频域处理的基础是卷积定理。设图像 $f(x, y)$ 与线性位不变的空间滤波器 $h(x, y)$ 的卷积结果是

$$g(x, y) = h(x, y) * f(x, y) \tag{4.4.2}$$

　　那么，根据卷积定理，有

$$G(u, v) = H(u, v)F(u, v) \tag{4.4.3}$$

式中，$G(u, v)$、$H(u, v)$、$F(u, v)$ 分别是 $g(x, y)$、$h(x, y)$、$f(x, y)$ 的傅里叶变换。其中，$H(u, v)$ 代表频域滤波器，也被称作传递函数。

在具体的频域增强应用中，$H(u, v)$确定后，具有所需特性的$g(x, y)$就可以通过式(4.4.3)的反变换得到

$$g(x, y) = T^{-1}\{H(u,v)F(u,v)\} \tag{4.4.4}$$

根据上述讨论，频域增强的主要步骤如下所述。

(1) 选择频域变换方法，将输入图像变换到频域空间。

(2) 在频域空间，根据处理目的设计一个传递函数并对图像频谱数据进行处理。

(3) 将所得结果通过反变换变换回空间域，从而得到增强后的图像。

4.5 频域平滑滤波

根据信息(包括信号和噪声)在空间域和频率域的对应关系，可以判断随空间位置强度突变的信息在频率域是高频，而强度缓慢变化的信息在频率域是低频。具体到图像，边缘和噪声对应高频区域，而背景或灰度变化缓慢的区域则对应低频区域。频率强度与空域上的像素灰度变化特性之间的关系可以用"低频部分反映图像的概貌，高频部分反映图像的细节"来总结。因此，频域平滑滤波就是利用低通滤波方法消除图像傅里叶频谱中的高频成分，从而实现去除图像噪声的目的。当然，由于图像中的边缘反映在频域也是高频，因此在对图像进行低通滤波时，会对图像边缘造成影响，从而使图像变得更加模糊。

与图像空间域平滑处理需要选择合适的算子类似，要实现频率域的平滑滤波，需要选择合适的低通滤波器作为$H(u, v)$。本节将介绍三种基本的低通滤波器，分别是理想低通滤波器、巴塔沃斯低通滤波器和指数低通滤波器。

4.5.1 理想低通滤波器

理想低通滤波器的传递函数定义为

$$H(u,v) = \begin{cases} 1 & D(u,v) \leqslant D_0 \\ 0 & D(u,v) > D_0 \end{cases} \tag{4.5.1}$$

式中，D_0是一个非负实数，代表理想低通滤波器的截止频率；$D(u, v)$表示从频域原点到点(u, v)的距离，即

$$D(u,v) = \sqrt{u^2 + v^2} \tag{4.5.2}$$

如果要处理的图像尺寸为$M×N$，则$H(u, v)$也有相同的尺寸。

由于傅里叶频谱通常被中心化，即频率原点位于$(M/2, N/2)$处，则从频域原点到点(u, v)的距离为

$$D(u,v) = \sqrt{(u - M/2)^2 + (v - N/2)^2} \tag{4.5.3}$$

图 4-6 显示了理想低通滤波器传递函数的三维透视图、频谱图和函数径向横截面图。其中，图 4-6(a)是三维透视图，图 4-6(b)是频谱图，图 4-6(c)是传递函数的径向横截面图。从图 4-6 中可以看到，理想低通滤波器的滤波特性是：以D_0为半径的圆内所有频率分量可以无失真地通过，而圆外的所有频率分量被完全抑制。这也是"理想"的含义所在。

理想低通滤波器在数学上的定义很清晰，用软件模拟也很容易实现。但是理想低通滤

波器是无法通过实际的电子器件实现的。因为实际的电子器件无法实现截断频率处直上直下的改变。同时，虽然理想低通滤波器的 $H(u, v)$ 是理想的矩形波形，但其反变换会产生无限的振铃现象。D_0 越小，这种问题就越严重，其滤波效果也就越差。这是理想低通滤波器不能克服的缺点。

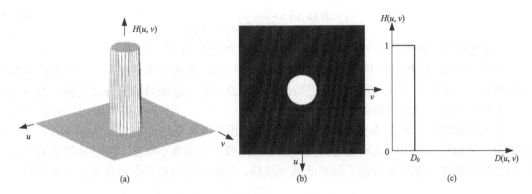

（a）　　　　　　　　　　　（b）　　　　　　　　　　　（c）

图 4-6　理想低通滤波器的传递函数的三维透视图、频谱图和函数径向横截面图

图 4-7 给出了不同截止频率理想低通滤波器处理结果的对比。其中，图 4-7(a)是 512×512 的 barbara 图像；图 4-7(b)是利用 D_0 为 32 的理想低通滤波器处理后的 barbara 图像的频谱图；图 4-7(c)是利用傅里叶反变换将图 4-7(b)转换回空间域的图像。从图中可以看到明显的振铃现象。图 4-7(d)是利用 D_0 为 124 的理想低通滤波器处理后的 barbara 图像的频谱图。图 4-7(e)是将图 4-7(d)转换回空间域的图像，可以看到，图中的振铃现象已难以察觉。同时，相对于原图像，图 4-7(e)存在一定程度的模糊，而且 barbara 围巾和裤子部位的一些边缘纹理信息被滤除了。

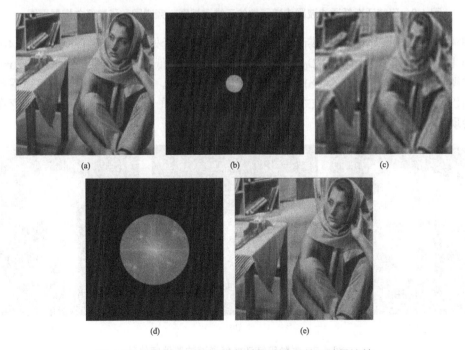

图 4-7　不同截止频率的理想低通滤波器处理结果比较

4.5.2　巴特沃斯低通滤波器

常用的巴特沃斯低通滤波器的传递函数定义为

$$H(u,v) = \frac{1}{1+[D(u,v)/D_0]^{2n}} \tag{4.5.4}$$

式中，n 是巴特沃斯低通滤波器的阶数。$D(u,v)$的定义由式(4.5.3)给出。

图 4-8 显示了 D_0=50 的巴特沃斯低通滤波器传递函数的三维透视图、频谱图和函数径向横截面图。其中，图 4-8(a)是二阶巴特沃斯低通滤波器传递函数的三维透视图；图 4-8(b)是二阶巴特沃斯低通滤波器的频谱图；图 4-8(c)是一、二、三阶巴特沃斯低通滤波器传递函数的径向横截面图。从图 4-8(c)中可以看到，低阶巴特沃斯低通滤波器在高低频间的过渡比较平滑，所以用低阶巴特沃斯低通滤波器处理的图像振铃现象不明显。但随着阶数的增加，巴特沃斯低通滤波器逐渐接近于理想低通滤波器，其输出图像中的振铃现象会愈加明显。

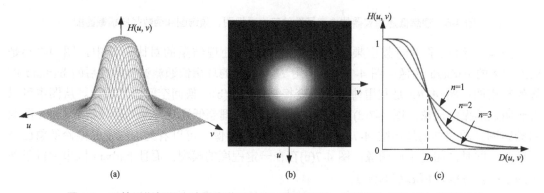

图 4-8　巴特沃斯低通滤波器传递函数的三维透视图、频谱图和函数径向横截面图

图 4-9 给出了二阶巴特沃斯低通滤波器对图像进行处理的结果。其中，图 4-9(a)是 barbara 图像；图 4-9(b)是利用 D_0 为 32 的二阶巴特沃斯低通滤波器处理后的 barbara 图像的频谱图；图 4-9(c)是将图 4-9(b)转换回空间域后的图像。与图 4-7(c)相比较可以看到，尽管利用巴特沃斯低通滤波器滤波之后的图像平滑程度更重一些，但是图像中并不存在明显的振铃现象。

图 4-9　二阶巴特沃斯低通滤波器处理效果

4.5.3　指数低通滤波器

常用的指数低通滤波器的传递函数定义为

$$H(u,v) = \mathrm{e}^{-[D(u,v)/D_0]^n} \tag{4.5.5}$$

式中，n 是指数低通滤波器的阶数。其中，二阶的指数低通滤波器又被称为高斯低通滤波器。$D(u,v)$ 的定义由式 (4.5.3) 给出。

图 4-10 显示了 $D_0=50$ 的指数低通滤波器传递函数的三维透视图、频谱图和函数径向横截面图。其中，图 4-10(a) 是二阶指数低通滤波器传递函数的三维透视图；图 4-10(b) 是二阶指数低通滤波器的频谱图；图 4-10(c) 是一、二、三阶指数低通滤波器传递函数的径向横截面图。从图 4-10 中可以看到，相对于同阶的巴特沃斯低通滤波器，指数低通滤波器在低频阶段衰减更快，高低频间的过渡也更加平滑。随着频率的增加，指数低通滤波器的衰减也更迅速，所以指数低通滤波器对图像高频分量和噪声的滤除能力也更强。因此，经指数低通滤波器处理的图像会比同阶巴特沃斯低通滤波器处理后的图像更模糊一些。而处理后图像中的振铃现象一般也比巴特沃斯低通滤波器弱。

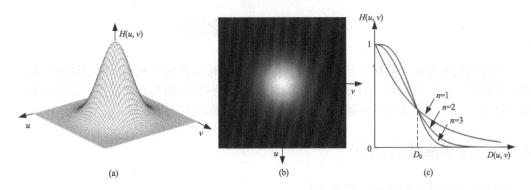

图 4-10　指数低通滤波器传递函数的三维透视图、频谱图和函数径向横截面图

图 4-11 对比了理想低通滤波器、巴特沃斯低通滤波器和指数低通滤波器对图像进行平滑滤波的效果。

图 4-11　三种低通滤波器去噪效果比较

(c)   (d)

图 4-11   三种低通滤波器去噪效果比较(续)

其中，图 4-11(a)是受椒盐噪声污染的 cameraman 图像；图 4-11(b)～(d)分别是利用 D_0 为 64 的理想低通滤波器、二阶巴特沃斯低通滤波器和二阶指数低通滤波器对图 4-11(a)进行处理的结果。可以看到，理想低通滤波器的处理结果存在比较明显的振铃现象。而相对于图 4-11(c)，图 4-11(d)的平滑程度(噪声去除程度)要更强一些。

4.6   频域锐化滤波

图像的边缘反映在频域对应高频的分量上，因此可以在频域利用高通滤波来实现图像的锐化处理。本节将介绍三种基本的高通滤波器和一种特殊的高通滤波器，分别是理想高通滤波器、巴特沃斯高通滤波器、指数高通滤波器和高频提升滤波器。

4.6.1   理想高通滤波器

理想高通滤波器的传递函数定义为

$$H(u,v) = \begin{cases} 1 & D(u,v) > D_0 \\ 0 & D(u,v) \leqslant D_0 \end{cases} \tag{4.6.1}$$

式中，各参数的含义与式(4.5.1)相同。

图 4-12 显示了理想高通滤波器传递函数的三维透视图、频谱图和函数径向横截面图。

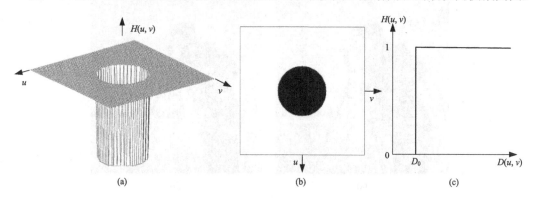

(a)   (b)   (c)

图 4-12   理想低通滤波器传递函数的三维透视图、频谱图和函数径向横截面图

其中，图 4-12(a)是理想高通滤波器传递函数的三维透视图；图 4-12(b)是频谱图；图 4-12(c)是传递函数的径向横截面图。与理想低通滤波器一样，理想高通滤波器不能用实际的电子器件实现。同样，理想高通滤波器也会产生振铃现象，并且 D_0 越小这种问题就越严重。

4.6.2　巴特沃斯高通滤波器

常用的巴特沃斯高通滤波器的传递函数定义为

$$H(u,v) = \frac{1}{1 + [D_0 / D(u,v)]^{2n}} \tag{4.6.2}$$

图 4-13 显示了 $D_0=50$ 的巴特沃斯高通滤波器传递函数的三维透视图、频谱图和函数径向横截面图。其中，图 4-13(a)是二阶巴特沃斯高通滤波器传递函数的三维透视图；图 4-13(b)是二阶巴特沃斯高通滤波器的频谱图；图 4-13(c)是一、二、三阶巴特沃斯高通滤波器传递函数径向横截面图。与巴特沃斯低通滤波器类似，巴特沃斯高通滤波器在通过和滤除掉的频率成分之间没有不连续的分界，过渡比较平滑，所以用巴特沃斯高通滤波器得到的输出图像中振铃现象不明显。

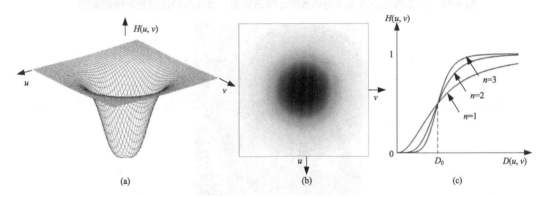

图 4-13　巴特沃斯高通滤波器传递函数的三维透视图、频谱图和函数径向横截面图

4.6.3　指数高通滤波器

常用的指数高通滤波器的传递函数定义为

$$H(u,v) = 1 - e^{-[D(u,v)/D_0]^n} \tag{4.6.3}$$

图 4-14 显示了 $D_0=50$ 的指数高通滤波器传递函数的三维透视图、频谱图和函数径向横截面图。其中，图 4-14(a)是二阶指数高通滤波器传递函数的三维透视图；图 4-14(b)是二阶指数高通滤波器的频谱图；图 4-14(c)是一、二、三阶指数高通滤波器传递函数径向横截面图。从图 4-14 中可以看到，相对于同阶的巴特沃斯高通滤波器，指数高通滤波器的转移函数在低频部分随频率增加增长较快。这样可以使一些低频分量被更好地保留下来，从而对保护图像的灰度信息比较有利。

图 4-15 所示对比了理想高通滤波器、巴特沃斯高通滤波器和指数高通滤波器对图像进行锐化处理的结果。其中，图 4-15(a)为 barbara 图像；图 4-15(b)～(d)分别是利用 D_0 为 32

的理想高通滤波器、二阶巴特沃斯高通滤波器和二阶指数高通滤波器对图 4-15(a)进行高通滤波的结果。为了更好地展现图 4-15(b)～(d)的锐化结果的差异，图 4-15(e)～(g)是利用第 3 章介绍的对数运算对图 4-15(b)～(d)进行对比度拉伸的结果。从图中可以看到，理想高通滤波的结果存在比较明显的振铃现象，而巴特沃斯高通滤波和指数高通滤波的锐化效果接近，只是在一些细部轮廓等方面存在差异。

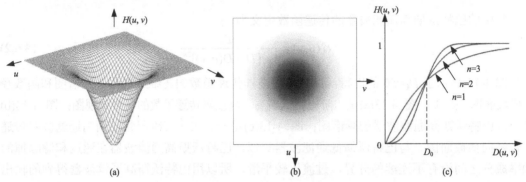

图 4-14　指数高通滤波器传递函数的三维透视图、频谱图和函数径向横截面图

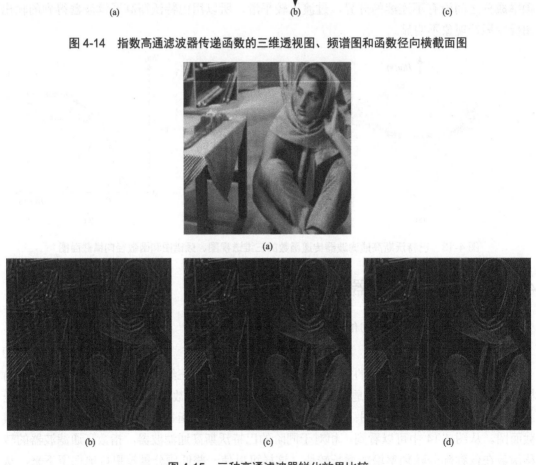

图 4-15　三种高通滤波器锐化效果比较

(e)　　　　　　　　　　(f)　　　　　　　　　　(g)

图 4-15　三种高通滤波器锐化效果比较(续)

4.6.4　高频提升滤波器

图像的低频分量中包含了图像基本的信息，而高通滤波会将很多低频分量，特别是图像的直流分量滤除掉。这导致锐化后的图像中灰度变化平坦区域减弱、变暗，甚至趋近黑色。显然，这样的图像锐化操作呈现出的视觉效果并不理想。因此，可以参考第 3 章中拉普拉斯算子锐化时添加原图得到锐化增强结果的方法，对高通滤波的结果进行一定的调整，这种操作被称为高频提升滤波。因此，高频提升滤波器也被看作特殊的高通滤波器。

高通滤波器通常将图像的直流分量置为 0，并对部分低频分量进行衰减，使滤波后的图像平均灰度趋近于 0。而高频提升滤波器是在高频滤波器的转移函数添加一个常数项，使一些低频分量被加入滤波结果中，从而使锐化后的图像具有更好的视觉效果。

设高频滤波器的转移函数为 $H(u, v)$，则高频提升滤波器的转移函数为

$$H_G(u,v) = H(u,v) + \alpha \tag{4.6.4}$$

式中，α 为[0, 1]间的常数。

设原始图像的傅里叶变换为 $F(u, v)$，则对其进行高频提升滤波可得

$$G(u,v) = H(u,v)F(u,v) + \alpha F(u,v) \tag{4.6.5}$$

式中，$H(u, v)F(u, v)$是普通高通滤波的结果。式(4.6.5)相当于在高通滤波的基础上又叠加了原图像的直流分量和一部分低频分量。也可以说，式(4.6.5)是在原始图像的基础上叠加了图像的高频分量，从而起到锐化图像的作用。

实践中，对式(4.6.5)可以再做调整，以进一步加强图像的高频成分

$$H_G(u,v) = \beta H(u,v) + \alpha \tag{4.6.6}$$

式中，α、β 都是正实数。通常，$\alpha<1$，$\beta>1$。可以看到，当 $\beta=1$ 时，式(4.6.6)退化为式(4.6.5)。

图 4-16 对比了指数高通滤波器和高频提升滤波器对图像进行锐化处理的结果。其中，图 4-16(a)是受模糊影响的 barbara 图像。图 4-16(b)、图 4-16(c)分别为利用 D_0 为 64 的二阶指数高通滤波器和高频提升滤波器(其中的高通滤波器仍采用二阶指数高通滤波器)对图 4-16(a)进行高通滤波的结果。很明显，高频提升滤波器处理后图像的视觉效果优于普通的高通滤波器。

(a)   (b)   (c)

图 4-16   高频提升滤波器与普通高通滤波器锐化效果比较

4.7 习   题

1. 二维离散傅里叶变换的可分离性有什么实际意义?

2. 试证明离散傅里叶变换的对称性和周期性。

3. 图像傅里叶变换频谱的直流分量等于什么? 有什么物理意义?

4. 编程实现一幅图像傅里叶频谱的显示。

5. 离散余弦变换与离散傅里叶变换有什么联系和区别?

6. 查阅相关资料,归纳总结小波变换在图像处理领域的应用情况。

7. 试分析什么条件下,巴特沃斯低通滤波器趋近于理想低通滤波器?

8. 截止频率对巴特沃斯低通滤波结果会产生什么影响? 对巴特沃斯高通滤波呢?

9. 分析比较巴特沃斯低通滤波器和指数低通滤波器在图像平滑方面与理想低通滤波器的区别。

10. 在 MATLAB 环境中,不利用工具箱上提供的低通滤波函数,编写程序实现理想低通滤波器、巴特沃斯低通滤波器和指数低通滤波器,并比较三种滤波器的滤波效果。

11. 试绘制式(4.6.4)对应的高频提升滤波器的三维透视图、频谱图和函数径向横截面图。

12. 编程实现式(4.6.6)对应的高频提升滤波。

第5章 图像复原

图像复原也被称为图像恢复，是图像处理技术中的一个重要类别。数字图像在获取、记录、传输的过程中，由于受光学系统成像衍射和非线性畸变的影响，以及成像过程中目标与成像系统相对运动、系统环境随机噪声等干扰因素的叠加，会导致图像质量的下降，这一现象就被称为图像退化或图像降质。而此时获取的图像就被称为退化图像或降质图像。图像复原就是利用退化过程中的先验知识，建立描述退化现象的数学模型，然后再根据模型对退化图像进行反向的推演运算，以恢复已退化图像的本来面目。因而，图像复原可以理解为图像退化的反向过程。

图像复原与图像增强的目的类似，都是为了增强图像，但是它们二者之间又有着明显的不同。首先，图像复原是试图利用退化过程中的先验知识使已退化的图像恢复本来面目，即根据退化的原因，分析引起退化的环境因素，建立相应的数学模型，并沿着使图像退化的逆过程恢复图像。而图像增强一般并不需要对图像退化过程进行建模。其次，图像复原是针对图像整体来改善图像的全局质量。而图像增强则可以针对图像的局部来改善图像的局部特性。再次，从图像质量评价的角度来看，图像复原是利用图像退化过程中的逆过程来恢复图像的本来面目，提高图像的可理解性，它是一个客观的过程。而图像增强的目的是提高图像的视觉质量，其过程基本上是一个探索的过程，它利用人的视觉感知交互式地控制图像质量，直到人的视觉系统满意为止，很少涉及统一的客观评价指标。

本章将首先介绍图像复原基本模型、常见的退化和噪声模型，然后介绍两类基本的图像复原方法，即无约束复原和有约束最小二乘复原，最后介绍图像复原的两个延伸性问题：超分辨率重建和几何失真校正。

5.1 图像复原模型

图像复原是将图像退化的过程加以估计，并补偿退化过程中造成的失真，以便获得未经退化干扰的原始图像或原始图像的最优估计，从而改善图像的质量。要研究图像复原问题，首先需要对图像退化过程进行建模。图 5-1 给出了一个基本的图像退化模型。在这个模型中，退化过程可以模型化为一个退化系统和一个加性噪声项。输入图像 $f(x, y)$ 在经过了退化系统 H 后，叠加了加性噪声 $n(x, y)$，最终产生了退化的观测图像 $g(x, y)$。这里，H 可以看作是综合了各种退化因素的函数。

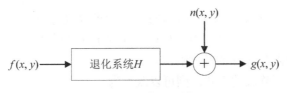

图 5-1 图像退化模型

根据图 5-1，可以得知输入图像 $f(x,y)$ 和退化图像 $g(x,y)$ 具有如下关系：

$$g(x,y) = H[f(x,y)] + n(x,y) \tag{5.1.1}$$

这里，$n(x,y)$ 是统计性质的噪声。在我们实际应用中，通常假设噪声为白噪声，因为它的频谱密度为常数，并且与图像不相关。

图像复原就是给定退化图像 $g(x,y)$ 和关于退化系统 H 的一些知识以及外加噪声项的相关信息来获取关于输入图像 $f(x,y)$ 的近似估计 $\hat{f}(x,y)$。通常我们希望这一估计结果尽可能接近原始输入图像。显然，退化系统 H 和噪声 $n(x,y)$ 的准确信息了解得越多，估计得到的 $\hat{f}(x,y)$ 就会越接近 $f(x,y)$。

从数学的角度来讲，退化系统 H 可以看作将输入信号转变为输出信号的运算。由于信号可以是连续信号，也可以是离散信号，或者是二者的混合，而本书研究的数字图像是二维离散信号，因此，在此仅考虑系统 H 为离散的情形。

退化系统 H 的类型有很多种，如线性系统和非线性系统、移变系统和移不变系统等。虽然非线性的和移变的系统更具有普遍性和准确性，但是针对此类问题的求解往往是非常困难的。因此，通常的成像系统均近似看作线性移不变系统。而退化系统 H 也被当作线性移不变系统。这种近似使图像复原问题在处理时可以直接引用线性系统的理论。而针对退化过程中非线性和移变系统的描述也大多是在线性移不变系统的基础上修改得到的。

在不考虑加性噪声的情况下，式(5.1.1)变为

$$g(x,y) = H[f(x,y)] \tag{5.1.2}$$

令 k_1、k_2 为常数，$f_1(x,y)$ 和 $f_2(x,y)$ 为两幅输入图像，如果退化系统 H 满足下式

$$H[k_1 f_1(x,y) + k_2 f_2(x,y)] = H[k_1 f_1(x,y)] + H[k_2 f_2(x,y)] \tag{5.1.3}$$

则称 H 是一个线性系统。线性系统可满足以下性质。

(1) 叠加性：式 5.1.3 中令 $k_1 = k_2 = 1$，则

$$H[f_1(x,y) + f_2(x,y)] = H[f_1(x,y)] + H[f_2(x,y)] \tag{5.1.4}$$

上式说明线性系统对两个输入图像之和的响应等于它对两个输入图像相应的和。

(2) 齐次性：式 5.1.3 中令 $f_2(x,y) = 0$，则

$$H[k_1 f_1(x,y)] = k_1 H[f_1(x,y)] \tag{5.1.5}$$

上式说明线性系统对常数与输入图像乘积的响应等于线性系统对该输入图像的响应乘以相同的常数。

如果线性系统 H 是一个移不变系统(空间不变系统)，则对于任意的 $f(x,y)$ 及 a 和 b，式(5.1.2)满足

$$H[f(x-a, y-b)] = g(x-a, y-b) \tag{5.1.6}$$

上式说明线性移不变系统对图像中任意一点的响应只取决于该点的输入值而与该点的位置无关。

如果退化系统 H 是线性移不变系统，则式(5.1.1)可以改写为

$$g(x,y) = f(x,y) * h(x,y) + n(x,y) \tag{5.1.7}$$

其中，$h(x,y)$ 是退化系统 H 的脉冲响应。

将式(5.1.7)转换为矩阵表达形式，则可以改写为

$$g = Hf + n \tag{5.1.8}$$

根据频域傅里叶变换的卷积性质，式(5.1.8)有

$$G(u,v) = F(u,v)H(u,v) + N(u,v) \tag{5.1.9}$$

5.2　常见退化模型及辨识方法

在图像复原过程中，如果事先对退化函数 $h(x,y)$ 的相关信息一无所知，则实现图像复原是非常困难的。因此，在图像复原的过程中，首先需要实现对退化函数的辨识和估计。由于图像退化是一个物理过程，因此在许多情况下，退化函数可以借助物理知识和退化图像自身来获取。特别是最常见的退化现象只有几种，这就可以简化退化函数的辨识问题。当然，如果退化函数的类型是未知的，则退化函数的辨识问题依然是一个难题。

在辨识退化函数 $h(x,y)$ 时，可以假定 $h(x,y)$ 满足如下的先验条件。

(1)　$h(x,y)$ 是确定的和非负的。

(2)　$h(x,y)$ 具有有限支撑域。

(3)　图像退化过程对图像能量不会造成损失，即

$$\sum\sum h(x,y) = 1 \tag{5.2.1}$$

在一些实际问题中还可以列出更多的先验条件。如 $h(x,y)$ 具有对称性，$h(x,y)$ 具有高斯型特征等。下面介绍几种常见的退化函数以及常用退化函数的辨识方法。

5.2.1　常见的退化函数模型

1. 线性运动退化函数

线性运动退化是由成像系统和目标之间的相对匀速直线运动造成的。相对匀速直线运动存在多个方向。其中，水平方向的线性运动可以用下列退化函数来表示：

$$h(x,y) = \begin{cases} \dfrac{1}{d} & 若 0 \leqslant x \leqslant d \text{ 且 } y=0 \\ 0 & 其他 \end{cases} \tag{5.2.2}$$

这里，d 为退化函数的长度。类似的，也可以定义其他方向上的线性运动退化函数。

2. 散焦退化函数

几何光学的分析表明，光学系统散焦造成图像退化时系统的点扩散函数是一个均匀分布的圆形光斑。因此，散焦退化函数可以表示为

$$h(x,y) = \begin{cases} \dfrac{1}{\pi R^2} & 若 x^2 + y^2 \leqslant R^2 \\ 0 & 其他 \end{cases} \tag{5.2.3}$$

这里，R 是散焦形成的光斑的半径。

3. 高斯退化函数

高斯模糊是光学成像系统中最常见的退化类型。对于这些系统，决定退化系统点扩散函数的因素比较多，其综合作用的结果往往使点扩散函数趋于高斯型。高斯退化函数可以

表示为

$$h(x,y) = \begin{cases} Q\exp\left[-\mu(x^2+y^2)\right] & 若(x,y) \in C \\ 0 & 其他 \end{cases} \qquad (5.2.4)$$

这里，Q 是归一化常数；μ 是一个正常数；C 为 $h(x,y)$ 的圆形支撑域。

图 5-2 是图像受线性运动退化、散焦退化和高斯退化影响的示例。其中图 5-2(a)、图 5-2(c)、图 5-2(e)和图 5-2(g)分别为原始图像、线性运动模糊图像、散焦模糊图像和高斯模糊图像；图 5-2(b)、图 5-2(d)、图 5-2(f)和图 5-2(h)分别为对应图像的频谱图像。

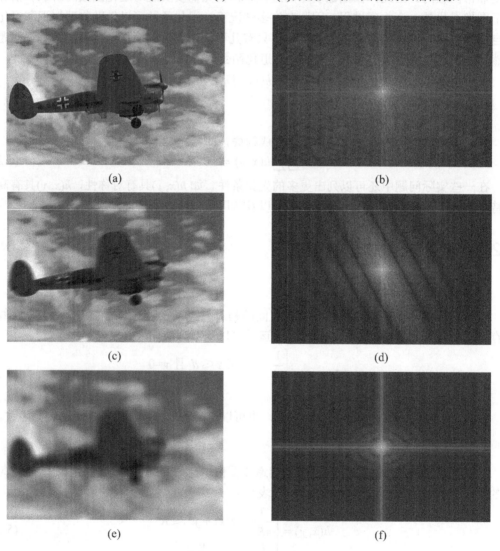

图 5-2　图像退化示例

(g)

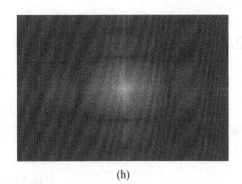

(h)

图 5-2　图像退化示例(续)

4．大气湍流退化函数

　　大气湍流退化函数与上述三类退化函数有所区别，它是基于大气湍流的物理特性来建立的函数。大气湍流退化函数可以表示为

$$h(x,y) = \exp(-k(x^2 + y^2)^{5/6}) \qquad (5.2.5)$$

　　这里，k 为常数，与湍流性质有关。图 5-3 所示是图像受大气湍流退化影响的示例。其中图 5-3(a)为原始图像；图 5-3(b)为轻微湍流退化(k=0.0003)；图 5-3(c)为中度湍流退化(k=0.002)；图 5-3(d)为重度湍流退化(k=0.0085)。

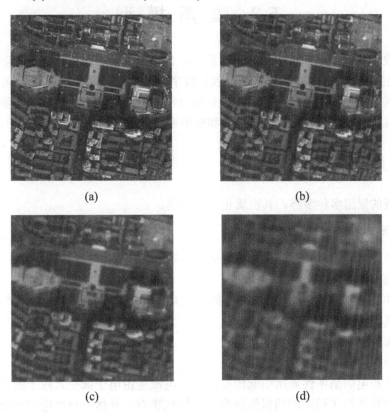

(a)

(b)

(c)

(d)

图 5-3　大气湍流退化示例

5.2.2　退化函数的辨识方法

1．试验估计法

成像系统的退化函数原则上可以通过测量的方法得到。例如，利用点光源通过成像系统得到关于退化函数的冲击响应。由于点光源冲击响应的傅里叶变换是一个常量，因此可以得到

$$H(u,v) = \frac{G(u,v)}{A} \tag{5.2.6}$$

这里，$G(u,v)$是观测图像的傅里叶变换，A为点光源冲击响应的傅里叶变换。

2．数学建模法

数学建模法是通过对产生退化的环境或系统的物理特性进行研究来建立退化系统的数学模型，如上文介绍的四种退化函数模型等。数学建模法也可以在已建立退化系统模型的基础上，通过误差—参数分析法等数学推导方法来确定退化模型的相关参数。当然，需要说明的是，这些方法仅针对一些特殊的退化情况。总体而言，一般退化函数的辨识仍然是一个有待解决的难题。

5.3　噪　声　模　型

噪声是数字图像中一种最常见的退化因素，也是图像复原重点研究的内容之一。数字图像的噪声主要来源于图像的获取过程(包括数字化过程)和传输过程。由于噪声的产生和强度都是不确定的，因此需要采用概率统计的方法对其进行描述，也就是将图像噪声看成是多维随机过程，并借助其概率分布函数和概率密度函数来描述噪声。

5.3.1　噪声及来源

噪声形成的原因多种多样，其性质也千差万别。

1．按照噪声产生的原因划分

按噪声产生的原因可以分为外部噪声和内部噪声。

1)　外部噪声

外部噪声指系统外部干扰以电磁波或经电源窜入系统内部而引起的噪声。如电气设备，自然环境电离运动等引起的噪声。

2)　内部噪声

内部噪声一般又可分为以下四种。

(1)　由光和电的基本性质所引起的噪声。如电流是由电子或空穴粒子的集合定向运动所形成的，因这些粒子运动的随机性而形成的散粒噪声；导体中自由电子的无规则热运动所形成的热噪声；根据光的粒子性，图像是由光量子所传输，而光量子密度随时间和空间

变化所形成的光量子噪声等。

(2) 电器的机械运动产生的噪声。如各种接头因抖动引起电流变化所产生的噪声。

(3) 器材材料本身引起的噪声。如摄影胶片表面颗粒性所产生的噪声、半导体感光面存在坏点所产生的噪声等。

(4) 系统内部设备电路所引起的噪声。如电源引入的交流噪声、偏转系统和箝位电路所引起的噪声等。

2．常见的噪声

下面介绍几种常见的噪声。

1) 热噪声

热噪声起源于电子杂乱无章的热运动，与物体的绝对温度有关。常温下电子热运动依然比较剧烈，只有当温度降到接近绝对零度(-273℃)时，这种状况才会有显著的改变。除了环境温度外，电流在导体中也会产生热量。对数码成像系统而言，长时间曝光，半导体处理器等元器件长时间工作都会导致成像系统温度升高，热噪声就会加强。在 CCD 成像系统中，由于热激发会产生少数载流子，即使在没有光照或其他方式对器件注入电荷的情况下，也会产生电流，表现在图像上就是噪声。而从频率域分析，热噪声从零频率直到很高的频率范围之间分布一致，一般认为它在较宽的频率范围内，各种带宽的频带所含的噪声能量相同。因此，这种噪声也称为白噪声。

2) 散粒噪声

散粒噪声是电流非均匀流动，或者说电子运动具有随机性的结果。在大多数半导体器件中，它是主要的噪声来源。在低频和中频条件下，散粒噪声与频率无关(白噪声)，高频时，散粒噪声谱变得与频率有关。散粒噪声的强度一般会随着平均电流强度或平均光强度的增加而增加。

3) 闪烁噪声

闪烁噪声也是由电流运动导致的一种噪声。事实上，电子或电荷的流动并不是一个连续的完美过程，它们的随机性会产生一个很难量化和测量的交流成分。在一些电子器件中，这种随机性会远大于一般统计所能预料的数值。闪烁噪声一般具有反比于频率 f 的频谱特性，因此，这种噪声又称为 $1/f$ 噪声。

4) 有色噪声

有色噪声是指功率谱密度函数不平坦的噪声。大多数的音频噪声，如移动汽车的噪声、计算机风扇的噪声、电钻的噪声、周围人们走路的噪声等，都属于有色噪声。而且，白噪声通过信道后受信道频率的影响也会被"染色"为有色噪声。

5.3.2　噪声概率密度函数

对信号而言，噪声是一种外部干扰。但噪声本身也是一种信号，只不过它携带了噪声源的信息。如果噪声与信号无关，那就无法根据信号的特性预测噪声的特性。但另一方面，如果噪声是独立的，则可以在没有所需信号相关知识的前提下对噪声进行研究。有些噪声本质上与信号无关，但一般此时关系常很复杂。噪声通常被作为不确定的随机现象，采用概率论和统计的方法来处理，其特性通常用概率密度函数来刻画。下面介绍几个重要的噪声概率密度函数。

1. 高斯噪声

高斯噪声也称为正态噪声，在数学上非常容易处理，因此如果在噪声没有明显特征的情况下，就可以用高斯噪声来做近似处理。

高斯噪声的概率密度函数为

$$p(z) = \frac{1}{\sqrt{2\pi}\sigma} \exp\left[-\frac{(z-\mu)^2}{2\sigma^2} \right] \tag{5.3.1}$$

其中，z 表示灰度值，μ 表示 z 的平均值，σ 表示 z 的标准差，σ^2 是 z 的方差。高斯噪声的概率密度函数如图 5-4 所示。

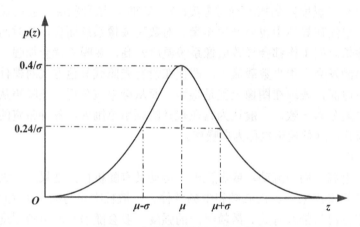

图 5-4　高斯噪声的概率密度函数

高斯噪声的典型例子有电子设备的噪声或传感器(由于不良照明和高温)的噪声。高斯噪声在数学上比较容易处理，许多分布特性接近高斯分布的噪声通常也可以作为高斯噪声来处理。高斯噪声是随机分布的，受高斯噪声污染的图像中每个像素都可能受到高斯噪声的影响，而影响的程度多在均值附近。图 5-5 是图像受高斯噪声污染的示例。图 5-5(a)为原图像，图 5-5(b)是加入均值为 0、方差为 0.03 的高斯噪声后的图像，图 5-5(c)是加入均值为 0、方差为 0.3 的高斯噪声后的图像。

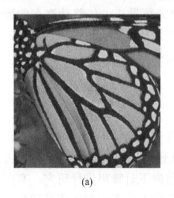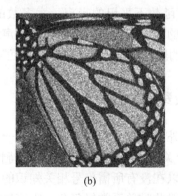

(a)　　　　　　　　　　　　(b)　　　　　　　　　　　　(c)

图 5-5　图像受高斯噪声污染示例

2．均匀分布噪声

均匀分布噪声的概率密度函数为

$$p(z) = \begin{cases} \dfrac{1}{b-a} & a \leqslant z \leqslant b \\ 0 & \text{其他} \end{cases} \qquad (5.3.2)$$

均匀分布噪声的均值和方差分别为

$$\mu = \frac{a+b}{2} \qquad (5.3.3)$$

$$\sigma^2 = \frac{(b-a)^2}{12} \qquad (5.3.4)$$

均匀分布噪声也是随机分布的噪声。其灰度值的分布在一定范围内是均衡的，即图像中的每个像素都可能受到影响，而在整幅图像中这种影响在噪声灰度值范围内有相同的概率。均匀分布在图像处理实际中应用较少，但是，这种分布函数作为模拟随机数发生器的基础是非常有用的。均匀分布噪声的概率密度函数如图 5-6 所示。

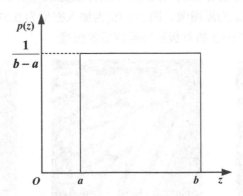

图 5-6　均匀分布噪声的概率密度函数

3．脉冲噪声(椒盐噪声)

脉冲噪声的概率密度函数为

$$p(z) = \begin{cases} p_a & z = a \\ p_b & z = b \\ 1 - p_a - p_b & \text{其他} \end{cases} \qquad (5.3.5)$$

脉冲噪声的值可以为正也可以为负。由于脉冲噪声的量值通常比图像像素的灰度值大，因此，脉冲噪声通常可量化为图像像素灰度的极值(显示为白或者黑)。实际上，一般假定 a 和 b 为饱和值，即它们是图像中可表示的最小灰度和最大灰度，设 $b>a$，则灰度值 b 在图中是一个亮点，a 则是一个暗点。对于一个 8 位灰度图像，就意味着 0 和 255。若 P_a 和 P_b 二者中有一个值为 0，就称为单极脉冲噪声。如果二者皆不为 0，则称为双极脉冲噪声。在视觉上双极脉冲噪声类似于调料中的胡椒和盐，因此也称为椒盐噪声。其中，亮点对应于"盐"，而暗点对应于"胡椒"。脉冲噪声的概率密度函数如图 5-7 所示。

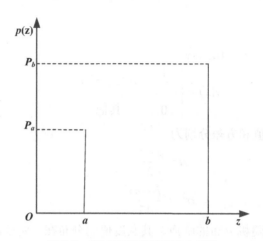

图 5-7　脉冲噪声的概率密度函数

脉冲噪声也是随机分布的噪声。通常，受脉冲噪声影响的图像中随机分布着一些孤立的白点或者黑点，与周围像素存在极大反差，这些就是脉冲噪声。图 5-8 是图像受双极脉冲噪声污染示例。图 5-8 (a)为原图像，图 5-8 (b)为加入密度为 0.03 的双极脉冲噪声后的图像，图 5-8 (c)为加入密度为 0.3 的双极脉冲噪声后的图像。

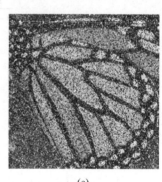

(a)　　　　　　　　　(b)　　　　　　　　　(c)

图 5-8　图像受双极脉冲噪声污染示例

5.4　图像的无约束复原

图像复原的最终目的是借助给定的退化图像 f 以及退化函数 H 和噪声 n 的相关信息来获取未退化图像的最优估计。一般而言，获得绝对意义上的最优估计是难以实现的。通常情况下这种最优估计是建立在某种客观准则下的。

无约束复原方法是一类最基本的图像复原方法。这类方法将图像看作一个数字矩阵，然后从数学角度对图像进行复原处理而不考虑复原后图像应受到的物理约束。

5.4.1　无约束复原

由式(5.1.8)，噪声 n 可以表示为

$$n = g - Hf \tag{5.4.1}$$

在对噪声项 n 没有先验知识可以利用的情况下，寻找一个近似于原始图像 f 的估计 $\hat{f}$，使 $H\hat{f}$ 的乘积在最小均方误差准则下尽可能地接近于 g，也就是使 n 的范数

$$\|n\|^2 = \|g - H\hat{f}\|^2 \tag{5.4.2}$$

达到最小。这一问题可以等效地看作如下目标函数的求极值问题

$$J(\hat{f}) = \|g - H\hat{f}\|^2 \tag{5.4.3}$$

此时图像复原问题变成了求解 $J(\hat{f})$ 极小值的问题。这里，除了要求 $H\hat{f}$ 在最小均方误差准则下与 g 的偏差最小之外，没有其他约束，因此称之为无约束复原。

由范数定义

$$\|n\|^2 = n^{\mathrm{T}} \cdot n \tag{5.4.4}$$

可得

$$J(\hat{f}) = (g - H\hat{f})^{\mathrm{T}} \cdot (g - H\hat{f}) \tag{5.4.5}$$

根据求极值条件，对上式求偏导，并且令结果为 0，则有

$$\frac{\partial J(\hat{f})}{\partial \hat{f}} = 2H^{\mathrm{T}}(g - H\hat{f}) = 0 \tag{5.4.6}$$

可得

$$\hat{f} = (H^{\mathrm{T}}H)^{-1}H^{\mathrm{T}}g \tag{5.4.7}$$

当 H 为方阵，且 H^{-1} 存在，可得

$$\hat{f} = H^{-1}(H^{\mathrm{T}})^{-1}H^{\mathrm{T}}g = H^{-1}g \tag{5.4.8}$$

这就是无约束复原条件下估计得到的复原图像。

5.4.2　逆滤波

逆滤波也称反向滤波，是一种简单直接的无约束图像复原方法。

1. 基本原理

逆滤波的基本步骤是：首先将要处理的图像从空间域转换到频率域并进行反向滤波，然后将处理结果由频率域转换回空间域，从而得到复原后的图像。在不考虑噪声的情况下，式(5.1.9)可以写为

$$G(u,v) = H(u,v)F(u,v) \tag{5.4.9}$$

对上式进行变换可得

$$F(u,v) = \frac{G(u,v)}{H(u,v)} = P(u,v)G(u,v) \tag{5.4.10}$$

上式表明，空域的无约束复原方法可以转化为频域的滤波方法。如果把 $H(u, v)$ 看作一个滤波函数，则它与 $F(u, v)$ 的乘积是退化图像 $g(x, y)$ 的傅里叶变换。这样用 $H(u, v)$ 去除 $G(u, v)$ 就是一个反向滤波的过程。其中的 $P(u, v)$ 被称为逆滤波器。

$$P(u,v) = \frac{1}{H(u,v)} \tag{5.4.11}$$

对式(5.4.10)进行傅里叶反变换就可以得到复原后的图像。

$$\hat{f}(x,y) = F^{-1}[F(u,v)] = F^{-1}\{P(u,v)G(u,v)\} \tag{5.4.12}$$

上式表明，如果已知退化观测图像 $g(x, y)$ 和冲击响应函数 $h(x, y)$ 的傅里叶变换，就可求得复原图像的傅里叶变换，然后通过傅里叶反变换就可得到复原图像。图 5-9 所示为采用逆滤波方法对运动模糊图像进行复原的示例。其中，图 5-9(a)为原图像，图 5-9(b)为运动模糊图像，图 5-9(c)为逆滤波复原后的图像。

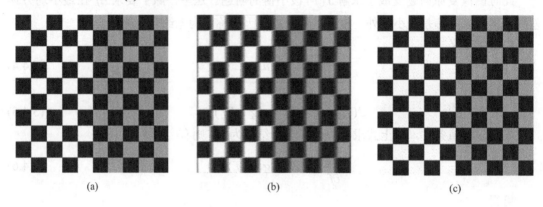

      (a)   (b)   (c)

图 5-9　逆滤波图像复原示例

2. 逆滤波的病态性

如果在考虑噪声的情况下，由式(5.4.9)和式(5.4.10)可以得到

$$F(u,v) = \frac{G(u,v)}{H(u,v)} - \frac{N(u,v)}{H(u,v)} \tag{5.4.13}$$

由上式可知，在存在噪声的情况下，即使已知退化函数 H 依然不能精确地恢复原始图像。同时，如果 $H(u, v)$ 在 UV 平面上取 0 或很小的值，则 $N(u, v)/H(u, v)$ 的结果在式(5.4.13)中将占据主导地位，也就是复原结果会与预期结果出现较大的偏差，有时甚至出现复原出的图像面目全非的状况。这种现象就被称作逆滤波的病态性。

图 5-10 所示是采用逆滤波方法对含有微量噪声的运动模糊图像进行复原的示例。其中，图 5-10(a)为图 5-9(b)所示的运动模糊图像，图 5-10(b)为图 5-9(b)加入均值为 0，方差为 0.00008 高斯噪声后的图像，图 5-10(c)为使用逆滤波器对图 5-10(b)进行复原的结果。

因此，在使用逆滤波方法复原图像时，可以采用以下三类方法来避免病态性的影响。

(1)　对于 $H(u, v)=0$ 的点不做计算，此时的逆滤波器为

$$P(u,v) = \begin{cases} \dfrac{1}{H(u,v)} & H(u,v) \neq 0 \\ 1 & H(u,v) = 0 \end{cases} \tag{5.4.14}$$

(2)　一般的 $H(u, v)$ 会随着 u、v 与原点距离的增加而迅速减小，而噪声 $N(u, v)$ 却变化缓慢。在这种情况下，采用逆滤波器进行图像恢复应该局限在离原点较近的有限区域内进行，此时的逆滤波器为

$$P(u,v) = \begin{cases} \dfrac{1}{H(u,v)} & u^2 + v^2 \leqslant w_0^2 \\ 1 & u^2 + v^2 > w_0^2 \end{cases} \tag{5.4.15}$$

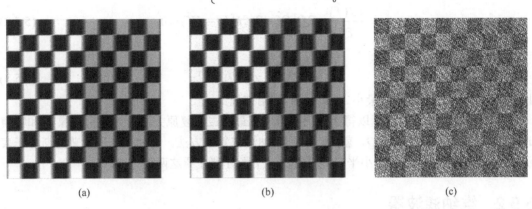

$$\begin{array}{ccc} \text{(a)} & \text{(b)} & \text{(c)} \end{array}$$

图 5-10　逆滤波器的病态特性

此处，w_0 的选取原则是将 $H(u, v)=0$ 的点去除。这种方法避免了分母为零的情况，但在复原图像中会出现振铃效应。

(3)　为了避免振铃效应的影响，可以把上述方法改进为

$$P(u,v) = \begin{cases} \dfrac{1}{H(u,v)} & |H(u,v)| > d \\ k & |H(u,v)| \leqslant d \end{cases} \tag{5.4.16}$$

这里，k 和 d 均为小于 1 的常数，且 d 的选取以较小为宜。

5.5　图像的有约束最小二乘复原

为了克服逆滤波的病态性，就需要在复原过程中加以某种约束，这就是有约束复原。与无约束复原方法不同，有约束复原方法还考虑到复原后的图像应该受到一定的物理约束，如图像应保持平滑、图像灰度值应为正等。基于有约束复原模型的图像复原方法很多，典型的有最小均方误差滤波和有约束最小平方复原方法。

5.5.1　有约束最小二乘复原的基本原理

有约束最小二乘复原方法是一种以平滑度为基础的图像复原方法。令 Q 为 $\hat{f}$ 的线性算子(变换矩阵)，有约束最小二乘复原就是要寻找一个最优估计 $\hat{f}$，使其形式为 $\left\| Q\hat{f} \right\|^2$ 的函数，在 $\|n\|^2 = \left\| g - H\hat{f} \right\|^2$ 的约束下最小。这个问题可以采用拉格朗日乘子法来解决。

设 λ 为拉格朗日乘子，拉格朗日乘子法就是要寻找一个最优估计 $\hat{f}$，使下面的准则函数最小：

$$J(\hat{f}) = \left\| Q\hat{f} \right\|^2 + \lambda \left(\left\| g - H\hat{f} \right\|^2 - \left\| n \right\|^2 \right) \tag{5.5.1}$$

与 5.4 节中类似，为了计算 $J(\hat{f})$ 的最小值，需要对式(5.5.1)求偏导，并令导数为 0

$$\frac{\partial J(\hat{f})}{\partial \hat{f}} = 2Q^{\mathrm{T}} Q\hat{f} - 2\gamma H^{\mathrm{T}}(g - H\hat{f}) = 0 \tag{5.5.2}$$

可以解得

$$\hat{f} = (H^{\mathrm{T}} H + \gamma Q^{\mathrm{T}} Q)^{-1} H^{\mathrm{T}} g \tag{5.5.3}$$

其中，$\gamma = 1/\lambda$，这是有约束最小二乘复原的通用方程式。

通过指定不同的 Q，可以得到不同的有约束最小二乘复原方法。如果用图像 f 和噪声 n 的相关矩阵 R_f 和 R_n 表示 Q，就可以得到维纳滤波复原方法。而如果选用拉普拉斯算子表示 Q，就可以得到有约束最小平方复原方法。下面分别介绍这两种方法。

5.5.2 维纳滤波器

在维纳滤波器中，Q 由图像 f 和噪声 n 的相关矩阵来表示。维纳滤波器是一种最小均方误差滤波器。在频率域中，维纳滤波器可以表示为

$$\begin{aligned}
\hat{F}(u,v) &= \left[\frac{H^*(u,v)}{\left| H(u,v) \right|^2 + \gamma \left[S_n(u,v) / S_f(u,v) \right]} \right] G(u,v) \\
&= \left[\frac{1}{H(u,v)} \cdot \frac{\left| H(u,v) \right|^2}{\left| H(u,v) \right|^2 + \gamma \left[S_n(u,v) / S_f(u,v) \right]} \right] G(u,v)
\end{aligned} \tag{5.5.4}$$

这里，γ 为调节参数，

$$\left| H(u,v) \right|^2 = H^*(u,v) H(u,v) \tag{5.5.5}$$

$$S_n(u,v) = \left| N(u,v) \right|^2 \tag{5.5.6}$$

为噪声 n 的相关矩阵的傅里叶变换，也就是噪声的功率谱密度，

$$S_f(u,v) = \left| F(u,v) \right|^2 \tag{5.5.7}$$

为图像 f 的相关矩阵的傅里叶变换，也就是未退化图像的功率谱密度。

根据 γ、$S_f(u, v)$ 和 $S_n(u, v)$ 的不同状况，式(5.5.4)可以分为下面几种情况。

(1) 如果 $\gamma = 1$，称为维纳滤波器。若 γ 为变化的，则称为变参维纳滤波器。注意，由于必须调节 γ 以满足式(5.5.3)，所以当 $\gamma = 1$ 时，利用式(5.5.4)并不能得到满足式(5.5.1)的最优解，也就是式(5.5.4)并不一定满足 $\left\| n \right\|^2 = \left\| g - H\hat{f} \right\|^2$。但它在 $E\left[f(x,y) - \hat{f}(x,y) \right]^2$ 最小的意义下是最优的。

(2) 当无噪声影响时，即 $S_n(u, v)$ 为 0 时，维纳滤波器退化为逆滤波器。因此，逆滤波可以看作是维纳滤波器的一种特殊情况。

在有噪声存在的情况下，相对于逆滤波器，维纳滤波器由于存在 $S_n(u,v) / S_f(u,v)$ 项，会对噪声的放大具有自动抑制作用，同时也不会在 $H(u, v)$ 为 0 时出现被 0 除的情形。

(3) 如果不知道图像和噪声的功率谱密度，可以用下面公式来近似表示：

$$\hat{F}(u,v) = \left[\frac{1}{H(u,v)} \cdot \frac{|H(u,v)|^2}{|H(u,v)|^2 + k} \right] G(u,v) \tag{5.5.8}$$

这里，k 为常数，表示噪声与信号的谱密度的比值。在实际应用中，k 可以通过已知的信噪比获得。

图 5-11 所示是逆滤波与维纳滤波法对退化图像进行复原的效果对比。图 5-11(a)为原图像，图 5-11(b)是高斯模糊及加性高斯噪声污染的退化图像，图 5-11(c)为逆滤波法复原的图像，图 5-11(d)为维纳滤波法复原的图像，图 5-11(e)～(g)与图 5-11(b)～(d)相对应，但噪声幅度的方差比图 5-11(b)小两个数量级，图 5-11(h)～(j)仍与图 5-11(b)～(d)相对应，但噪声幅度的方差比图5-11(b)小 5 个数量级。

图 5-11 逆滤波法和维纳滤波法复原图像效果比较

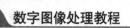

可以看到，在噪声较强的情况下，维纳滤波法复原图像的效果明显优于逆滤波。只有在噪声非常微弱的情况下，逆滤波法才可能取得与维纳滤波法相类似的复原结果。

5.5.3 有约束最小平方滤波器

在已知退化函数 $h(x, y)$ 的前提下，使用维纳滤波仍存在一些困难：未退化图像和噪声的功率谱必须是已知的，这在实践中是难以做到的。尽管可以使用式(5.5.8)来近似得到，但是功率谱比常数的估计一般还是没有合适的解。此外，维纳滤波是一种统计方法。它可以得到平均意义上最优的复原结果，但不能保证对于处理的每一幅图像都是最优的。而有约束最小平方复原只需要有关噪声的均值和方差的信息就可以对每幅给定的退化图像产生最优复原结果。

有约束最小平方滤波方法的关键仍然是如何选择合适的 Q。在前面 5.4 节，我们知道逆滤波器具有病态性，因为 $H(u, v)$ 在零点附近的取值使复原数据变化更加剧烈，从而在复原后的图像中产生很强的伪边缘和噪声。一种减弱病态性的方法是建立基于图像是平滑的这一先验测度的最优准则，也就是要通过选择合适的 Q 对复原图像 $\hat{f}$ 进行优化，从而使复原图像中伪边缘和噪声最小化。基于这一目的，可以选择具有图像平滑功能的算子作为 Q。从第 3 章中介绍的内容已知，拉普拉斯算子 $\nabla^2 f = \left(\dfrac{\partial^2}{\partial x^2} + \dfrac{\partial^2}{\partial y^2} \right)$ 在图像增强时具有突出边缘的作用。然而，拉普拉斯算子的积分 $\iint \nabla^2 f \mathrm{d}x \mathrm{d}y$ 却可以恢复图像的平滑性。因此，有约束最小平方滤波方法选择拉普拉斯算子可以作为图像平滑约束度量函数。记拉普拉斯算子为 $p(m, n)$，则

$$p(m,n) = \begin{bmatrix} 0 & -1 & 0 \\ -1 & 4 & -1 \\ 0 & -1 & 0 \end{bmatrix} \tag{5.5.9}$$

为了与图像进行卷积运算，需要将 $p(m, n)$ 扩展到待处理图像的尺寸并记为 $p_e(m, n)$。若记 $p_e(m,n)$ 的傅里叶变换为 $P_e(u, v)$，则有约束最小平方复原滤波器可表示为

$$\hat{F}(u,v) = \left[\frac{H^*(u,v)}{\left|H(u,v)\right|^2 + \gamma \left|P_e(u,v)\right|^2} \right] G(u,v) \tag{5.5.10}$$

这里 γ 是调节参数，当 γ 满足 $\|n\|^2 = \left\| g - H\hat{f} \right\|^2$ 的约束条件时，上式能达到最优。

图 5-12 为维纳滤波与有约束最小平方滤波的复原效果对比。其中，图 5-12(a)、图 5-12(d)、图 5-12(g)对应图 5-11(b)、图 5-12(e)、图 5-12(h)，图 5-12(b)、图 5-12(e)、图 5-12(h)为维纳滤波法复原的图像，图 5-12(c)、图 5-12(f)、图 5-12(i)为有约束最小平方滤波法复原的图像。可以看到，在噪声较大时，有约束最小平方滤波的复原效果比维纳滤波好。

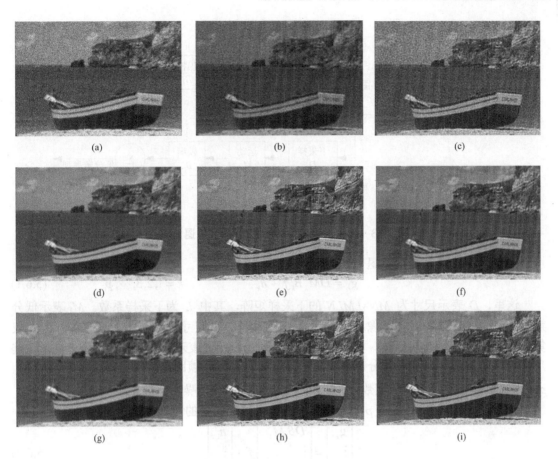

图 5-12 维纳滤波法与有约束最小平方滤波法复原图像效果比较

5.6 图像超分辨率重建

图像超分辨率重建是现有图像复原技术的一个重要组成部分。所谓超分辨率重建就是利用一幅或同一场景、相互间有亚像素精度位移的多幅低分辨率图像来重构一幅或一序列高分辨率图像。图像超分辨率重建技术既可以突破传感器阵列排列密度限制、成像系统硬件制造水平以及成本限制等导致的不能有效提升图像分辨率的局限，又能够有效改善成像过程中图像的退化问题，提高图像的识别精度，因此成为图像/视频处理、医学/遥感影像处理、计算机视觉、应用数学等领域研究的热点问题。

5.6.1 图像超分辨率重建问题概述

研究图像超分辨率重建问题同样需要先建立图像退化模型。相对于通常的图像复原问题，图像超分辨率重建考虑的退化因素更多，相应的处理过程也更复杂。图像超分辨率重建研究框架下的退化模型如图 5-13 所示。

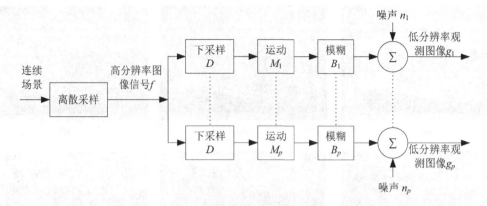

图 5-13　图像超分辨率重建框架下的图像退化模型

根据图 5-13 所示，图像退化模型可以表示为

$$g_k = DM_kB_kf + n_k \qquad\qquad k = 1,2,3,\cdots,p \qquad (5.6.1)$$

这里，D 表示尺寸为 $MN\times LMLN$ 的下采样矩阵，其中 L 为下采样系数。M_k 表示低分辨率图像序列中的第 k 帧图像对应的运动(变换)矩阵，其尺寸也是 $LMLN\times LMLN$。B_k 代表第 k 帧图像对应的模糊矩阵，其尺寸为 $LMLN\times LMLN$。f 表示高分辨率目标图像向量，其尺寸为 $LMLN\times 1$。g_k 代表低分辨率观测图像序列中的第 k 帧图像向量，其尺寸是 $MN\times 1$。p 表示低分辨率观测图像的帧数。n_k 表示一个 $MN\times 1$ 的加性噪声向量。

对于式(5.6.1)，也可以将 p 个方程结合起来，写成如下的矩阵形式。

$$\begin{bmatrix} g_1 \\ \vdots \\ g_p \end{bmatrix} = \begin{bmatrix} DB_1M_1 \\ \vdots \\ DB_pM_p \end{bmatrix} f + \begin{bmatrix} n_1 \\ \vdots \\ n_p \end{bmatrix} \qquad (5.6.2)$$

即：$g = Hf + n$。

这里，g 和 n 的尺寸均为 $pMN\times 1$，$H = (H_1, H_2, \cdots, H_p)^{\mathrm{T}}$，$H_i = DB_iM_i$，$i = 1,2,\cdots,p$。

图像超分辨率重建技术按照处理对象的不同可以分为多帧(序列)图像超分辨率重建和单帧图像超分辨率重建。这两类方法的区别在于多帧(序列)图像超分辨率重建需要先对多帧(序列)低分辨率图像进行配准，而单帧图像超分辨率重建不包含图像配准的过程。多帧(序列)图像超分辨率重建基本流程如图 5-14 所示。

图 5-14　多帧(序列)图像超分辨率重建基本流程

下面仅就多帧(序列)图像超分辨率重建涉及的基本技术环节作一说明。

1. 图像配准

图像配准也被称为运动估计。所谓配准，就是要获取低分辨率各帧图像针对同一个参考帧图像的亚像素级位移量,即需要获取式(5.6.1)中的矩阵 M_k。M_k 既可能包含低分辨率图像各帧间的整体运动,也可能包括一个或多个局部运动。这种运动通常采用单个运动矢量构成的集合来表示,但有时也可以通过一些变换模型来表示。图像配准在多帧(序列)图像超分辨率重建中的地位非常重要。要重建高质量的图像,必须依赖于稳定且精确的配准参数估计。

2. 图像重建

图像重建的目的就是利用低分辨率观测图像集、配准参数、已知的或通过估计得到的图像模糊模型参数以及关于图像平滑的假设和噪声类型等相关先验信息,借助一定的数学方法来获取最终的关于高分辨率重建图像的估计结果。图像重建包括图像插值和图像复原两个过程。

1) 图像插值

图像插值就是将低分辨率图像或获取配准参数之后图像集合各帧中的像素点信息投射到高分辨率网格上,生成初始的高分辨率图像以便进行下一步处理。应用于超分辨率重建的插值方法由单幅图像插值方法演化而来,主要有最近邻插值、双线性插值、三次样条插值、B-样条插值等。

2) 图像复原

图像复原的主要目的是消除重建图像的模糊和噪声,也就是利用各种重建算法估计最终的高分辨率图像。这一环节与本章前面几节中介绍的图像复原方法类似。对于模糊和噪声的处理,需要分别建立相关的数学模型。由于现实中造成模糊的原因很复杂,为简化问题处理,大多数重建方法均假定模糊函数已知。但在实际应用中,在这些模糊函数参数未知的情况下,还需要通过参数盲辨识的方法来估计模糊函数的相关参数。图像去噪则需要考虑成像过程中产生的各类噪声。由于在成像过程中噪声来源比较多,其分布特性也比较复杂,因此为方便处理问题,通常只考虑加性噪声的情况。并且针对具体应用,可以通过特定的统计分布模型来描述噪声,常用的有高斯噪声模型、泊松噪声模型等。

5.6.2　图像超分辨率重建方法分类

图像超分辨率重建方法可以分为频域重建方法和空域重建方法两大类。

基于频域的超分辨率重建方法由 Tsai 和 Huang 首先提出。这类方法理论清晰,结构简单。但是这类方法基于傅里叶变换,通常只能处理图像整体平移的情形,而对于局部运动情况无法表示。而且由于在频域中丧失了数据间的相关性,致使空域先验信息难以应用。

空域重建方法克服了频域方法的许多不足之处。相对于频域方法,空域重建方法具有一系列的优点。比如:灵活性强;可以更好地处理复杂的图像退化模型;可以处理包括图像整体平移、整体旋转、局部平移和局部旋转在内的运动情况;能够有效地利用图像先验信息;能够处理各类不同噪声的影响;方便进行点扩散函数盲估计等。空间重建方法为图像超分辨率重建问题提供了牢固的数学框架,使更深入的理论研究与发展成为可能。因此,空域重建方法是目前图像超分辨率重建研究的主流方向。空域重建方法按照算法思路可以分为基于重建的方法和基于学习的方法两类。

5.6.3 基于重建的超分辨率方法

基于重建的超分辨率方法是在建立假定的退化模型后，利用多帧低分辨率图像作为数据一致性约束，并结合图像先验知识进行优化求解的一种方法。基于重建的超分辨率方法主要有正则化方法、凸集投影方法和迭代反投影方法等。

1. 正则化方法

由于图像超分辨率重建问题是一个典型的病态问题。要克服超分辨率重建问题的病态性，可以结合图像的确定性先验或统计性先验将原问题转换为良态问题来求解。而正则化方法是解决病态问题的最有效方法之一。根据构造先验信息方式的不同，正则化超分辨率重建方法可分为确定性正则化方法和随机正则化方法。

1) 确定性正则化方法

约束最小二乘法是确定性正则化方法的典型代表。它通过添加关于解的先验信息的方式将病态重建问题转化为良态问题，并通过拉格朗日乘子法来估计高分辨率重建图像。

$$\hat{f} = \arg\min_f \left[\sum_{k=1}^{p} \| DM_k B_k f - g_k \|_2^2 + \lambda J(f) \right] \tag{5.6.3}$$

式(5.6.3)右侧第一项为数据保真项，p 为低分辨率图像的帧数，$J(f)$为确定性正则项，λ 为正则化参数，用于调节正则项对解的影响程度。

2) 随机正则化方法

随机正则化方法将超分辨率重建问题解释为一个概率估计问题。常用的概率估计方法包括最大后验概率估计(Maximum a Posteriori，MAP)和最大似然估计(Maximum Likelihood，ML)两类。其中 ML 方法又可看作是 MAP 方法的特例。

MAP 方法基于贝叶斯理论，把低分辨率观测图像序列 g 和待重建的高分辨率图像 f 都看作是随机场。基于 MAP 的超分辨率重建模型为

$$\hat{f} = \arg\max_f \left[\lg P(g_1, g_2, \cdots, g_p / f) + \lg P(f) \right] \tag{5.6.4}$$

其中，$P(g_1, g_2, \cdots, g_p /f)$表示已知目标 f 而观测图像为 g_1、g_2、$\cdots$、g_p 的概率；$P(f)$表示 f 的先验概率。式(5.6.4)右侧第一项是条件概率项，反映观测图像噪声的统计特性，通常采用零均值的高斯模型表示。式(5.6.4)右侧第二项是先验概率项，需要通过原始图像的先验信息来确定。$P(f)$通常是一个凸函数，并且具有平滑性和可微性。

正则化方法具有很多优点。比如，在噪声特性和关于解的先验信息建模方面具有足够的灵活性和鲁棒性；将重建问题转化为良态问题从而保证解的稳定性和唯一性；能够处理复杂的退化模型；能够同时估计运动信息和高分辨率重建图像。正是基于上述原因，使正则化方法成为目前应用最为广泛的超分辨率重建方法之一。

2. 凸集投影方法

凸集投影方法(Projection onto Convex Sets Approach，POCS)是一种基于集合论的方法。根据集合理论，超分辨率重建问题的解空间由一组具有凸约束的集合构成。这组凸约束集合可满足某些特殊的性质，如正定性、能量有界、平滑性和数据可靠性等。通常这些

性质对应着基于低分辨率图像序列的噪声统计特性、数据分布、退化模型等先验信息的数学抽象。凸集投影方法就是基于这些约束集的交集构成解空间，将需要估计的高分辨率重建图像投影到解空间上，并通过迭代方法，最终获得一个可行解。

凸集投影方法具有原理直观、实现方法简单、能够兼容灵活多变的空域退化模型、运动模型和观测模型的复杂度对凸集投影方法求解影响很小、可以方便地添加先验约束信息等优点，因此在序列图像超分辨率重建中得到了广泛应用。但是凸集投影方法也存在一些不足之处。主要表现在：解依赖于初始估计；由于基于凸集投影方法的超分辨率重建的解空间定义是所有凸约束集的交集，如果这个交集不是单点集合，则其解不唯一；运算量大、收敛速度慢。

3. 迭代反投影方法

迭代反投影方法(Iterative Back-Projection，IBP)的基本原理是：如果高分辨率重建图像与原始的高分辨率图像非常接近，则由重建的高分辨图像在退化模型下仿真输出的结果应该和系统输入的低分辨率图像是一致的。在这种情况下，如果将它们之间的误差投影到高分辨率网格上，那么随着误差收敛，就可以得到相应的高分辨率图像。

利用迭代反投影方法求解时，首先应将相对于低分辨率观测图像序列的一个初始估计作为当前的高分辨率图像，并将这个当前结果反向投影以获得相应的低分辨率仿真图像，然后求该仿真图像与实际的低分辨率观测图像的仿真误差。如此循环，就可以根据基于退化模型模拟推导的低分辨率图像序列和反向投影得到的观测低分辨率图像序列之间的误差来不断更新高分辨率图像的当前估计值并最终使它们的偏差达到最小。

迭代反投影方法简单、直观，易于理解。但是由于超分辨率重建问题的病态性，利用迭代反投影方法难以获得唯一的重建结果。同时，反向投影算子的选择对问题的求解影响较大，其估计本身就很困难，而且先验信息也难以应用到求解过程中。

5.6.4 基于学习的超分辨率方法

基于学习的超分辨率重建方法是近年来受诸多学者关注的一类重建方法。这类方法的主要思想是通过一些学习模型对已有的高分辨率训练图像所包含的高频细节信息进行学习，获取先验知识，然后依据这些先验知识对低分辨率观测图像缺失的细节信息进行预测，从而达到图像超分辨率重建的目的。由于基于重建的方法其信息只能从低分辨率观测图像中获取，而对于低分辨率观测图像中缺失的信息则无法得到，因此，基于学习的方法可以较好地弥补这一不足。此外，在低分辨率观测图像帧数较少且分辨率提高倍数较大的情况下，基于重建的方法通常效果不佳，而基于学习的方法则可以发挥更大的作用。

1. 变换域学习方法

变换域学习方法，即先将低分辨率图像进行某种变换，再根据训练集推断未知的变换系数，最后进行逆变换，得到重建的高分辨率图像。变换方法包括小波变换、轮廓波变换、曲线波变换等。此外，还可以加入先验信息对重建的图像进行约束，获得更合理的解。

2. 基于近邻的方法

基于近邻的方法通过两种途径实现。途径一是借助一定的搜索策略从高低分辨率图像块样本库中穷举得到与输入的低分辨率观测图像块最相似的一个(或多个)低分辨率样本块,然后将这个(或这些)低分辨率样本块对应的高分辨率样本块(或多个块叠加)作为低分辨率观测图像块对应的高分辨率重建图像块。如此过程循环进行,直到待重建的低分辨率观测图像中所有的图像块都找到相对应的高分辨率重建图像块为止。这种方法虽简单直接,但由于仅考虑到图像本身的局部信息,算法稳定性较差。途径二是采用一定的数学模型或工具(如马尔可夫网络)学习样本库中低分辨率图像块与高分辨率图像块的对应关系,再利用学习到的关系估计输入低分辨率图像缺失的细节信息,从而实现图像超分辨率重建。这类方法相对前一类方法重建质量有一定的提高。

3. 基于稀疏表示模型的方法

图像的过完备稀疏表示模型是近年来迅速发展的一种新型的图像表示模型。它能够用尽可能简洁的方式表示图像。图像的稀疏表示模型可以自适应地表示图像的内在结构和特征,并且对噪声和误差影响具有更好的鲁棒性。同时,稀疏的表示形式也有利于图像的后继处理。因此,图像的稀疏表示模型在图像复原、图像压缩等领域取得了很好的成绩。同样,在超分辨率重建问题中,图像稀疏表示模型也具有潜在的优势和利用价值。

基于稀疏模型,图像 x 的稀疏表示问题可以表述为

$$\min\|\alpha\|_0 \qquad s.t. x = D\alpha \tag{5.6.5}$$

这里,D 称为稀疏变换矩阵,又称过完备字典。α 为 x 的稀疏表示,也称稀疏系数。α 中仅有少量非零元素,这些非零元素代表图像的主要结构信息和本质属性。通过这种表示模型,图像在合适的过完备字典下可以变换为大部分系数为零,只存在少数非零大系数的表示形式。

基于稀疏表示理论的超分辨率重建方法的基本原理是:首先,通过联合求解的方式对样本集中的高低分辨率图像统一进行联合稀疏编码,生成表征高/低分辨率图像的过完备稀疏学习字典 D^h 和 D^l。图 5-15 显示了通过高低分辨率图像块样本库训练得到的一组 D^h 和 D^l。图 5-15(a)为低分辨率字典 D^l;图 5-15(b)为高分辨率字典 D^h。

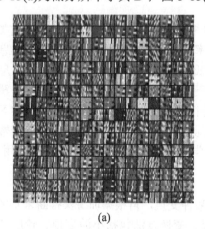 

(a)   (b)

图 5-15 基于学习的过完备稀疏表示字典

其次,对于待重建的低分辨率输入图像,按顺序采样的方法将低分辨率观测图像 Y 分块为 y_1, y_2, …使块与块之间保留一定的像素重叠,并对每个图像块 y_i 利用字典 D^l 根据

式(5.6.5)估计稀疏表示系数α_i，然后利用字典D^h根据下式就能够估计得到低分辨率图像块y_i和高分辨率重建图像块x_i。

$$x_i = D^h \alpha_i \tag{5.6.6}$$

在得到全部y_i对应的高分辨率图像块x_i之后，融合这些高分辨率块并经过全局约束优化即可得到对应高分辨率重建图像。

基于学习的超分辨率重建方法尽管起步较晚，但这类方法不仅可以融合现有机器学习与模式识别相关研究的成果，还能够根据重建图像的特点选择学习模式，从而可以降低算法的复杂度，提高重建质量。同时大多数基于学习的方法是从图像块的角度，而不是从整幅图像的角度进行重建，因而弥补了传统超分辨率重建方法分辨率提升能力有限的不足。因此，基于学习的超分辨率重建方法成为目前超分辨率重建研究的热点方向。

5.7　几何失真校正

数字图像在获取过程中，由于成像系统本身具有的非线性、图像获取时视角的变化、拍摄对象表面弯曲等因素的影响，都会使获取到的图像与原景物相比产生比例失调甚至扭曲变形的现象，这类图像退化现象被称之为几何失真或几何畸变。典型的几何失真如图5-16 所示。其中，图 5-16(a)表示原图像，图 5-16(b)表示梯形失真图像，图 5-16(c)表示桶形失真图像，图 5-16(d)表示枕形失真图像。

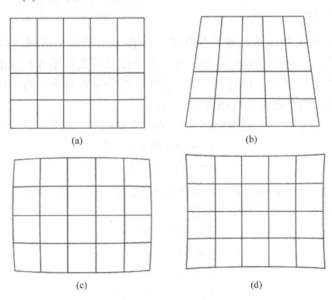

(a)　　　　　　　　(b)

(c)　　　　　　　　(d)

图 5-16　典型的几何失真现象

解决图像几何失真的方法称为几何失真校正。几何失真校正一般分两步：第一步是对失真图像进行空间坐标变换，恢复图像像素原有的空间关系；第二步是重新确定校正空间中各像素点的灰度值，也就是进行灰度插值。灰度插值方法已经在第 2 章中作了介绍。因此，本节只介绍失真图像空间坐标校正方法。

1. 失真图像空间坐标校正

失真图像空间坐标校正的基本方法是根据失真图像与标准图像中一些已知对应点对(也称为控制点对)建立起函数关系式,将失真图像的像素坐标由 x-y 坐标系变换到标准图像的 s-t 坐标系,使失真图像中的每一个像素都可在标准图像中找到对应像素,从而实现失真图像的空间坐标校正。

设 $f(s, t)$ 为原图像,$g(x, y)$ 为失真图像,两图像的坐标之间存在如下关系

$$\begin{cases} x = R_1(s,t) \\ y = R_2(s,t) \end{cases} \tag{5.6.7}$$

$R_1(s, t)$ 和 $R_2(s, t)$ 是几何失真映射函数。通常,$R_1(s, t)$ 和 $R_2(s, t)$ 都是非线性的,可以用多项式来近似,即

$$\begin{cases} x = \sum_{i=0}^{m} \sum_{j=0}^{m-i} a_{ij} s^i t^j \\ y = \sum_{i=0}^{m} \sum_{j=0}^{m-i} b_{ij} s^i t^j \end{cases} \tag{5.6.8}$$

这里,m 为多项式阶数,a_{ij} 和 b_{ij} 为多项式系数。一般情况下,几何失真映射函数 $R_1(s, t)$ 和 $R_2(s, t)$ 都是未知的。此时,可以通过原图像与几何失真图像上的一些已知点的对应关系,拟合出上述多项式的系数。通常,较小的几何失真可以用一次多项式表示,而较大的几何失真或更精确的表示则可以采用二次非线性多项式。

2. 三角形线性法

图像的几何失真虽然通常都是非线性的,但在一个局部小区域内可近似认为是线性的。基于这一假设,在进行几何失真校正时,可以按几何失真图像和标准图像之间的对应点对将几何失真图像划分成一系列小三角形区域,再分别对每个三角形区域进行线性几何失真校正,并最终实现对整个失真图像的校正。

在每个三角形区域内,三个控制点分别作为三角形的三个顶点,并且存在以下线性关系

$$\begin{cases} x = as + bt + c \\ y = ds + et + f \end{cases} \tag{5.6.9}$$

若三对控制点在两个坐标系中的位置分别为 (x_1, y_1)、(x_2, y_2)、(x_3, y_3) 和 (s_1, t_1)、(s_2, t_2)、(s_3, t_3),则根据式(5.6.9)可建立两个方程组

$$\begin{cases} x_1 = as_1 + bt_1 + c \\ x_2 = as_2 + bt_2 + c \\ x_3 = as_3 + bt_3 + c \end{cases} \tag{5.6.10}$$

$$\begin{cases} y_1 = ds_1 + et_1 + f \\ y_2 = ds_2 + et_2 + f \\ y_3 = ds_3 + et_3 + f \end{cases} \tag{5.6.11}$$

解方程组,可求出 a,b,c,d,e,f 六个系数,然后就可实现该三角形区域内其他像素的坐标变换。当然,对于不同的三角形区域,这六个系数的值是不同的。

三角形线性法较为简单,能满足一定的精度要求。这是因为它是以局部范围内的线性失真去处理大范围内的非线性失真。所以,选择的控制点对越多,分布越均匀,三角形区

域的面积越小，则校正的精度越高。但是控制点过多又会导致计算量的大幅增长。因此，使用三角形线性法时对于三角形划分及处理精度需要综合考量。

5.8 习 题

1. 什么是图像复原？图像复原与图像增强的区别与联系是什么？

2. 常见的退化函数模型有哪几种，分别针对哪类退化问题？

3. 数字图像处理中有哪些常见噪声？分别具有什么特性？

4. 如果退化图像完全由噪声引起，则如何复原此类退化图像？

5. 程序设计：选取一幅图像，分别添加一定比例的高斯噪声和椒盐噪声，然后利用 Matlab 图像处理工具箱提供的函数分别进行均值滤波和中值滤波处理，并对结果进行分析比较。

6. 图像无约束复原和有约束复原方法的主要区别是什么？

7. 试比较无约束复原方法、维纳滤波法和有约束最小平方复原方法的优缺点。

8. 对于一幅退化图像，如果不知道原图像的功率谱，而知道噪声的方差，请问采用何种方法复原图像比较好？为什么？

9. 程序设计：选取一幅图像，利用高斯函数对图像进行模糊处理，然后利用 Matlab 图像处理工具箱提供的函数进行逆滤波、维纳滤波和有约束最小平方滤波复原实验。

10. 图像超分辨率重建技术的基本原理是什么？图像超分辨率重建的基本步骤是什么？

11. 单帧图像超分辨率重建与多帧(序列)图像超分辨率重建的主要差异是什么？简述图像超分辨率重建主要方法类别的优缺点。

12. 图像几何失真校正一般包括哪几个步骤？

13. 用四边形法代替三角形法，建立与式 5.6.9 相对应的校正几何失真的空间变换式。

第6章 彩色图像处理

客观世界是五彩缤纷的。对于人而言，日常生活中从外界获取的图像绝大部分都具有丰富的彩色信息。通常情况下，彩色信息对图像局部区域特性及场景的描述能力要远远强于灰度。借助这一特点，可以通过彩色图像获取更多关于目标结构和细节方面的信息，从而更好地服务于图像增强、图像分割、目标识别等图像处理相关工作。而为了在计算机中有效表示和处理这些彩色信息，就还需要建立相应的彩色表示模型。

彩色图像处理可以分为三个主要领域：伪彩色图像处理、假彩色图像处理和真彩色图像处理。伪彩色图像处理是将灰度图像中特定的灰度级或灰度范围赋予一种颜色，从而将灰度图像转化为彩色图像来增强人眼对于灰度图像的辨识能力。假彩色图像处理则是将一种彩色变换成另一种彩色，或者将几个波段(通道)的图像(比如多光谱图像)分别赋予不同的色彩并将它们合成为彩色图像。而所谓真彩色图像处理就是直接对彩色成像设备获取的彩色图像进行处理。

接下来，本章将围绕彩色基础知识和常用的彩色模型、伪彩色和假彩色图像增强方法、基本的真彩色图像增强方法等几方面内容进行介绍。

6.1 彩 色 基 础

彩色感知是人通过视觉感知和生产生活经验所产生的一种对光的视觉反应。对彩色信息的视觉感知能力是人类视觉系统的固有能力。

6.1.1 彩色视觉基础

早在 17 世纪，英国著名物理学家牛顿利用三棱镜研究太阳光的折射现象时就发现白光可以被分解为一系列从紫到红的连续光谱，从而证明白光由不同颜色的光线混合组成。而这些颜色的光线是不能被进一步分解的。这些不同颜色的光线实际上是不同频率的电磁波。电磁波的范围很广，但其中只有波长在 380~780nm 范围内的电磁波被称为可见光。人的视觉系统不仅可以感受到这一范围内电磁波的刺激，而且可以把这种刺激感知为不同的颜色。

彩色与颜色严格来说并不等同。在自然界中，颜色主要由非彩色和彩色两大类组成。其中非彩色是指黑色、白色和介于这两种颜色之间的灰色。彩色是指除了非彩色以外的各种颜色。由于现实生活中遇到的大部分颜色都是彩色，因此通常所说的颜色即指彩色。

人类视觉的彩色感知有其对应的物理和生理学基础。在第 2 章中曾经介绍了人眼视网膜上的感光细胞包括杆状细胞和锥状细胞两类。但实际上锥状细胞又包含三个类别，可以分别感受红、绿、蓝三色光。每一类锥状细胞对入射光波谱的响应是不同的，并且它们的光谱响应范围有很大一部分是相互重叠的，即某一波长的光可同时刺激两到三类锥状细胞。换句话说，人的彩色视觉感知实际上是不同类型锥状细胞综合反应的结果。因此，人所看到的光线充足的外部世界才是彩色的。而杆状细胞仅在外界光辐射非常低的情况下起作用。因为只有一类细胞，所以人眼在很暗的环境中仅能感知光亮而感知不到彩色。

人的彩色视觉的产生是一个复杂的过程。除了光源对眼睛的刺激，还需要人脑对刺激的解释。首先，彩色视觉的产生需要发光光源。光源的光通过反射或透射方式进入人眼，由视网膜上的感光细胞接收并转换成神经电信号经由视神经纤维传递给人脑。其次，人脑对这些信号加以解释从而产生彩色感知。人感受到的物体颜色主要取决于该物体反射的光的波长。如果物体比较均匀地反射各种光，则人感知到的物体颜色是白色的。而如果物体对某些波长的光反射得比较多，则人感受到的物体颜色就呈现与反射光相对应的色彩。此外，人眼对彩色的感觉还会受到周围色彩的影响。这一点与第 2 章介绍的人眼视觉特性中的亮度对比效应是类似的。有兴趣的读者可以参阅相关参考资料。

6.1.2 彩色描述

在对彩色进行描述时，人们常用亮度、色调、饱和度作为三个基本属性来表示不同的彩色。彩色的三个属性是彩色所固有的，但又是截然不同的。

1. 亮度

亮度是表示彩色明亮程度的一个指标。对观察者而言，彩色中掺入的白色越多亮度就越大，而掺入的黑色越多亮度就越小。

2. 色调

色调是彩色之间可以相互区别的，表示彩色属性的物理量。在可见光波谱中，不同波长光的辐射表现为视觉上的不同色彩。

3. 饱和度

饱和度是彩色中一定色调表现的强弱程度，或彩色与同亮度无彩色(灰度)的差别程度。纯光谱色是完全饱和的。随着白光的加入色彩的饱和度会逐渐减小。当过渡到无彩色(灰度)时，色彩的饱和度变为零。

6.1.3 三基色

与人眼视网膜上三种感受不同彩色的锥状细胞相对应的三种彩色被称为三基色，也被称为三原色。三基色是构成彩色的基本单元。大多数彩色都可以通过三基色按照不同的比例混合产生。这就是三基色原理。三基色原理是色度学最基本的原理。三基色原理包括下列各点。

(1) 自然界中的绝大部分彩色，都可以由三种基色按一定比例混合得到；反之，任意一种彩色均可被分解为三种基色。

(2) 作为基色的三种彩色，是相互独立的，即其中任何一种基色都不能由另外两种基色混合产生。

(3) 由三基色混合得到的彩色其亮度等于参与混合的各基色亮度之和。

(4) 三基色的比例决定了混合色的色调和饱和度。

为标准化起见，国际照明委员会(Commission Internationale de l'Eclairage，CIE)于1931年规定了三基色光的波长：红=700nm，绿=546.1nm，蓝=435.8nm。事实上，由于光谱是连续变化的，所以并不是仅有这三种波长的光能产生红色、绿色、蓝色的视觉感受。因此，CIE标准的三基色并不表明仅三个固定的红、绿、蓝基色就能产生所有的色彩。

1. 相加混色

一般把红、绿、蓝三基色按照不同的比例相加合成彩色的方式称为相加混色。比如：

红+绿+蓝=白

绿+蓝=青

红+蓝=品红

红+绿=黄

以上四式中，青、品红、黄均由两种基色混合而成，所以它们又被称为相加二次色。此外，

红+青=白

绿+品红=白

蓝+黄=白

以上三式说明红、绿、蓝三色分别与青、品红、黄混合后可以得到白色。因此，青、品红和黄被称为红、绿、蓝三色的补色。图6-1显示了相加混色中红、绿、蓝三基色与青、品红、黄三种补色的关系。

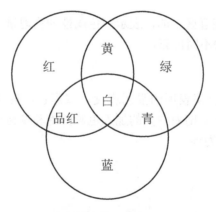

图6-1 相加混色的三基色及补色关系

2. 相减混色

除了相加混色方式以外，还有相减混色方式。与相加混色方式相对应，利用颜料的吸色特性可以实现相减混色。青、品红、黄被称为颜料三基色。颜料三基色在绘画、印刷中应用广泛。由于颜料可以吸收白光中特定的光谱成分，并通过反射未被吸收的光谱进入人眼，使人形成相应的彩色感知。而颜料中三基色混合的比例不同，对光谱的吸收程度也就不一样，因而可以得到不同的彩色。对于颜料的混合可以表示如下。

颜料(品红+黄)=白-绿-蓝=红

颜料(青+黄)=白-红-蓝=绿

颜料(青+品红)=白-红-绿=蓝

颜料(青+品红+黄)=白-红-绿-蓝=黑

相减混色是以吸收不同比例的红、绿、蓝三色光而形成不同的颜色的。在颜料三基色中，红、绿、蓝三色被称为相减二次色或颜料二次色。类似于图 6-1 中相加混色的关系，相减混色中青、品红、黄三基色和红、绿、蓝三种补色的关系如图 6-2 所示。

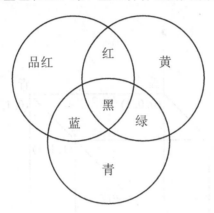

图 6-2　相减混色的三基色及补色的关系

6.2　常用彩色模型

彩色模型又被称为表色系。由于彩色的应用和研究是一个包含很多应用场合的领域，因此建立彩色模型的目的就是要有效地表达彩色信息以满足不同的应用需求，如彩色图像处理，各类显示应用以及人的感知需求等。在彩色图像处理与应用的过程中，根据不同的处理目标需要使用不同的彩色模型。目前广泛应用的彩色模型可以分为面向硬件设备的彩色模型、均匀彩色模型和面向应用的彩色模型三类。

6.2.1　面向硬件设备的彩色模型

面向硬件设备的彩色模型非常适合在图像采集或输出显示设备中使用。

1. RGB 彩色模型

RGB 彩色模型是目前最常用的一种彩色信息表示模型。它建立在加性混合三基色红(Red)、绿(Green)、蓝(Blue)的基础上。RGB 彩色模型可以看作三维直角坐标颜色系统中的一个立方体，如图 6-3 所示。图 6-3 中，红、绿、蓝位于立方体三个顶点上；青、品红和黄位于另外三个顶点上；黑色在立方体的原点处；白色位于离原点最远的顶点上。黑色和白色之间的连线表示灰度。

在 RGB 彩色模型下，彩色图像由红、绿、蓝三个图像分量组成。在图像显示时，则由这三个分量合成一幅彩色图像。在 RGB 彩色模型下，用于表示每一像素的比特数被称为像素深度。对于 RGB 图像，其每个分量图像可以都是一幅 8 比特图像(量化为 0 到 255 这 256 个等级)。在这种情况下，每个 RGB 彩色像素具有 24 比特的像素深度。所以，RGB 彩色模型一般可表示 2^{24}=16777216 种颜色。而通常所说的真彩色图像即指这种 24 比特像素深度的 RGB 彩色图像。

在 RGB 彩色模型中，不同的颜色由处于立方体上或位于其内部的点来表示。为了方便起见，假定所有的颜色值都进行了归一化，即所有的 R、G、B 值都在[0, 1]范围内取值，则图 6-3 所示的 RGB 彩色模型就可以用单位立方体表示。

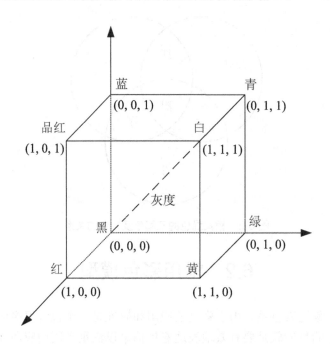

图 6-3 RGB 彩色模型示意图

2. CMY(K)彩色模型

CMY 彩色模型是基于相减混色原理的彩色模型，通常应用于彩色出版及印染行业。CMY 分别表示青(Cyan)、品红(Magenta)和黄(Yellow)。因为青、品红和黄分别是红、绿、蓝的补色，所以 CMY 彩色模型可以由 RGB 彩色模型简单转换得到。

$$\begin{bmatrix} C \\ M \\ Y \end{bmatrix} = \begin{bmatrix} 1 \\ 1 \\ 1 \end{bmatrix} - \begin{bmatrix} R \\ G \\ B \end{bmatrix} \tag{6.2.1}$$

这里，假定所有颜色值都已被归一化到[0,1]范围内。

此外，在彩色印染中，由于彩色油墨及着色剂的化学特性、色光反射和纸张等载体对颜料的吸附程度等因素，用等量的 CMY 三色通常难以得到真正的黑色，而印刷中黑色颜料的使用量是巨大的，因此，在 CMY 彩色模型中一般还需要加入黑色(K)。从 CMY 彩色模型向 CMYK 彩色模型转换的公式为

$$K = \min(C, M, Y) \tag{6.2.2}$$

$$C = C - K \tag{6.2.3}$$
$$M = M - K \tag{6.2.4}$$
$$Y = Y - K \tag{6.2.5}$$

3. YUV 彩色模型和 YCbCr 彩色模型

　　YUV 彩色模型主要用于彩色视频信号表示。这里，Y 表示亮度分量；而 U 和 V 则表示色度分量，它们的作用是描述图像的色调及饱和度。采用 YUV 彩色模型的主要原因是亮度分量 Y 和色度分量 U、V 可以是分离的。如果只有 Y 分量而没有 U、V 分量，那么这样的图像就是灰度图像。

　　使用 YUV 彩色模型的主要目的是为了优化彩色视频信号的传输并解决彩色电视与黑白电视的兼容问题，从而使彩色电视机与黑白电视机可以接收同一路视频信号。RGB 彩色模型向 YUV 彩色模型转换的公式为

$$Y = 0.229R + 0.587G + 0.114B \tag{6.2.6}$$
$$U = 0.492(B - Y) \tag{6.2.7}$$
$$V = 0.877(R - Y) \tag{6.2.8}$$

YUV 彩色模型向 RGB 彩色模型转换的公式为

$$R = Y + 1.14V \tag{6.2.9}$$
$$G = Y - 0.395U - 0.581V \tag{6.2.10}$$
$$B = Y + 2.033U \tag{6.2.11}$$

　　YCbCr 彩色模型主要用于彩色图像压缩。这里，Y 表示亮度分量；Cb 表示蓝色色度分量；Cr 表示红色色度分量。由于人眼对图像的亮度变化更敏感，因此可以通过对色度分量进行降采样来达到图像数据压缩的目的。采用 YCbCr 彩色模型对彩色图像进行压缩时主要有 4：2：0、4：2：2 和 4：1：1 这几种形式。其中 4：1：1 比较常用。4：1：1 表示彩色图像中每个像素保存一个字节的 Y 分量值。而每 2×2 个像素保存一个字节的 Cr 和 Cb 分量值。这样，原来用 RGB 模型，每个像素需要 8×3=24bits，而利用 YCbCr 4：1：1 模式仅需要 8+(8/4)+(8/4)=12bits，数据量比 RGB 图像减少一半，并且图像在人眼中的感受并没有太大的变化。RGB 彩色模型向 YCbCr 彩色模型转换的公式为

$$Y = 0.257R + 0.504G + 0.098B + 16 \tag{6.2.12}$$
$$\mathrm{Cb} = -0.148B - 0.291G + 0.439B + 128 \tag{6.2.13}$$
$$\mathrm{Cr} = 0.439R - 0.368G - 0.071B + 128 \tag{6.2.14}$$

YCbCr 彩色模型向 RGB 彩色模型转换的公式为

$$R = 1.164(Y - 16) + 1.596(\mathrm{Cr} - 128) \tag{6.2.15}$$
$$G = 1.164(Y - 16) - 0.392(\mathrm{Cb} - 128) - 0.813(\mathrm{Cr} - 128) \tag{6.2.16}$$
$$B = 1.164(Y - 16) + 2.017(\mathrm{Cb} - 128) \tag{6.2.17}$$

6.2.2　均匀彩色模型

　　从视觉感知的角度而言，两种颜色的差异应该与这两种颜色在表示它们的彩色模型中的距离成比例。也就是说，如果在一个彩色模型中，同样大小的可识别的彩色色调和饱和度的变化程度应该与该彩色空间中表示这两种彩色的坐标之间的欧氏距离相对应。具备这

种特性的彩色模型就被称为均匀彩色模型。而 RGB 彩色模型虽然广泛应用于硬件显示系统，但是在对彩色进行鉴别、分类和处理时，RGB 彩色模型并不完全适用。这是因为 RGB 彩色模型中 R、G、B 是三个高度相关的分量，三个分量都会随着亮度的变化而变化。而且 RGB 彩色模型是一个不均匀的彩色模型，它对彩色的描述与人对彩色的感知并不能完全匹配。为了更好地对彩色信息进行鉴别、分类和处理，可以通过数学转换，将彩色图像由不均匀彩色模型转换到均匀彩色模型中去处理。

国际照明委员会 CIE 确定的 Lab 彩色模型就是一种均匀彩色模型。Lab 彩色模型以一个亮度分量 L 和两个颜色分量 a 与 b 来表示颜色。其中，a 分量表示由绿色演变到红色；b 分量则表示由蓝色演变到黄色。

Lab 彩色模型是目前各类彩色模型中涵盖彩色范围最广的彩色模型。它覆盖了整个可见光色谱。这个彩色模型的特色是对彩色的描述完全采用数学方式，与系统及设备无关。因此，Lab 彩色模型可以无偏差地在系统与平台间进行转换。因此，Lab 彩色模型在图像操作(色调和对比度编辑)和图像压缩方面很有用。不过，Lab 彩色模型没有提供直接显示的格式，需要转换到其他彩色模型中才可以显示。

6.2.3　面向应用的彩色模型

现实中，人对彩色的描述方式与 RGB 等面向硬件设备的彩色模型对彩色的表示方式是完全不同的。例如，人可以把不同的绿色描述为青绿、碧绿、深绿、墨绿等。而 RGB 等彩色模型并不能有效适应人对彩色这种描述方式。同时，人在利用 RGB 等面向硬件设备的彩色模型对彩色进行调整和处理时，难以直观地获得准确的参数。因此，就彩色图像处理而言，建立基于人的彩色感知模式的彩色模型是必要的。本节介绍 HSI 彩色模型和 HSV 彩色模型就属于这一类别。

1．HSI 彩色模型

HSI 是一个基于人的视觉原理的彩色模型。这一彩色模型是非线性的。它既反映了视觉系统感知彩色的方式，又独立于显示设备。

HSI 彩色模型定义了 3 种互不相关、容易预测的颜色属性。其中，H 表示色调；S 表示饱和度；I 表示光的强度或亮度。色调 H 和饱和度 S 包含了彩色信息，而强度 I 则与彩色信息无关。一般把色调和饱和度合称色度。因此，在 HSI 彩色模型中，彩色可以用色度和亮度来表示。图 6-4 是 HSI 彩色模型示意图。其中，HSI 彩色圆柱体的轴线表示亮度。轴线底端表示黑，顶端表示白。圆柱体的横截面表示色调。横截面上不同的角度表示不同的色调。通常假定 0°为红色，120°为绿色，240°为蓝色。饱和度由圆柱体轴线到彩色点 p 的距离表示。在横截面的圆周上饱和度最高，其值为 1。而圆心处饱和度为 0，呈现中性 (灰色)。

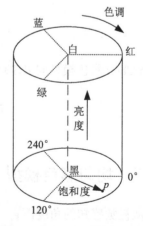

图6-4　HSI 彩色模型示意图

HSI 彩色模型具备两个独特的优点。一是在 HSI 彩色模型中，彩色图像的亮度信息与色度信息是分离的。这样，在处理彩色图像时，可以仅对图像亮度信息进行处理，而不改变原图像中彩色的种类。二是色调和饱和度的概念相互独立并与人对彩色的感知紧密相连。因此，HSI 彩色模型被广泛应用于以人的视觉感知为基础的彩色图像编辑处理系统中。

RGB 彩色模型与 HSI 彩色模型可以方便地进行转换。假定 R、G、B 分量都进行了归一化，则根据下列公式可以计算 H、S 和 I 分量的值

$$H = \begin{cases} \theta & B \leqslant G \\ 360 - \theta & B > G \end{cases} \tag{6.2.18}$$

$$\theta = \arccos \left\{ \frac{\frac{1}{2}[(R-G)+(R-B)]}{\left[(R-G)^2 + (R-B)(G-B)\right]^{1/2}} \right\} \tag{6.2.19}$$

$$S = 1 - \frac{3}{R+G+B}\big[\min(R,G,B)\big] \tag{6.2.20}$$

$$I = \frac{1}{3}(R+G+B) \tag{6.2.21}$$

由 HSI 彩色模型转换到 RGB 彩色模型的公式稍微复杂一点，需要根据色调 H 的值来确定对应的转换公式。假定 H、S、I 分量的值均在 [0, 1] 之间，则

当 $0° \leqslant H < 120°$ 时，有

$$R = I\left[1 + \frac{S\cos(H)}{\cos(60° - H)}\right] \tag{6.2.22}$$

$$B = I(1-S) \tag{6.2.23}$$

$$G = 3I - R - B \tag{6.2.24}$$

当 $120° \leqslant H < 240°$ 时，有

$$G = I\left[1 + \frac{S\cos(H - 120°)}{\cos(180° - H)}\right] \tag{6.2.25}$$

$$R = I(1-S) \tag{6.2.26}$$

$$B = 3I - R - G \tag{6.2.27}$$

当 $240° \leqslant H < 360°$ 时，有

$$B = I\left[1 + \frac{S\cos(H - 240°)}{\cos(300° - H)}\right] \tag{6.2.28}$$

$$G = I(1-S) \tag{6.2.29}$$

$$R = 3I - G - B \tag{6.2.30}$$

需要说明的是，RGB 彩色模型与 HSI 彩色模型的转换公式实际上有多种形式，上面介绍的只是其中一种。一般而言，这些转换公式的基本原理是类似的，即只要该方法能保证转换后的色调 H 是一个角度，饱和度 S 与亮度 I 相互独立，并且这种转换是可逆的，那么这种转换方法就是可行的。

2. HSV 彩色模型

HSV 彩色模型是针对用户视觉感受的一种彩色模型。与 HSI 彩色模型相比，HSV 彩

色模型更接近人类对彩色的感知。与 HSI 彩色模型类似，HSV 也含有三个属性。其中，H 表示色调；S 表示饱和度；V 表示光的明度。HSV 彩色模型可以用一个六面锥体表示，如图 6-5 所示。

　　HSV 的三维表示模型可以从 RGB 立方体演化而来。设想从 RGB 彩色模型立方体的白色顶点沿对角线向黑色顶点进行投影，就可以得到一个六面锥体。锥体的上表面对应于 $V=1$。它包含 RGB 模型中的 $R=1$，$G=1$，$B=1$ 的三个面，所代表的颜色较亮。色调 H 由绕 V 轴的旋转角表示。其中，红色对应 0°，绿色对应 120°，蓝色对应 240°。在 HSV 彩色模型中，每一种颜色和它的补色差 180°。饱和度 S 取值从 0 到 1。在锥体的顶点(即原点)处，$V=0$，H 和 S 无

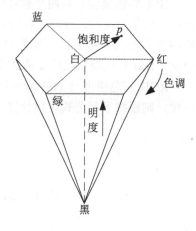

图 6-5　HSV 彩色模型示意图

定义，代表黑色。在锥体的上表面中心处 $S=0$，$V=1$，H 无定义，代表白色。从该点到锥体的顶点代表彩色的明亮程度。对于这些点，$S=0$，H 的值无定义。

　　HSV 模型对应于画家配色的方法。画家通常用改变色浓和色深的方法从某种纯色中获得具有不同色调的颜色。比如，在一种纯色中加入白色可以改变色浓，加入黑色可以改变色深，同时加入不同比例的白色及黑色即可获得各种不同的色调。

　　将 R、G、B 分量归一化，然后根据下列公式可以计算 H、S 和 V 分量的值

$$H = \begin{cases} \arccos\left[\dfrac{2R-G-B}{2\sqrt{(R-G)^2+(R-B)(G-B)}}\right] & B \leqslant G \\[4mm] 2\pi - \arccos\left[\dfrac{2R-G-B}{2\sqrt{(R-G)^2+(R-B)(G-B)}}\right] & B > G \end{cases} \tag{6.2.31}$$

$$S = \frac{\max(R,G,B) - \min(R,G,B)}{\max(R+G+B)} \tag{6.2.32}$$

$$V = \max(R,G,B) \tag{6.2.33}$$

6.3　伪彩色图像增强

　　所谓伪彩色，就是虚假的颜色，即不是物体本身的颜色，而是人为加上去的颜色。伪彩色图像增强是依据线性或非线性的映射准则将灰度图像或单色图像转化为彩色图像。由于人眼对灰度变化的识别区分能力较差，一般能够区分的灰度级只有 20 多个。而人眼对于彩色信息的识别能力远远超过了对灰度信息的感知。人眼可以识别的颜色有几千种。那么，如果按某种映射方式把灰度图像映射为彩色图像，就可以有效改善灰度图像的视觉效果，使图像的细节更加突出，目标更易于辨识，从而实现良好的图像增强效果。这就是伪彩色增强方法的基本原理。按照转换彩色原理的不同，伪彩色增强方法可以分为密度分割法、灰度级-彩色变换法和频域滤波法三种。

6.3.1　密度分割法

密度分割法是伪彩色图像增强方法中最简单、最基本的方法。该算法的基本原理是将灰度图像的灰度级看作密度函数，把密度函数分割成几个相互独立的区间，并给每个区间分配一种彩色。密度分割法的实现原理如下所述。

设一幅灰度图像 $f(x, y)$，其灰度范围为$[0, L]$，用 k 个灰度级将该灰度范围分为 $k+1$ 段：l_0，l_1，$\cdots$，l_k，并且将每一个灰度段映射为一种彩色，映射关系为

$$g(x, y) = C_i \tag{6.3.1}$$

这里 $g(x, y)$为输出的伪彩色图像；C_i 为灰度在 l_i 范围内对应的色彩。需要说明的是，这里的灰度分段可以是均匀的，也可以是不均匀的，是可以根据图像的灰度范围以及实际需求来设定每个灰度段的长度，以达到显示图像细节的目的。经过这种映射处理后，原始灰度图像就成了彩色图像。密度分割法原理如图 6-6 所示。

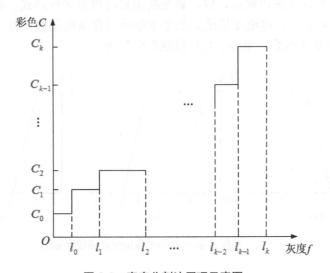

图 6-6　密度分割法原理示意图

密度分割法简单易行，仅用硬件就可以实现。但密度分割法只是简单地把分割后的各灰度区域与不同的彩色进行映射，所以得到的伪彩色图像的色彩会受分割层数的限制。因此，密度分割法需要根据灰度图像的实际情况，及时调整映射关系，以适合观察者的识别需要。

6.3.2　灰度级-彩色变换法

灰度级-彩色变换法可以将灰度图像变换为具有一系列渐变颜色的彩色图像。该方法的基本原理是对灰度图像中每个像素的灰度利用具有不同特性的红、绿、蓝变换函数进行变换，然后将变换结果映射为彩色图像的 R、G、B 分量值，从而得到一幅彩色图像。图 6-7 给出了灰度级-彩色变换法的示意图。

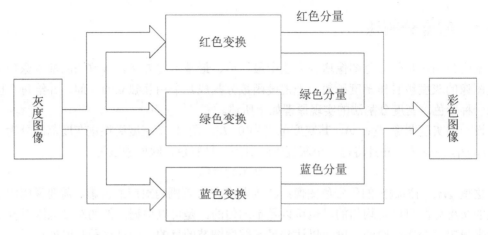

图 6-7　灰度级-彩色变换法原理示意图

灰度级-彩色变换法采用的红、绿、蓝变换函数可以有多种形式。其中，一组典型的变换函数如图 6-8 所示。这组变换函数的基本原理是将灰度图像中低亮度区域映射为蓝色，中亮度区域映射为绿色，而高亮度区域映射为红色。

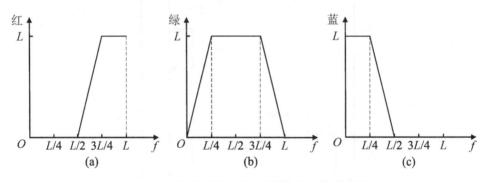

图 6-8　灰度级-彩色变换法典型变换函数示意图

6.3.3　频域滤波法

伪彩色图像增强也可以在频域进行。与前面两种方法不同，在频域滤波伪彩色增强处理过程中，伪彩色图像的彩色值取决于灰度图像的空间频率，也就是说将原始灰度图像中感兴趣的空间频率成分以某种特定的彩色加以表示。

频域滤波伪彩色增强的基本原理是对原始灰度图像进行傅里叶变换，并利用低通、带通(或带阻)和高通三种不同的滤波器进行滤波，将灰度图像的傅里叶频谱分成不同范围的频率分量，然后对每个范围内的频率分量进行傅里叶反变换，再对变换结果做进一步处理(如直方图均衡化)，最后将三部分处理结果分别作为彩色图像的 R、G、B 分量值输出，从而得到频域滤波后的伪彩色图像。图 6-9 为频域滤波法的原理图。

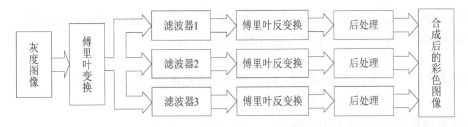

图 6-9　频域滤波法原理示意图

6.4　假彩色图像增强

所谓假彩色图像是指通过一定变换得到的彩色图像与原图像不同，其色彩信息不能再反映原图像的真实色彩。与伪彩色图像增强不同，假彩色处理的对象是三基色描绘的彩色图像或者是多光谱图像。假彩色图像增强的目的通常是将一种彩色变换成另一种彩色，或者是将几个波段(通道)的多光谱图像分别以不同的颜色来表示并将它们合成为彩色图像。

6.4.1　基本原理

假彩色通常应用于遥感领域或特定的彩色图像处理场合。其主要作用包括下述各点。

(1) 把色彩正常的目标转换到特定的彩色环境中，使目标更加突出。例如，将蓝色的天空变成绿色的，将草地设置成蓝色的等。这样做是为了使目标物可以更好地引起观察者的注意。

(2) 对于一些细节特征不明显的彩色图像，可以利用假彩色增强为这些细节赋予与人眼彩色感知灵敏度匹配的色彩，以达到有效辨别图像细节的目的。

(3) 在遥感技术中，利用假彩色方法可以将多光谱图像合成彩色图像，从而使图像看起来更加逼真、自然。也可以通过与其他波段图像的综合来获得更多的信息，并有利于对图像进行后续的分析与判读。

假彩色增强可以看作是一个从原图像色彩到新图像色彩之间的映射变换。对于自然图像的假彩色增强一般采用三对三的映射方式，如式(6.4.1)所示

$$\begin{bmatrix} g_R \\ g_G \\ g_B \end{bmatrix} = \begin{bmatrix} k_{11} & k_{12} & k_{13} \\ k_{21} & k_{22} & k_{23} \\ k_{31} & k_{32} & k_{33} \end{bmatrix} \begin{bmatrix} f_R \\ f_G \\ f_B \end{bmatrix} \tag{6.4.1}$$

式中，f_R、f_G、f_B 表示原图像某像素的 R、G、B 分量。g_R、g_G、g_B 表示处理后图像中对应像素的 R、G、B 分量。

对于多光谱图像，假彩色增强一般采用多对三的映射方式。

$$g_R = T_R [f_1, f_2, \cdots, f_k] \tag{6.4.2}$$

$$g_G = T_G [f_1, f_2, \cdots, f_k] \tag{6.4.3}$$

$$g_B = T_B [f_1, f_2, \cdots, f_k] \tag{6.4.4}$$

式中，f_1、f_2、$\cdots$、f_k 分别表示 k 幅不同光谱波段图像中对应位置像素的值。g_R、g_G、g_B 为

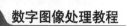
处理后图像中对应像素的 R、G、B 分量。T_R、T_G、T_B 表示线性或非线性函数变换。

下面再通过一个简单的例子对上述问题做简要说明。

【**例 6.1**】 设映射函数为 $\begin{bmatrix} 0 & 1 & 0 \\ 0 & 0 & 1 \\ 1 & 0 & 0 \end{bmatrix}$，试将原彩色图像转化为假彩色图像。

将映射函数代入式(6.4.1)中，得

$$\begin{bmatrix} g_R \\ g_G \\ g_B \end{bmatrix} = \begin{bmatrix} 0 & 1 & 0 \\ 0 & 0 & 1 \\ 1 & 0 & 0 \end{bmatrix} \begin{bmatrix} f_R \\ f_G \\ f_B \end{bmatrix} \tag{6.4.5}$$

则

$$g_R = k_{11}f_R + k_{12}f_G + k_{13}f_B = f_G \tag{6.4.6}$$

$$g_G = k_{21}f_R + k_{22}f_G + k_{23}f_B = f_B \tag{6.4.7}$$

$$g_B = k_{31}f_R + k_{32}f_G + k_{33}f_B = f_R \tag{6.4.8}$$

在这个例子中，原图像三个通道的信息经过处理后，红色变成了绿色，绿色变成了蓝色，蓝色变成了红色。这种处理方式将使图像的色彩产生很不一样的显示效果。

6.4.2 彩色补偿

在某些应用中，需要利用色彩把各种类型的目标分离出来。例如在荧光显微应用中，通常用彩色荧光染料对生物切片样本的不同组织区域着不同颜色，并且在后继处理中分别显示这些区域，同时保持它们之间正确的空间关系。由于通常的彩色成像设备具有较宽的而且相互覆盖的光谱敏感区，加上现有的荧光染料产生的光谱不够稳定，因此难以直接利用彩色图像的三个分量图将这些目标区域分离出来。这一问题被称为彩色扩散。

为了消除彩色扩散的影响，可以对着色图像进行修正，将不同目标物彼此扩散的彩色分量补偿掉，从而强化目标物在某个彩色通道中的特征。这种方法就是彩色补偿。彩色补偿可以看作是假彩色图像增强方法的一个应用实例。

彩色补偿的基本思路是：在待处理彩色图像中找到三组像素点，假定这三组点分别是原先纯红、纯绿、纯蓝的理想彩色点由于彩色扩散的原因形成的。由此，可以建立待处理彩色图像像素点与彩色补偿后图像像素点之间的映射关系。然后，利用这一映射关系对待处理彩色图像中的每个像素进行变换就可以实现彩色补偿。下面简要介绍彩色补偿的实现步骤。

设待处理彩色图像为 f，补偿后的图像为 g，则

$$g = C \cdot f + k \tag{6.4.9}$$

其中，C 表示彩色补偿矩阵。向量 k 表示亮度矩阵，用于调节彩色补偿后图像的亮度。

彩色补偿处理的基本步骤如下。

(1) 遍历图像 f，计算每个像素彩色分量的强度差。

$$z_R(i,j) = (f_R(i,j) - f_B(i,j)) + (f_R(i,j) - f_G(i,j)) \tag{6.4.10}$$

$$z_G(i,j) = (f_G(i,j) - f_B(i,j)) + (f_G(i,j) - f_R(i,j)) \tag{6.4.11}$$

$$z_B(i,j) = (f_B(i,j) - f_R(i,j)) + (f_B(i,j) - f_G(i,j)) \tag{6.4.12}$$

其中，$f_R(i,j)$、$f_G(i,j)$ 和 $f_B(i,j)$ 分别表示图像 f 中像素 $f(i,j)$ 的 R、G、B 分量值。

(2) 统计对应 R、G、B 分量强度差最大的像素的集合 $z_R^{\max}$、$z_G^{\max}$、$z_B^{\max}$，然后分别计算 $z_R^{\max}$、$z_G^{\max}$、$z_B^{\max}$ 集合中所有像素 R、G、B 分量的均值。这里，

$$z_R^{\max} = \max\{z_R\} \tag{6.4.13}$$

$$z_G^{\max} = \max\{z_G\} \tag{6.4.14}$$

$$z_B^{\max} = \max\{z_B\} \tag{6.4.15}$$

并且有

$$\begin{cases} \overline{r}_{z_i} = \{\overline{r} \mid z_i(r,g,b) \in z_i^{\max}\} \\ \overline{g}_{z_i} = \{\overline{g} \mid z_i(r,g,b) \in z_i^{\max}\} \qquad i = R, G, B \\ \overline{b}_{z_i} = \{\overline{b} \mid z_i(r,g,b) \in z_i^{\max}\} \end{cases} \tag{6.4.16}$$

这里，$\overline{r}$、$\overline{g}$、$\overline{b}$ 分别表示 $z_i^{\max}$（$i=R$, G, B）集合中像素红(r)、绿(g)、蓝(b)分量的平均值。

(3) 假定上述计算得到的三组点在没有彩色扩散的情况下应该是纯红、纯绿和纯蓝点，即为$(r^*, 0, 0)$、$(0, g^*, 0)$和$(0, 0, b^*)$。定义矩阵 $\boldsymbol{F}$ 和 $\boldsymbol{M}$。

$$\boldsymbol{F} = \begin{bmatrix} \overline{r}_{z_R} & \overline{r}_{z_G} & \overline{r}_{z_B} \\ \overline{g}_{z_R} & \overline{g}_{z_G} & \overline{g}_{z_B} \\ \overline{b}_{z_R} & \overline{b}_{z_G} & \overline{b}_{z_B} \end{bmatrix} \tag{6.4.17}$$

$$\boldsymbol{M} = \begin{bmatrix} r^* & 0 & 0 \\ 0 & g^* & 0 \\ 0 & 0 & b^* \end{bmatrix} \tag{6.4.18}$$

将 $\boldsymbol{F}$ 和 $\boldsymbol{M}$ 代入式(6.4.9)，则有

$$\boldsymbol{F} = \boldsymbol{C} \cdot \boldsymbol{M} + k \tag{6.4.19}$$

由于 k 对彩色通道的补偿不起作用，只是调节彩色补偿后的图像亮度，因此可以将 k 忽略，则有

$$\boldsymbol{C} = \boldsymbol{F} \cdot \boldsymbol{M}^{-1} \tag{6.4.20}$$

(4) 利用矩阵 $\boldsymbol{C}$ 可以对图像 f 中的每个像素进行彩色补偿处理。

$$g(i,j) = \boldsymbol{C} \cdot f(i,j) \tag{6.4.21}$$

6.5　真彩色图像增强

真彩色图像一般指每个像素位长为 24 比特的 RGB 图像。在这种图像中，每个像素的 R、G、B 分量各占一个字节，即每个基色分量的强度等级为 $2^8=256$ 种。由于通常意义上的彩色图像就是指真彩色图像，因此为了叙述方便，以下均简称为彩色图像。

相对于灰度图像，彩色图像包含了更多的信息。无论是对于人的视觉感受，还是对于图像的理解与分析，彩色图像都具有灰度图像无可比拟的优越性。对于日常的图像采集设备而言，获取到的图像绝大部分都是彩色的。同样，这些彩色图像也会受到各种退化因素

的影响。比如，很多彩色图像存在对比度低、颜色偏暗和受噪声影响等问题。因此，为了改善彩色图像的视觉效果，突出彩色图像的色彩特征，需要对这些图像进行增强处理。

6.5.1 彩色图像处理基本原理

相对于灰度图像处理，彩色图像处理是一项更加复杂的工作。其原因有下述几点。

(1) 日常应用非常广泛的 RGB 图像三个通道色彩分量信息之间具有光谱的关联性。

(2) 人眼能辨别的灰度级只有几十个，但能辨别的色彩有上千种。因此，相对于灰度信息，人类视觉系统对彩色信息变化的反应更加敏感。

(3) 大部分灰度图像处理算法难以满足多通道彩色图像处理的需要。

长期以来，彩色图像处理作为一个独立问题得到的关注较少。大多数文献把这类问题作为灰度图像处理问题的附属来考虑。但近年来，随着彩色图像采集和处理设备的迅速发展，直接针对彩色图像的处理技术和方法也得到了更多的关注和研究。

对于彩色图像处理，根据应用色彩通道信息的不同，可以分为单通道处理方法和矢量(多通道联合)处理方法两类。

单通道处理方法是较为传统的一类方法。这类方法通常有两种实现途径。一种是将 RGB 彩色图像转换到可以把亮度信息和色度信息相分离的彩色空间中，如 YCbCr、HSI 等。然后根据人眼对亮度变化更敏感的特性，对亮度信息通过较复杂的方法进行处理，而对于色度信息则不作处理或采用相对简单的方法进行处理。此类单通道处理方法基于彩色模型转换，在基本保证彩色图像处理质量的前提下降低了问题处理的复杂度。但是，不可避免地，这类方法可能会导致一些图像细节信息的丢失或改变。另一种是将彩色图像看作三幅分量图像的组合体，在处理过程中利用灰度图像处理方法对每幅分量图像单独进行处理，然后再将处理结果合成彩色图像。这类方法在处理过程中，可能会获得较好的处理结果。但是，也有可能打破彩色图像通道信息间的光谱关联性，从而在处理结果中出现色彩伪影或彩色渗色等问题。

矢量处理方法是指在对彩色图像进行处理时，综合考虑彩色图像的各通道信息，并将这些信息联合应用于图像处理。这类处理方法是将彩色图像中每个像素的三个分量直接合并为一个三维矢量，或者利用四元数表示方法等数学工具将彩色像素三个分量转换成一个多维矢量来进行处理，从而可以将彩色像素作为一个整体并尽可能考虑它们之间的相互联系。矢量处理方法可以提高彩色图像处理的质量。同时，也有利于将传统的灰度图像处理技术以尽可能小的色彩信息损失代价推广应用于彩色图像处理。矢量处理方法弥补了单通道处理方法存在的一些不足，因此成为彩色图像处理技术的发展方向。

6.5.2 彩色图像对比度增强

彩色图像是亮度和色度的融合体，亮度和色度不同，则图像的对比度会有所不同。因此，研究彩色图像对比度增强时需要同时考虑亮度和色度两个方面的影响。

1. 亮度增强法

亮度增强法的基本原理是：将彩色图像转换到可以将亮度和色度信息分离表示的彩色

空间中，仅对图像的亮度分量利用第 3 章介绍的增强方法进行处理，色度分量保持不变或根据亮度分量重新标定。亮度增强法的关键是需要将图像转换到可以将亮度和色度信息相分离的彩色模型中。比如在 HSI 彩色模型中，饱和度 S 和色调 H 均保持不变，对 I 分量进行调整。或者把图像转换到 YUV 等彩色模型中，通过调整 Y 分量来对彩色图像进行增强处理。

亮度增强法追求的目标是在彩色保真的前提下，使图像更加清晰，因而更适用于自然彩色图像的增强。亮度增强法并不改变原图像的彩色信息，但增强后的图像看起来可能会有些色感不同。这是因为尽管色调和饱和度没有变化，但由于亮度分量得到了增强，会使人对色调或饱和度的感受有所不同。

2．饱和度增强法

饱和度增强法的实现过程与亮度增强法类似。当然，也可以采用更简单的方法。例如，可以将彩色图像每个像素的饱和度分量乘以一个大于 1 的常数，使图像整体的色彩更加鲜亮。或者将每个像素的饱和度分量乘以一个小于 1 的常数，从而降低图像整体的色彩感受。

3．直方图均衡法

直方图均衡法的基本原理是对彩色图像的 R、G、B 分量分别进行直方图均衡化处理，然后将处理后的 RGB 值组合在一起，形成新的彩色图像。

直方图均衡法应用时需要注意的是，对于某些图像，直方图均衡法是有效的。但是，对另一些图像而言，由于图像的每个色彩分量分别进行均衡化打破了图像色彩分量间原有的光谱联系，所以处理结果可能出现图像色调变化出乎意料的情况，甚至得到完全没有意义的增强结果。

6.5.3　彩色图像去噪

彩色图像有三个通道，因此受到噪声影响的可能性比灰度图像更大。通常情况下噪声影响在每个彩色通道中具有相同的特征，因此在 5.3.2 节中讨论过的噪声模型同样适用于彩色图像。如果用 $f(x, y)$ 表示一幅 RGB 彩色图像或彩色图像中的一个像素，则有 $f(x,y)=\begin{bmatrix} f_R(x,y) & f_G(x,y) & f_B(x,y) \end{bmatrix}^{\mathrm{T}}$。如 6.5.1 节所述，彩色图像的去噪处理策略可以分为两种。一种是对彩色图像的每个通道分别处理。另一种是将彩色图像每个像素的三分量色彩值看作矢量，利用矢量运算方法来处理。

本节介绍两种基于矢量运算的彩色图像去噪方法：矢量均值滤波法和矢量中值滤波法。

1．矢量均值滤波法

设一幅 RGB 彩色图像为 $f(x, y)$，令 $N(x, y)$ 表示中心位于 (x, y) 的图像邻域所包含的一组坐标，m 为邻域像素数目，则对该邻域中像素 RGB 矢量的均值滤波表示为

$$\bar{f}(x, y) = \frac{1}{m} \sum_{(s,t) \in N(x,y)} f(s,t) \tag{6.5.1}$$

由式(6.5.1)可以推出

$$\overline{f}(x,y) = \frac{1}{m}\sum_{(s,t)\in N(x,y)}\left[f_R(s,t) \quad f_G(s,t) \quad f_B(s,t)\right]^{\mathrm{T}}$$

$$= \frac{1}{m}\left[\sum_{(s,t)\in N(x,y)}f_R(s,t) \quad \sum_{(s,t)\in N(x,y)}f_G(s,t) \quad \sum_{(s,t)\in N(x,y)}f_B(s,t)\right]^{\mathrm{T}} \tag{6.5.2}$$

而按照单通道处理方法，对 $N(x,y)$ 所确定的邻域中像素各通道分量的均值滤波表示为

$$\overline{f}(x,y) = \left[\frac{1}{m}\sum_{(s,t)\in N(x,y)}f_R(s,t) \quad \frac{1}{m}\sum_{(s,t)\in N(x,y)}f_G(s,t) \quad \frac{1}{m}\sum_{(s,t)\in N(x,y)}f_B(s,t)\right]^{\mathrm{T}} \tag{6.5.3}$$

从式(6.5.1)和式(6.5.3)可见，两者是等价的。实际上，上述方法对于加权均值滤波也适用。当然，需要注意的是，并不是任何处理操作都可满足上述条件，只有线性操作对于单通道处理方法和矢量处理方法才是等价的。

2. 矢量中值滤波法

与均值滤波一样，中值滤波的概念也可以扩展到彩色图像处理中去。但是，与灰度图像中应用的标量中值滤波不同，矢量并不能直接拿来比较大小，这导致了定义一组矢量的中值操作困难重重。比如，在 RGB 空间有三个像素 f_1、f_2、f_3，它们的值分别为 $f_1 = (30,36,35)^{\mathrm{T}}$，$f_2 = (33,30,28)^{\mathrm{T}}$，$f_3 = (25,27,30)^{\mathrm{T}}$。如果将中值滤波分别作用于每个矢量的分量上，得到的结果是 $f = (30,30,30)^{\mathrm{T}}$。显然，矢量 f 表示一个非彩色的灰度，它并不存在于原始输入数据中，这与中值滤波的初衷是不相符的。

上述方法存在缺陷的原因是：由于 RGB 图像三个通道之间是有关联的，如果每个通道被单独处理，就可能破坏三个通道之间的有机联系。因此，中值滤波器分别作用于彩色矢量的各个分量时，色彩失真和边缘保持特性的丢失都可能发生。为了解决这一问题，可以通过某种度量方式来定义一个矢量与另一个矢量的大小关系，从而实现对彩色矢量的排序。矢量中值滤波器就是最具代表性的矢量滤波器。它把彩色像素作为一个三维矢量来处理，并且可以把给定邻域中矢量集合的中值作为邻域中心待处理像素的输出值。

设彩色图像为 $f(x,y)$，$N(x,y)$ 为中心位于 (x,y) 的图像邻域所包含的一组坐标，m 为邻域像素数目，则矢量中值滤波算法如下。

(1)计算邻域中每个像素到邻域中其余每个像素的距离之和 M_i。

$$M_i = \sum_{\substack{(s,t)\in N(x,y)\\(m,n)\in N(x,y)}}\|f(s,t) - f(m,n)\| \quad i = 1,2,\cdots,m \tag{6.5.4}$$

(2) 比较 M_i 的大小，找出其中最小的 $M_{\min}$。

(3) 确定 $M_{\min}$ 对应的矢量作为邻域的中值矢量，并让其替代邻域中心的像素值。如果 $M_{\min}$ 不唯一，则可以取其中一个 $M_{\min}$ 对应的矢量作为滤波结果。

总体而言，矢量中值滤波方法可以有效减弱彩色渗色。其性能优于对彩色图像各通道分别使用中值滤波方法得到的结果。但是，矢量中值滤波方法并不总能使彩色渗色完全被消除。如果在图像中某个位置出现不同彩色交汇的现象，则在没有任何脉冲噪声的条件下，矢量中值滤波方法也不能有效判断此处的色彩值是否应被保留，从而导致一定量的彩色渗色现象出现。

6.6　习　　题

1. 彩色的三个属性是什么？

2. 试述加色混色模型和减色混色模型的适用范围。

3. 常用的彩色模型可以分为几类？每一类中包含哪些具有代表性的彩色模型？

4. 编写程序。分别显示一幅 RGB 彩色图像的各分量图。

5. 编写程序。试将一幅 RGB 彩色图像转换为 HSI 和 YCbCr 彩色模型，并分别显示在两个彩色模型下的各分量图。

6. 什么是伪彩色图像增强？其主要作用是什么？

7. 编写程序。利用灰度级-彩色变换法实现灰度图像的伪彩色增强处理。

8. 试述彩色补偿的基本原理及步骤。

9. 试述单通道彩色图像处理方法和矢量处理方法的不同点。

10. 编写程序。选择一幅彩色图像，将图像转换到 YUV 彩色模型中，采用亮度增强方法对 Y 分量进行处理，然后将处理结果与原图像进行比较。

11. 编写程序。向一幅彩色图像中添加方差为 0.001 的高斯白噪声，然后利用矢量均值滤波进行去噪处理并将结果显示出来。

12. 编写程序。利用矢量中值滤波对一幅添加一定量椒盐噪声的彩色图像进行去噪处理并显示滤波结果。

第7章 图 像 压 缩

数字图像具有数据量大、信息量大的特点。随着信息技术的飞速发展，图像的数量在急速增长。这给图像的传输、处理和存储带来了极大的困难。如果不采取相应的措施，巨大的图像数据量不仅会超出计算机的存储和处理能力，而且在现有通信信道的传输速率条件下，也难以满足这些信息的实时或准实时传输需求。因此，为了存储、处理和传输这些图像数据，必须想办法减少表示图像的数据量，也就是需要对数字图像进行压缩。

图像之所以能够进行压缩是因为原始图像数据是高度相关的，存在很大的数据冗余。图像压缩的目的就是在保证一定图像质量的同时，尽可能去除图像中的冗余信息，尽量减少表示数字图像所需的数据量，从而节省图像存储空间，减少图像传输所需的信道带宽并缩短图像处理的时间。

图像压缩系统主要包括图像压缩和解压缩两部分。前者是对图像信息进行压缩和编码，通常在图像存储、处理和传输前进行。后者是对压缩图像进行解压缩和解码以还原原图像或其近似图像。因此，图像压缩和解压缩也常被称为图像编码和图像解码。

图像压缩涉及的内容很多。通常，针对不同的应用目的会使用不同的压缩方法。本章将介绍图像压缩的基本原理、常见的图像压缩方法以及图像压缩的国际标准。

7.1 图像压缩原理

图像压缩就是通过设法减少表达图像信息所需数据的比特数，从而实现这一操作。从统计意义上来说，图像压缩就是将图像数据转化为尽可能不相关的数据集合。虽然图像压缩本身对用户而言是无形的，但实际上每天被压缩和解压缩的图像数量是惊人的。

7.1.1 图像压缩的可能性

对数字图像进行压缩通常基于两个基本原理：一是数字图像的相关性。在静态图像的局部邻域内或视频图像相邻帧的对应像素之间往往存在很强的相关性，去除或减少这些相关性，也就是去除或减少图像信息中的冗余度即可对数字图像进行压缩。二是人的视觉心理特征。根据人眼视觉特性，人眼的分辨率非常有限，对于灰度和色彩的细微变化不敏感。而且在通常的视觉感知过程中，有些信息相对于其他一些信息并不那么重要。利用这些特征可以适当降低图像中某些信息的表示精度，而不会显著降低图像的质量。因此，可以借助人眼视觉感知的相关特性，达到图像压缩的目的。

7.1.2 图像冗余

在数字图像中，数据冗余主要有三种类型：编码冗余、像素间冗余和心理视觉冗余。

当减少或消除这三种冗余中的一种或多种时，就可以实现图像压缩。

1. 编码冗余

编码冗余是指对一个图像进行编码时，使用了多于实际需要的编码符号所产生的冗余信息。举个简单的例子。比如图 7-1 所示的二值图像，该图像的像素只有两个灰度等级，因此编码时用 1 个比特表示即可。但是，如果按照普通灰度图像的编码方式，则需要用 8 个比特(1 个字节)表示该图像的像素。显然，在这种情况下，该图像会出现编码冗余。此外，由于大多数图像的直方图不是均匀的，图像中某个(或某些)灰度级通常会比其他灰度级具有更大的出现概率。如果对出现概率不同的灰度级采用等长的比特数进行编码表示，也会产生编码冗余。

图 7-1 二值图像

2. 像素间冗余

由于静态图像中相邻像素之间存在空间相关性(结构、几何关系等)，而视频序列中相邻帧之间也存在时间相关性，因此对于任意给定的像素，原理上其值都可以通过与其相邻像素的值预测得到。这种像素间的相关性，就带来了像素间的冗余。原始图像越有规则，各像素之间的相关性越强，它可能压缩的数据就越多。在实践中，可以通过某种变换来消除像素间的相关性，从而达到消除像素间冗余的目的。

3. 心理视觉冗余

由于人的视觉特性和视觉感知的特点，人在观察图像时主要关注目标物的特征而不是像素，这就表明图像中各种信息的相对重要程度是不同的。而那些不十分重要的信息就被称为心理视觉冗余。在不会影响图像感知质量的情况下，可以消除这些冗余。

心理视觉冗余与编码冗余和像素间冗余不同，它是与真实的或可定量的视觉信息相联系的。消除心理视觉冗余的过程称为量化。量化会导致图像中一定量信息的损失。

7.1.3 图像无损压缩与有损压缩

图像压缩是在满足一定图像质量的前提下，用尽可能少的编码位数来表示原始图像，以提高图像传输的效率，减少图像存储的容量。根据不同的目的和不同的应用，图像压缩有不同的分类方法。通常，按压缩前和解压后的信息保持程度，图像压缩可分成无损压缩和有损压缩两大类。

图像无损压缩(信息保持型压缩)也称为无失真或可逆编码。该方法利用数据的统计冗余进行压缩，可以保证在图像压缩过程中，图像信息没有损失。图像解压(还原)时，图像信息可以完全恢复，即解压后的图像与原始图像完全相同。常用的无损压缩算法有哈夫曼编码、算术编码、行程编码、LZW 编码、无损预测编码等。图像无损压缩主要用于要求图像无失真保存的场合。无损压缩的优点是信息无失真。但缺点是压缩比有限，其压缩比一般为 2∶1～5∶1。

图像有损压缩(信息损失型压缩)也称为有失真或不可逆编码。该方法利用人眼对图像中某些频率成分不敏感的特性，采用一些高效的有限失真数据压缩算法。有损压缩允许在压缩过程中损失人的视觉不敏感的次要信息来提高压缩比。常用的有损压缩算法有有损预测编码、变换编码等。采用有损压缩方法，解压后的图像与原始图像虽有一些误差，但并不影响人们对图像含义的正确理解。有损压缩主要用于数字电视、图像传输、多媒体等应用场合。它的优点是压缩比较高，一般为 $10:1\sim20:1$，甚至可以达到 $40:1$ 以上。

此外，根据压缩的原理也可以对压缩编码进行分类，如像素编码、预测编码、变换编码、量化与向量量化编码、信息熵编码、子带编码、模型编码等。图像压缩编码方法的基本分类如图 7-2 所示。

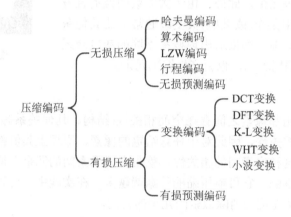

图 7-2　图像压缩编码的分类

7.1.4　图像保真度

在图像压缩编码的过程中，为减少或消除图像冗余可能会产生一定数量的信息损失，有时也可能会导致失去重要的信息。因此，必须利用一定的评价准则对图像的信息损失程度或质量进行评价，以衡量压缩编码方法或系统质量的优劣，将图像失真限制在允许的范围之内。要评价图像压缩算法的好坏，通常可从以下四个方面考虑。

(1) 压缩比越大越好，但是在无损压缩的情况下，压缩比不能无限增大。

(2) 图像解压缩恢复时失真越小，说明压缩的质量越好。

(3) 压缩算法越简单、速度越快，说明压缩算法越好。

(4) 如果压缩能采用硬件实现，可以大大加快压缩速度

图像压缩方法的评价准则一般采用保真度准则。保真度准则可分为客观保真度准则和主观保真度准则。

1. 客观保真度准则

客观保真度准则是指所损失的信息量可用编码输入原始图像与压缩解码输出还原图像的某个确定函数表示，不受观察者主观因素的影响。最常用的客观保真度准则以解压后还原图像和原始图像的差值为基础，主要有均方根误差、均方根信噪比和峰值信噪比三种形式。

1) 均方根误差

设原始图像为 $f(x, y)(x=0, 2, \cdots, N-1; y=0, 2, \cdots, M-1)$，(即图像大小为 $N\times M$ 像

素),压缩解压后还原图像为 $g(x, y)$ ($x=0$, 2, $\cdots$, $N-1$; $y=0$, 2, $\cdots$, $M-1$),则对 x 和 y 的所有值,解压后还原图像和原始图像之间的误差定义为

$$e(x, y) = g(x, y) - f(x, y) \tag{7.1.1}$$

因此,两幅图像的总体误差为

$$\sum_{x=0}^{N-1}\sum_{y=0}^{M-1} e(x, y) = \sum_{x=0}^{N-1}\sum_{y=0}^{M-1} [g(x, y) - f(x, y)] \tag{7.1.2}$$

故,两幅图像的均方根误差(RMSE)为

$$e_{\text{rms}} = \left[\frac{1}{MN}\sum_{x=0}^{N-1}\sum_{y=0}^{M-1} e^2(x, y) \right]^{1/2} = \left\{ \frac{1}{MN}\sum_{x=0}^{N-1}\sum_{y=0}^{M-1} [g(x, y) - f(x, y)]^2 \right\}^{1/2} \tag{7.1.3}$$

2) 均方根信噪比

均方根信噪比是一种关系更紧密的客观保真度准则。令 $g(x, y) = f(x, y) + e(x, y)$,即把还原图像 $g(x, y)$ 和输入原始图像 $f(x, y)$ 之间的误差看作噪声,将图像信噪比 SNR 作为保真度准则,则压缩解压后还原图像的均方根信噪比为

$$\text{SNR}_{\text{rms}} = \left[\frac{\sum_{x=0}^{N-1}\sum_{y=0}^{M-1} g^2(x, y)}{\sum_{x=0}^{N-1}\sum_{y=0}^{M-1} e^2(x, y)} \right]^{1/2} = \left\{ \frac{\sum_{x=0}^{N-1}\sum_{y=0}^{M-1} g^2(x, y)}{\sum_{x=0}^{N-1}\sum_{y=0}^{M-1} [g(x, y) - f(x, y)]^2} \right\}^{1/2} \tag{7.1.4}$$

实际使用时常将 SNR_{rms} 归一化并用分贝(dB)表示。令图像平均值为

$$f = \frac{1}{MN}\sum_{x=0}^{N-1}\sum_{y=0}^{M-1} f(x, y) \tag{7.1.5}$$

则有

$$\text{SNR} = 10\lg\left\{ \frac{\sum_{x=0}^{N-1}\sum_{y=0}^{M-1} [f(x, y) - f]^2}{\sum_{x=0}^{N-1}\sum_{y=0}^{M-1} [g(x, y) - f(x, y)]^2} \right\} \tag{7.1.6}$$

3) 峰值信噪比

峰值信噪比(PSNR)是最普遍、最广泛使用的评鉴图像质量的客观保真度准则。如果令 $f_{\max} = \max[f(x, y)]$ ($x=0$, 2, $\cdots$, $N-1$; $y=0$, 2, $\cdots$, $M-1$),则峰值信噪比为

$$\text{PSNR} = 10\lg\left\{ \frac{f_{\max}^2}{\sum_{x=0}^{N-1}\sum_{y=0}^{M-1} [g(x, y) - f(x, y)]^2} \right\} \tag{7.1.7}$$

对于常见的 256 级灰度图像,$f_{\max}=255$。

客观保真度准则提供了一种简单、方便的评估图像信息损失的方法。但是,这些准则只能反映统计平均意义下的度量,对于图像的细节变化并不能很好地反映。实际上,对于具有相同客观保真度的图像,人的视觉系统可能会产生完全不同的视觉效果。

2. 主观保真度准则

解压输出的还原图像绝大多数是供人观看的,所以在这种情况下用主观保真度准则来测量图像的质量更为合适。因此,图像质量的好坏与否,既与图像本身的客观质量有关,

也与人的视觉系统特性有关。

主观保真度准则通过给一组观察者(不少于 20 人)提供原始图像和典型的解压还原图像，由每个观察者对还原图像的质量给出一个主观评价，并将他们的评价结果进行综合平均，从而得出一个统计平均意义上的评价结果，用以衡量图像的主观质量。

评价可对照某种绝对尺度进行。表 7-1 给出一种对图像质量进行评价的标准，可以根据图像的绝对质量进行打分。

表 7-1　图像质量评价标准

评　分	评价等级	说　明
1	极好	具有极高品质的图像，和希望的一样好
2	好	高品质的图像，感觉良好，观看舒服，有干扰但不影响观看
3	过得去	具有可接受的品质，有干扰但不太影响观看
4	勉强可以	品质不良的图像；希望得到改进，干扰有些妨碍观看
5	差	非常不好的图像，几乎无法观看，有明显妨碍观看的干扰
6	不可用	差到无法观看的图像，不能使用

当然，也可以通过将原始图像和还原图像逐个进行对照的方法来得到相应的图像质量评价分数。例如可用(-3,-2,-1,0,1,2,3)来代表主观评价(很差，较差，稍差，相同，稍好，较好，很好)。

7.1.5　性能指标

对于某种图像压缩方法性能的评价，经常需要借助一些客观评价指标，包括平均编码长度、冗余度和编码效率等。此外，图像压缩实际上是要减少表示一幅图像的数据量。但表示一幅图像中的信息实际上需要的比特数是多少呢？也就是说，是否存在一个不损失信息而可以充分地描述一幅图像的最小数据量呢？信息论提供了回答这个问题的理论基础。因此，还需要了解一直相关的基本概念。

1. 信息量

使用文字、声音和图像都是为了传递信息。一个信息如果能传递给我们许多原先未知的内容，我们就认为这个信息很有意义，其包含的信息量就很大；反之，则信息量就很小。对于一个随机事件 x，如果它出现的概率是 $p(x)$，则该事件包含的信息量可定义为

$$I(x) = \log_2 \frac{1}{p(x)} = -\log_2 p(x) \tag{7.1.8}$$

由式(7.1.8)可知，若 $p(x)=1$(即该事件总发生)，则 $I(x)=0$。

信息量具有非负性。信息量的单位：底为 2 时，单位为比特(bit)；底为 e 时，单位为奈特(Nat)；底为 10 时，单位为哈特。

2. 信息熵

一个基本的信息系统如图 7-3 所示。其中，信息的来源称为信源。信源发出的信息通

过信道传递给接收方，也就是信宿。

图 7-3　基本的信息系统模型

设信源 x 由 n 个符号组成信源集 $x = \{x_1, x_2, ..., x_n\}$，对应各符号出现的概率 $p(x)$ 为 $p(x) = \{p(x_1), p(x_2), ..., p(x_n)\}$，且 x_i 与 x_j 不相关$(i \neq j)$，则该信源的平均信息量就称为信源的信息熵，其定义为

$$H = \sum_{i=1}^{n} p(x_i)I(x_i) = -\sum_{i=1}^{n} p(x_i)\log_2 p(x_i) \tag{7.1.9}$$

上式实际上是信源中每个符号的信息量按其概率相加的结果。具体到数字图像中，x_i 相当于灰度级，$p(x_i)$ 相当于灰度级 x_i 出现的概率。而图像的信息熵则表示该图像各灰度级的平均比特数或图像所含的平均信息量。

3. 平均编码长度

对图像进行压缩编码需要建立一个码本来表示图像信息。这里，码本是指用来表示一定量信息的一系列符号(如字母、数字等)。其中对每个信息所赋的符号序列就称为码字，而每个码字里的符号个数就称为码字的长度。设用来表示图像灰度级 x_i 的码字长度为 β_i，则该图像中表示各灰度级的码字的平均编码长度为

$$R = \sum_{i=1}^{n} \beta_i p(x_i) \tag{7.1.10}$$

其中，β_i 为对应 x_i 的第 i 个码字的长度(二进制)，$p(x_i)$ 为 x_i 出现的概率。

4. 编码效率

编码效率 η 定义为原始图像的信息熵 H 和图像平均编码长度 R 的比值，即

$$\eta = \frac{H}{R} \tag{7.1.11}$$

由此可见，压缩后每个元素的平均码长越短，则编码效率越高。

5. 冗余度

如果编码效率不是 100%，说明还有冗余信息，其冗余度为

$$\xi = (1 - \eta) \times 100\% \tag{7.1.12}$$

从公式可以看出，当编码效率 η 为 1 时，冗余度为 0，此时的编码效率最高。

6. 压缩比

评价图像压缩效果的另外一个重要指标是压缩比。它指的是原始图像的平均编码长度 b_1 同压缩编码后图像的平均编码长度 b_2 的比值，即压缩比 C 定义为

$$C = \frac{b_1}{b_2} \tag{7.1.13}$$

显然，压缩比越大，说明压缩算法性能越高，压缩效果越好。

当然，全面评价一种压缩编码方法的优劣时，除了用平均编码长度、冗余度、编码效率和压缩比这些性能指标之外，还需要考虑它的设备实现复杂程度，以及是否经济、实用等。在实际应用中，经常采用混合编码的方案，以求在性能和经济上取得折中。

7.2 基本的无损编码

高效编码的主要方法是尽可能去除信源中的冗余成分，从而以最小的数据量传递最大的信息。在目前图像编码国际标准中，基本的无损编码方法有变长编码、行程编码和 LZW 编码等。其中，变长编码是根据信源符号出现概率的分布特性而设计的压缩编码。它的基本原理是在信源符号(或消息)和码字之间建立明确的一一对应关系，以便在恢复时能准确地再现原信号，同时要使平均码长或码率尽量小。而常用的变长编码方法有哈夫曼编码和算术编码。

7.2.1 哈夫曼编码

哈夫曼(Huffman)编码又称霍夫曼编码，是一种比较经典的无损编码方法。哈夫曼编码也是一种可变字长编码。其基本原理是：对出现概率大的信源符号赋短码字，而对于出现概率小的信源符号赋长码字。哈夫曼编码已被证明是一种最优变长码。它的平均码长最短，接近熵值。

设信源 x 由 n 个符号组成 $x = \{x_1, x_2, \cdots, x_n\}$，则对信源 x 进行哈夫曼编码的基本步骤如下所述。

(1) 把信源符号 x_i 按其出现的概率，按从大到小顺序排列。

(2) 将两个最小概率的信源符号进行合并作为新符号，这两个信源符号概率的和作为新符号的概率。然后，将新符号与信源其他符号按(1)重新排列。

(3) 重复(1)(2)步骤，直到产生的新符号概率达到 1.0 为止。

(4) 对于每次合并时的两个信源符号分别赋 "0" 和 "1" (比如，可以将概率大的赋 "0"，概率小的赋 "1")。

(5) 寻找从概率为 1.0 的根节点处到每个信源符号的路径，记录下路径上的 "1" 和 "0"。

(6) 写出每个信源符号对应的编码序列。

哈夫曼编码的过程其实可分成两大步：第一步从步骤(1)到步骤(3)完成信源符号数量的缩减；第二步从步骤(4)到步骤(6)完成对信源符号的码字分配，得到信源符号的编码。下面通过一个例子来说明哈夫曼编码的过程。

【例 7-1】 对信源 $x = \left\{ \begin{matrix} x_1 & x_2 & x_3 & x_4 & x_5 & x_6 & x_7 & x_8 \\ 0.07 & 0.40 & 0.03 & 0.06 & 0.19 & 0.11 & 0.05 & 0.09 \end{matrix} \right\}$ 进行哈夫曼编码(按照概率大的赋 "0"，概率小的赋 "1" 的方式进行编码)，并求其平均编码长度和编码效率。

对信源进行哈夫曼编码过程如图 7-4 所示。

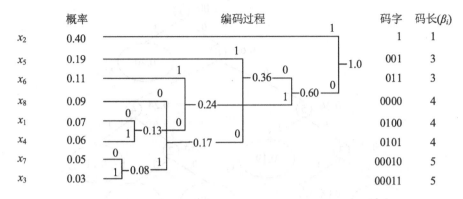

图 7-4　哈夫曼编码过程

则信源 x 的哈夫曼编码为：

x_1	0100	x_2	1	x_3	00011	x_4	0101
x_5	001	x_6	011	x_7	00010	x_8	0000

故对信源 x 进行哈夫曼编码的平均编码长度为

$$R = \sum_{i=1}^{n} \beta_i p(x_i)$$
$$= 0.07 \times 4 + 0.40 \times 1 + 0.03 \times 5 + 0.06 \times 4 + 0.19 \times 3 + 0.11 \times 3 + 0.05 \times 5 + 0.09 \times 4$$
$$= 2.58$$

而信源 x 的信息熵为

$$H = -\sum_{i=1}^{n} p(x_i) \log_2 p(x_i)$$
$$= -(0.07 \log_2 0.07 + 0.40 \log_2 0.40 + 0.03 \log_2 0.03 + 0.06 \log_2 0.06$$
$$+ 0.19 \log_2 0.19 + 0.11 \log_2 0.11 + 0.05 \log_2 0.05 + 0.09 \log_2 0.09)$$
$$= 2.53$$

则哈夫曼编码效率为

$$\eta = \frac{H}{R} = \frac{2.53}{2.58} = 98.1\%$$

　　为了更方便进行哈夫曼编码，也可以采用二叉树的方法。这种方法的基本原理是每次选出概率最小的两个值，作为二叉树的两个叶节点，并将它们的和作为其根节点，然后由新生成的根节点参与接下来的比较。直到得到和为 1 的根节点。最后，将形成的二叉树中的左节点标 0，右节点标 1。把经由根节点到最下端叶节点的 0 和 1 序列串起来，就得到了各个符号的编码。利用二叉树的方法简单明了，便于读写编码。例 7-1 中利用二叉树的方法编码的过程如图 7-5 所示。其中圆圈中的数字是新节点产生的顺序。

　　哈夫曼编码需要对原始数据扫描两遍。第一遍扫描是精确统计原始数据中每个值出现的频率。第二遍是建立霍夫曼树并进行编码。由于需要建立二叉树并经由二叉树生成编码，因此数据压缩和还原速度相对较慢。但是，哈夫曼编码方法简单有效，因而得到了广泛的应用。

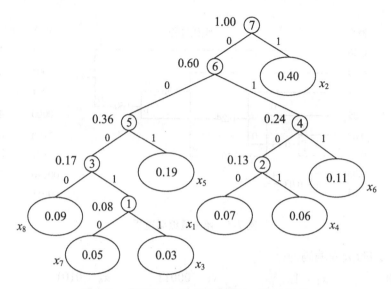

图 7-5　【例 7-1】哈夫曼编码的二叉树处理

7.2.2　算术编码

算术编码是图像无损压缩的主要算法之一。它与哈夫曼编码类似，都属于变长编码。但二者有一个显著的区别，就是哈夫曼编码方法通常是把输入的信息分割为符号，然后为每个符号分配一个整数位进行编码，而算术编码是直接把整个输入的信源符号序列编码为一个满足$(0.0 \leqslant n < 1.0)$的小数。

算术编码的基本原理是将编码的整个信源符号序列表示成介于 0 和 1 之间的一个实数区间，其长度等于该序列的概率。然后，在该区间内选择一个代表性的小数，转化为二进制作为实际的编码输出。信源符号序列中的每个符号都要缩短为一个区间，根据其出现的概率减小区间的大小。当信源中的符号数目增加时，编码表示它的区间就越小，表示这一区间所需的二进制位数就越多。

算术编码的步骤如下所述。

(1)　初始化，按信源各个符号的概率在[0, 1)区间为其划分相应大小的子区间。

(2)　对于待编码信息流中的每个符号，编码器执行两个操作：①将当前待编码符号对应的区间作为"当前区间"，并将该区间按照信源各个符号的概率分成若干个子区间，每个子区间的长度正比于符号的概率。②选择下一个符号对应的子区间，并将其作为新的"当前区间"。

(3)　将整个信息处理后，在"当前区间"中任取一个小数，将该数作为整个输入信息流的算术编码。

具体实现时，可以采用如下方法。

设信源符号中包含 k 个符号，令 rangehigh 为符号初始概率区间的上界，rangelow 为符号初始概率区间的下界，high 为"当前区间"的上界，low 为"当前区间"的下界，range 为子区间的长度，n 为编码字符所包含的符号个数。初始化时，high(0)=1，low(0)=0，range(0)=high(0)-low(0)=1.0。则一个字符编码后新的 low、high 和更新的 range 可以按下式计算：

$$\begin{cases} \text{low}(i+1) = \text{low}(i) + \text{range}(i) \times \text{rangelow} \\ \text{high}(i+1) = \text{low}(i) + \text{range}(i) \times \text{rangehigh} \qquad (i=0,1,\cdots,n-1) \quad (7.2.1) \\ \text{range}(i+1) = \text{high}(i+1) - \text{lowh}(i+1) \end{cases}$$

其中，$\text{low}(i)$ 和 $\text{range}(i)$ 为上一个待编码字符的子区间下界和区间长度。对最后一个字符进行编码时，可以不再计算其区间长度。

下面举例来说明算术编码的实现过程。

【例 7-2】信源 $x = \left\{ \begin{array}{ccccc} a & e & i & o & u \\ 0.2 & 0.3 & 0.1 & 0.2 & 0.2 \end{array} \right\}$，对字符串 eoiu 进行算术编码。

采用固定模式对信源符号进行区间分配，如表 7-2 所示。

表 7-2 信源符号区间分配表

字　　符	a	e	i	o	u
概　　率	0.2	0.3	0.1	0.2	0.2
分配区间	[0, 0.2)	[0.2, 0.5)	[0.5, 0.6)	[0.6, 0.8)	[0.8, 1.0)

首先进行初始化，令 high(0)=1，low(0)=0，range(0)=high(0)-low(0)=1.0。

(1) 在第一个字符 e 被编码时，e 的 rangelow=0.2，rangehigh=0.5，因此

low(1)=0+1×0.2=0.2；high(1)=0+1×0.5=0.5；range(1)=high(1)-low(1)=0.5-0.2=0.3。

此时分配给第一个字符 e 的区间范围为 [0.2, 0.5)，区间长度为 0.3。

(2) 第二个字符 o 编码时使用新生成范围[0.2, 0.5)，o 的 rangelow=0.6，rangehigh=0.8，因此

low(2)=0.2+0.3×0.6=0.38；high(2)=0.2+0.3×0.8=0.44；range(2)=0.44-0.38=0.06。

此时分配给 eo 的区间范围变成[0.38, 0.44)，区间长度为 0.06。

(3) 同理，对第三个字符 i 编码，i 的 rangelow=0.5，rangehigh=0.6 则：

low(3)=0.38+0.06×0.5=0.41；high(3)=0.38+0.06×0.6=0.416；range(3)=0.416-0.41=0.006。

此时分配给 eoi 的区间范围变成[0.41, 0.416)，区间长度为 0.006。

(4) 对最后一个字符 u 编码，u 的 rangelow=0.8，rangehigh=1.0，则

low(4)=0.41+0.006×0.8=0.4148；high(4)=0.41+0.006×1.0=0.416；

range(4)=0.416-0.4148=0.0012。

此时分配给字符串 eoiu 的区间范围变成[0.4148, 0.416)，区间长度为 0.0012。因为是对最后一个字符进行编码，区间长度可以不再计算。

最后，从区间[0.4148, 0.416)内选择一个代表性的小数，转化为二进制作为实际的编码输出，通常选择区间的下界作为输出。如本例选择区间下界 0.4148，其二进制编码为 0.0110101000110000，同时"0"可以忽略，则编码输出为 0110101000110000。算术编码的过程如图 7-6 所示。

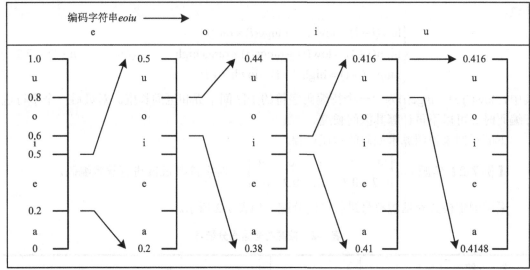

图 7-6　算术编码过程

解码器接收到编码信息后，可以依据相反的过程进行解码，并且解码得到的字符串是唯一的。

根据接收到的编码 0.4148 在 [0.2, 0.5)区间内(为了容易理解，这里使用十进制而不是二进制)，可立即判断得到字符串的第一个字符为 e。然后利用编码的可逆性，依次得到唯一解 o、i、u，最终得到字符串 eoiu。解码步骤如下所述。

(1) 由于 0.4148∈[0.2, 0.5)，故解码字符串的第一个字符为 e。

(2) e 的 rangelow=0.2，rangehigh=0.5，range=0.3，则(0.4148−0.2)/0.3=0.716。由于 0.716∈[0.6, 0.8)，所以解码字符串的第二个字符为 o。

(3) 同理，o 的 rangelow=0.6，rangehigh=0.8，range=0.2，则(0.716−0.6)/0.2=0.58。由于 0.58∈[0.5, 0.6)，所以解码字符串的第三个字符为 i。

(4) i 的 rangelow=0.5，rangehigh=0.6，range=0.1，则(0.58−0.5)/0.1=0.8。由于 0.8∈[0.8, 1.0)，所以解码字符串的第四个字符为 u。

(5) u 的 rangelow=0.8，rangehigh=1.0，range=0.2，则(0.8−0.8)/0.2=0，解码结束。

相对于哈夫曼编码，算术编码有两个优点：①不必预先已知信源的概率模型，可以自定义信源符号概率；②当信源符号概率接近时，使用算术编码的效率通常高于哈夫曼编码。当然算术编码也存在一些不足：①算术编码对错误很敏感。如果编码序列中有一位发生错误就会导致整个信息解码错；②由于实际的计算机精度不可能无限长，运算中可能会出现溢出；③对整个信息只产生一个码字，这个码字是在间隔[0, 1)中的一个实数，因此解码器在接收到表示这个实数的所有位之前不能进行解码。

7.2.3　行程编码

行程编码也称为游程编码，是指仅存储一个像素值以及具有相同像素值其像素数目的图像数据编码方法。行程编码通过这种方式来去除图像多个像素间的相关性，对于某些相同灰度等级成片连续出现的图像具有较高的编码效率。行程编码适用于灰度等级不多、数据相关性很强图像的压缩。

行程编码原理相当简单，即将具有相同值的连续符号串用一个代表值和其串长来代替。该连续串就称为行程，而串长被称为行程长度。实际上，行程编码的主要任务是记录连续相同符号的个数，解码时就可以根据该符号及对应的行程长度恢复原始的数据。例如，字符串"aaaadddddeeffff"经行程编码后，就可以用"a4d5e2f4"来表示。

行程编码可分为定长编码和变长编码两种。定长行程编码是指表示行程长度所用的二进制编码的位数固定，而变长行程编码是指对不同范围内的行程长度使用不同位数的二进制编码。当然，使用变长的行程编码还需要增加标志位来表明所使用的二进制编码的位数。因此，行程编码的结构一般由三部分组成：行程标志、行程长度和重复字符。

行程编码最基本的形式是一维行程编码。一维行程编码是利用一行上像素的相关性，所以一维行程编码是逐行扫描的。

设 $(x_1, x_2, \cdots, x_N)$ 为图像中的某一行像素。该行像素由 k 段长度为 l_i、灰度值为 g_i 的片段组成，$1 \leq i \leq k$，如图 7-7 所示。那么该行像素可由行程编码表示为

$$(x_1, x_2, \cdots, x_N) \rightarrow (g_1, l_1), (g_2, l_2), \cdots, (g_k, l_k) \tag{7.2.2}$$

显然，如果这一行上具有相同灰度级的连续像素越多，即行程越长，则编码的效率就会越高。

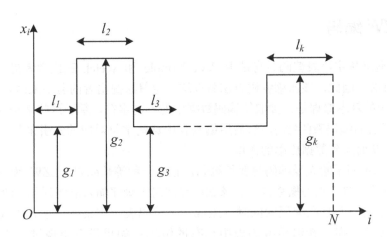

图 7-7　一维行程编码示意图

【例 7-3】图像中的某一行像素的灰度值为：(50, 50, 50, 50, 50, 250, 250, 250, 250, 0, 0, 0, 0, 0, 0, 0, 87, 87, 87, 87, 87, 96, 96, 87, 87, 87, 87)。请对该行像素进行一维行程编码，并计算压缩比。

根据图像中该行像素的灰度值，进行一维行程编码过程如表 7-3 所示。

表 7-3　一维行程编码过程

序　号	灰 度 值	行程长度	灰度偶对
1	50	5	(50, 5)
2	250	4	(250, 4)

续表

序 号	灰 度 值	行程长度	灰度偶对
3	0	8	(0, 8)
4	87	5	(87, 5)
5	96	2	(96, 2)
6	87	4	(87, 4)

由表 7-3 可知，行程长度的最大值为 8，为了提高行程编码的效率，行程长度可用三位二进制数表示，这样 8 就被拆分成 7 加 1。而灰度值仍采用八位二进制数表示。因此，得到该行像素的一维行程编码的码流为：

50, 5, 250, 4, 0, 7, 0, 1, 87, 5, 96, 2, 87, 4

一维行程编码的数据量为：$7 \times 3 + 7 \times 8 = 77$(bits)。

则一维行程编码的压缩比为：$C = 77/(28 \times 8) = 77/224 = 34.375\%$

一维行程编码存在一些不足。主要是只考虑消除同一行像素的相关性，并没有考虑不同行像素之间的相关性。而二维行程编码不仅可以消除同一行像素之间的相关性，而且还可以消除不同行像素之间的相关性。因此，在图像行程编码中多采用二维行程编码的方式。限于篇幅，这里不再赘述。读者如果感兴趣，可以查阅相关资料。

7.2.4　LZW 编码

LZW 编码又称字串表编码。它是由 Ziv、Lemple 和 Welch 三位学者提出和发明的一种无损编码方法。因此，该压缩编码方法就以这三位算法提出者的名字来命名。

LZW 编码的基本原理是：提取待编码数据中的不同字符，基于这些字符创建一个与之对应的带有索引的编码表(字典)，然后用编码表中这些字符对应的索引来替代原始数据中的相应字符，从而起到数据压缩的作用。

LZW 编码不同于哈夫曼编码等变长编码，它是一种等长编码。LZW 编码原理比较简单，不需要有关字符出现的概率信息。该编码算法对于顺序输入的序列元素(如字符或字符串)逐一进行编码，并且在编码的同时，生成一个编码表。如果下一个元素或元素组合在前面已经出现过，那么就沿用编码表中已有的编码；如果没有出现过，则给予新的编码，并把新的编码补充到编码表中。这样，元素组合越多，出现频率越高，则数据压缩效果越好。

LZW 编码使用一种很实用的分析算法，称为贪婪分析算法。在贪婪分析算法中，每一次分析都要串行检查来自数据流的字符串，从中分解出已经识别的最长的字符串，也就是已经在字典中出现的最长的前缀。用当前前缀 P 加上下一个输入字符也就是当前字符 C 作为该前缀的扩展字符，形成新的扩展字符串——缀-符串(P+C)。这个新的缀-符串是否要加到字典中，要看其是否已存在。如果存在，那么这个缀-符串就会变成前缀，继续输入新的字符，否则就把这个缀-符串写到字典中生成一个新的前缀，并给一个索引。为了更好地理解 LZW 编码算法，下面看一个例子。

【例 7-4】设编码字符串是由 A、B 和 C 这三个字符组成的字符串 ABBABABAC，请对该字符串进行 LZW 编码和解码。

假设 LZW 编码需要生成一个带下列初始值的字典，如表 7-4 所示。

表 7-4　LZW 编码字典

字典索引	字典条目
0	A
1	B
2	C
…	--
…	--
…	--

表 7-4 所示的 LZW 编码字典索引 "2" 以下的条目为空，需要在编码过程中逐步添加。

字符串进行 LZW 编码的过程如表 7-5 所示。现说明如下。

表 7-5　LZW 编码过程

当前字符	下个字符	编码	扩展字典索引	扩展字典条目
NULL	A			
A	B	0	3	AB
B	B	1	4	BB
B	A	1	5	BA
AB	A	3	6	ABA
ABA	C	6	7	ABAC
C	#	2		

因此，在 LZW 编码过程中，动态生成的字典如表 7-6 所示。

表 7-6　LZW 编码动态生成的字典

字典条目	字典索引	字典条目	字典索引
A	0	BB	4
B	1	BA	5
C	2	ABA	6
AB	3	ABAC	7

对字符串 ABBABABAC 进行 LZW 编码的结果为 011362。

LZW 编码能有效利用字符出现频率冗余度进行压缩，且字典是自适应生成的。它对于可预测性不大的数据具有较好的处理效果，常用于 TIF 格式的图像压缩，其平均压缩比在 2：1 以上，最高压缩比可达到 3：1。其压缩和解压速度较快。除了用于图像数据处理以外，LZW 编码还被用于文本程序等数据压缩领域。

7.3 预 测 编 码

预测编码方法是一种较为实用、被广泛采用的压缩编码方法。预测编码根据图像像素间存在着一定相关性的特点，利用前面一个或多个像素来预测下一个像素，然后对该像素实际值和预测值的差(预测误差)进行编码。可以想见，如果预测比较准确，误差就会很小。在同等精度要求的条件下，就可以用比较少的比特进行编码，从而达到压缩数据的目的。预测编码能够消除或减少图像中的像素间冗余。按照压缩前和解压后的信息保持程度，预测编码可以分为无损预测编码和有损预测编码两种。

7.3.1 无损预测编码

预测编码通过提取每个像素中的新信息并对它们进行编码来消除像素间冗余。这里一个像素的新信息就定义为该像素的实际值与预测值之间的差。在预测编码的过程中，若对每个像素的新信息不进行量化而直接进行编码就称之为无损预测编码。

无损预测编码系统由一个编码器和一个解码器组成，如图 7-8 所示。其中，图 7-8(a)是编码器，图 7-8(b)是解码器。

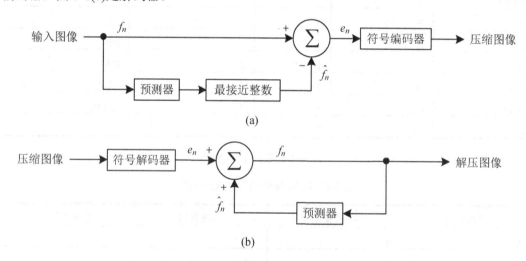

(a)

(b)

图 7-8 无损预测编解码模型

在无损预测编码系统中，编码器和解码器拥有相同的预测器。当输入图像的像素序列 $f_n (n=1,2,\cdots)$ 依次进入编码器时，预测器根据之前的若干个输入来产生当前输入像素的预测值。而该预测值被四舍五入为最接近的整数 $\hat{f}_n$ 并被用来计算当前输入像素的预测误差，即

$$e_n = f_n - \hat{f}_n \tag{7.3.1}$$

这个误差可以用符号编码器借助变长编码进行编码，并作为压缩数据流中的下一个元素传送。而接收端可以根据接收到的码字解码 e_n，并无误差地恢复 f_n，即

$$\hat{f}_n = e_n + f_n \tag{7.3.2}$$

大多数情况下，f_n 的预测是通过 m 个以前像素的线性组合来生成的，即

$$\hat{f}_n = \text{round}\left[\sum_{i=1}^{m} a_i f_{n-i}\right] \tag{7.3.3}$$

其中，m 是线性预测器的阶，round 是表示四舍五入取最接近整数运算的函数，$a_i\,(i=1,2,\cdots,m)$ 是预测系数。在一维线性预测编码中，上式可以写为

$$\hat{f}(x,y) = \text{round}\left[\sum_{i=1}^{m} a_i f(x, y-i)\right] \tag{7.3.4}$$

【**例 7-5**】$f=\{154,159,151,149,139,121,112,109,129\}$，$m=2$，$a=1/2$，利用一维线性预测进行编码。

由于 $m=2$，故前两个像素值为初始值。利用式(7.3.3)进行预测，步骤如下。

(1)　$\hat{f}_2 = 1/2\times(154+159)\approx156$；$e_2 = 151-156=-5$。

(2)　$\hat{f}_3 = 1/2\times(159+151)=155$；$e_3 = 149-155=-6$。

(3)　$\hat{f}_4 = 1/2\times(151+149)=150$；$e_4 = 139-150=-11$。

(4)　$\hat{f}_5 = 1/2\times(149+139)=144$；$e_5 = 121-144=-23$。

(5)　$\hat{f}_6 = 1/2\times(139+121)=130$；$e_6 = 112-130=-18$。

(6)　$\hat{f}_7 = 1/2\times(121+112)\approx116$；$e_7 = 109-116=-7$。

(7)　$\hat{f}_8 = 1/2\times(112+109)\approx110$；$e_8 = 129-110=19$。

7.3.2　有损预测编码

有损预测编码系统与无损预测编码系统相比，主要是在无损预测编码的编码器和形成预测误差的那一点之间增加一个量化器，如图 7-9 所示。其中，图 7-9(a)是编码器，图 7-9(b)是解码器。有损预测编码的基本原理是对无损预测编码的误差进行量化，从而通过消除心理视觉冗余来达到对图像进一步压缩的目的。

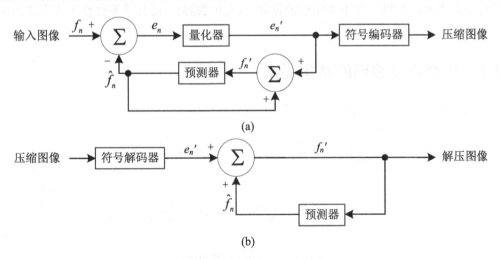

图 7-9　有损预测编码模型

由图 7-7 可以看出，为了接纳量化器需要改变图 7-6(a)中的无损编码器以使编码器和解码器所产生的预测值相等。为此，在图 7-7(a)中将有损预测编码的预测器放在一个反馈环中，这个环的输入是过去预测和与其对应的量化误差的函数

$$f_n' = e_n' + \hat{f}_n \tag{7.3.5}$$

由于包含量化器，这使编码器实际对量化后的预测误差 e_n' 编码，量化器造成了不可逆的信息损失。因此，接收端经解码恢复出的信号，已经不是真正的 f_n，因此用 f_n' 表示实际的解码输出。

在有损预测编码中，对预测误差 e_n 量化越粗，压缩比就越高，所引起的失真也越大。因此当量化器设定后，有损预测编码的关键问题就是设计预测器。预测器预测的 $\hat{f}_n$ 越接近 f_n，预测误差 e_n 就越小，则压缩比就越高。所以，有损预测编码的失真程度取决于量化器和预测器的设计。但二者在设计中通常是独立进行的。在设计预测器时，一般认为量化器没有误差。而在设计量化器时，则需要最小化量化器的误差。

7.4 变 换 编 码

预测编码方法直接在图像空间对像素进行操作，因此是空间域方法。而接下来将要介绍的基于图像变换的编码方法，则是变换域方法。变换编码在目前的图像压缩中有着广泛的应用，是除二值图像外几乎所有图像和视频压缩标准中采用的方法。变换编码的基本原理是利用某种变换将图像数据由空间域转换到另一个变换域中，得到一批变换系数。然后对这些变换系数进行编码处理，从而达到压缩图像数据的目的。

由于正交变换(如离散傅里叶变换 DFT、离散余弦变换 DCT、离散小波变换 DWT 等)具有去相关性和能量集中的作用，能够把空间域中强相关的像素灰度信息转换成能量保持但集中于少数弱相关或不相关的变换域系数，因此变换编码通常采用正交变换的方式。而对大多数自然图像来说，采用正交变换方式所得到的变换系数中大部分的量级很小。变换编码对于此类系数可以进行不太精确的量化(或完全丢弃)，而几乎不会造成太大的图像失真结果。

7.4.1 正交变换编码的基本原理

图 7-10 给出了正交变换编解码系统的基本构成。

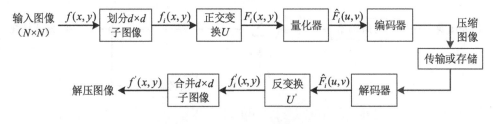

图 7-10 正交变换编解码模型

从图 7-8 中可以看到，正交变换编码部分由四个基本模块构成，分别是子图像划分、

正交变换、量化和符号编码。正交变换编码时，首先会把一幅输入图像分解为 $d×d$ 的子图像，并对每一个子图像进行正交变换。这里需要说明的是，变换本身并不会起到数据压缩的作用。正交变换的目的是使每个子图像内部像素间的相关性下降，并尽可能将图像信息集中在变换域中少数变换系数上。接下来的量化步骤可以对变换系数中那些幅度大的元素予以保留，而对于其他数量众多、幅度较小的变换系数则选择性地消除或采用较粗量化的方法进行处理。显然，由于量化器存在，量化后变换系数与原子图像的量化系数之间必然产生量化误差，从而导致输入图像和输出图像之间也必然产生误差。最后，再利用符号编码(通常采用变长编码)方法对量化之后的系数进行编码。

正交变换编解码系统的解码部分由与编码部分相反排列的一系列逆操作模块构成。由于量化是不可逆的，所以解码部分没有对应的模块。

7.4.2 变换编码的数学分析

在图像变换编码中，通常可先将 $N×N$ 的原始图像 $f(x, y)$ 划分成一系列 $d×d$ 的子图像，再对每个子图像进行正交变换。这样处理的优点是：①可以使正交变换后子图像的能量分布更集中；②可以大大减少变换所需运算量。在分块时，若子图像块取小一些，则便于处理，计算速度快，实现简单，但同时分块的边界效应会比较严重；若子图像块取大一些，那么去除图像块间的相关性效果更好，但同时要大大增加运算的复杂度。故图像分块大小的选择应该使相邻子图像之间的相关性保持到可接受的程度，并且将分块的长和宽设定为 2 的次幂。目前，通常采用的子图像其大小为 8×8 或 16×16，即

$$f(x, y) = \left\{ f_i(x, y) \middle| i = 1, 2, \cdots, \frac{N^2}{d^2} \right\} \tag{7.4.1}$$

设一幅 $N×N$ 的图像 $f(x, y)$ 为一个 n 维向量 $\boldsymbol{X}$

$$\boldsymbol{X} = [X_0, X_1, X_2, \cdots, X_{n-1}]^{\mathrm{T}} \tag{7.4.2}$$

式中，$X_0, X_1, X_2, \cdots, X_{n-1}$ 是将图像划分成块后的堆叠向量。如一幅 256×256 的图像，子图像按 8×8 划分，就可以划分成 $n = \dfrac{N^2}{d^2} = \dfrac{256^2}{8^2} = 1024$ 个子图像。每个子图像可以看成一个 $m = 8×8 = 64$ 维的向量。即

$$X_0 = \left[x_{00}, x_{01}, \cdots, x_{0, m-1} \right]$$
$$X_1 = \left[x_{10}, x_{11}, \cdots, x_{1, m-1} \right] \tag{7.4.3}$$
$$\cdots$$
$$X_{n-1} = \left[x_{n-1, 0}, x_{n-1, 1}, \cdots, x_{n-1, m-1} \right]$$

n 维向量 $\boldsymbol{X}$ 经正交变换后，输出为 n 维向量 $\boldsymbol{Y}$，即变换系数 $F(u, v)$

$$\boldsymbol{Y} = [Y_0, Y_1, Y_2, \cdots, Y_{n-1}]^{\mathrm{T}} \tag{7.4.4}$$

设正交变换为 U，则 $\boldsymbol{X}$ 和 $\boldsymbol{Y}$ 之间的关系为

$$\boldsymbol{Y} = \boldsymbol{U}\boldsymbol{X} \tag{7.4.5}$$

由于 U 是正交阵，所以有

$$UU^{\mathrm{T}} = UU^{-1} = I \tag{7.4.6}$$

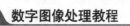

这里，U^T 是 U 的转置，U^{-1} 是 U 的逆，I 是单位阵。在正交变换编解码系统中传输或存储的是 Y，经过反变换 U' 可恢复 X，即

$$X = U'Y = U^{-1}Y = U^T Y \tag{7.4.7}$$

若在允许失真的情况下，传输或存储只保留 Y 的前 M 个分量，且 $M<n$，则可得到 Y 的近似值 $\hat{Y}$

$$\hat{Y} = [Y_0, Y_1, Y_2, \cdots, Y_{M-1}]^T \tag{7.4.8}$$

然后可以利用 Y 的近似值 $\hat{Y}$ 来恢复 X，从而得到 X 的近似值 $\hat{X}$

$$\hat{X} = U_M^T \hat{Y} \tag{7.4.9}$$

其中，U_M 为 $M \times M$ 的矩阵。只要 U_M 选取合适，就可以保证解压缩图像的失真在允许的范围内。这样的话，变换编码关键问题就转化为如何选择合适的正交变换 U 和 U_M，使之既能得到最大的压缩率，又不造成严重的失真后果。

7.4.3　最佳变换——K-L 变换

最佳变换是满足如下两个条件的变换。

(1) 能使变换系数之间的相关性全部解除，也就是使变换系数的协方差矩阵为对角阵。如协方差矩阵为对角阵，则解除了包含在相关性中的冗余度，为无失真压缩编码奠定了基础。

(2) 能使变换系数的方差高度集中。如果协方差矩阵其对角阵中的元素能量主要集中在前 M 项，那么可以保证舍去 M 项之后的若干系数后所造成的截尾误差就尽可能地小，为熵压缩编码提供了有利条件。

最佳变换常用的准则是均方误差准则。均方误差由下式表示

$$\bar{e}^2 = \frac{1}{N^2} \sum_{x=0}^{N-1} \sum_{y=0}^{N-1} e^2(x,y) = \frac{1}{N^2} \sum_{x=0}^{N-1} \sum_{y=0}^{N-1} [f'(x,y) - f(x,y)]^2 \tag{7.4.10}$$

式中，$f(x, y)$ 表示原始图像，$f'(x,y)$ 表示经编码、解码后的复原图像。均方误差准则就是要使 $\bar{e}^2$ 最小。

均方误差准则下的最佳统计变换称为 Karhunen-Lovev 变换(K-L 变换)，也称为赫泰灵 (Hotelling)变换、特征矢量变换或主成分变换。根据图像的统计特性，如果图像信源是一阶马尔可夫(Markov)模型，那么空间域图像 X 的协方差矩阵将是一个 Toeplitz 矩阵，即

$$C_X = \sigma_X^2 \begin{bmatrix} 1 & \rho & \rho^2 & \cdots & \rho^{N-1} \\ \rho & 1 & \rho & \cdots & \rho^{N-2} \\ \vdots & \vdots & \vdots & \cdots & \vdots \\ \rho^{N-1} & \rho^{N-2} & \rho^{N-3} & \cdots & 1 \end{bmatrix} \tag{7.4.11}$$

这是一个对称阵。因此，可以通过正交变换使 Y 的协方差矩阵成为对角阵，即可以找到一个正交变换 U 使变换结果最佳。这也是 K-L 变换的核心。

因此，当给定一幅图像时，要对其进行 K-L 变换，可按如下步骤进行。

(1) 对给定图像，统计其协方差矩阵 C_X。

(2) 根据 $f(\lambda) = |\lambda E - C_X| = 0$，求协方差矩阵 C_X 的特征值 λ 及其所对应的特征向量。

（3）根据协方差矩阵 C_X 的特征向量求得正交变换矩阵 U。

（4）用正交变换 U 对图像数据进行 K-L 变换求得变换系数 Y，使其协方差矩阵 C_Y 为对角阵。

下面举例说明 K-L 变换的过程。

【例 7-6】已知某图像的协方差矩阵为

$$C_X = \begin{bmatrix} 1 & 1 & 0 \\ 1 & 2 & -1 \\ 0 & -1 & 1 \end{bmatrix}$$

求最佳变换矩阵 T 及变换系数 Y 的协方差矩阵。

首先求协方差矩阵 C_X 的特征值 λ

$$f(\lambda) = |\lambda E - C_X| = \begin{bmatrix} \lambda-1 & -1 & 0 \\ -1 & \lambda-2 & 1 \\ 0 & 1 & \lambda-1 \end{bmatrix} = \lambda(\lambda-1)(\lambda-3) = 0$$

求得 C_X 的特征值为 $\lambda_1 = 0, \lambda_2 = 1, \lambda_3 = 3$

先求 $\lambda_1 = 0$ 时 C_X 的特征向量

$(\lambda_1 E - C_X)X = 0$

$$\begin{bmatrix} -1 & -1 & 0 \\ -1 & -2 & 1 \\ 0 & 1 & -1 \end{bmatrix} \begin{bmatrix} X_1 \\ X_2 \\ X_3 \end{bmatrix} = 0$$

即

$$\begin{cases} X_1 + X_2 = 0 \\ X_1 + 2X_2 - X_3 = 0 \\ X_2 - X_3 = 0 \end{cases}$$

解得基础解系为 $(-1,1,1)^T$。

归一化后为 $\left(-\dfrac{1}{\sqrt{3}}, \dfrac{1}{\sqrt{3}}, \dfrac{1}{\sqrt{3}}\right)^T$

同理可得，$\lambda_2 = 1$ 时 C_X 的特征向量为 $\left(\dfrac{1}{\sqrt{2}}, 0, \dfrac{1}{\sqrt{2}}\right)^T$

$\lambda_3 = 3$ 时 C_X 的特征向量为 $\left(\dfrac{1}{\sqrt{6}}, \dfrac{2}{\sqrt{6}}, -\dfrac{1}{\sqrt{6}}\right)^T$

由 C_X 的特征向量可得最佳变换矩阵 T 为

$$T = \begin{bmatrix} -\dfrac{1}{\sqrt{3}} & \dfrac{1}{\sqrt{3}} & \dfrac{1}{\sqrt{3}} \\ \dfrac{1}{\sqrt{2}} & 0 & \dfrac{1}{\sqrt{2}} \\ \dfrac{1}{\sqrt{6}} & \dfrac{2}{\sqrt{6}} & -\dfrac{1}{\sqrt{6}} \end{bmatrix} \quad T^T = \begin{bmatrix} -\dfrac{1}{\sqrt{3}} & \dfrac{1}{\sqrt{2}} & \dfrac{1}{\sqrt{6}} \\ \dfrac{1}{\sqrt{3}} & 0 & \dfrac{2}{\sqrt{6}} \\ \dfrac{1}{\sqrt{3}} & \dfrac{1}{\sqrt{2}} & -\dfrac{1}{\sqrt{6}} \end{bmatrix}$$

图像经最佳变换矩阵 T 后的变换系数 Y 的协方差矩阵为

$$C_Y = TC_X T^{\mathrm{T}} = \begin{bmatrix} -\dfrac{1}{\sqrt{3}} & \dfrac{1}{\sqrt{3}} & \dfrac{1}{\sqrt{3}} \\[2mm] \dfrac{1}{\sqrt{2}} & 0 & \dfrac{1}{\sqrt{2}} \\[2mm] \dfrac{1}{\sqrt{6}} & \dfrac{2}{\sqrt{6}} & -\dfrac{1}{\sqrt{6}} \end{bmatrix} \begin{bmatrix} 1 & 1 & 0 \\ 1 & 2 & -1 \\ 0 & -1 & 1 \end{bmatrix} \begin{bmatrix} -\dfrac{1}{\sqrt{3}} & \dfrac{1}{\sqrt{2}} & \dfrac{1}{\sqrt{6}} \\[2mm] \dfrac{1}{\sqrt{3}} & 0 & \dfrac{2}{\sqrt{6}} \\[2mm] \dfrac{1}{\sqrt{3}} & \dfrac{1}{\sqrt{2}} & -\dfrac{1}{\sqrt{6}} \end{bmatrix} = \begin{bmatrix} 0 & 0 & 0 \\ 0 & 1 & 0 \\ 0 & 0 & 3 \end{bmatrix}$$

由此可见，正交变换阵 T 可以使 Y 的协方差矩阵为对角阵。

由上例可知，最佳变换虽然性能好，但其变换矩阵依赖于具体图像，通常不能得到固定的变换矩阵。同时，最佳变换运算复杂度高，不容易用硬件实现。因此，在实践中经常用准最佳变换来代替最佳变换。准最佳变换就是找到某些固定的变换阵 T，使变换后的 C_Y 接近于对角矩阵。

由线性代数理论可以知道，任何矩阵都可以相似于一个约当型矩阵，这个约当型矩阵就是准对角阵，其形式如下

$$J = \begin{bmatrix} \lambda_0 & & & & & 0 \\ 0 & \lambda_1 & & & & \\ \vdots & 1 & \lambda_2 & & & \\ \vdots & 0 & 1 & \ddots & & \\ \vdots & \vdots & \ddots & \ddots & \lambda_{N-2} & \\ 0 & 0 & \cdots & & 1 & \lambda_{N-1} \end{bmatrix} \tag{7.4.12}$$

其主对角线上是特征值，在下对角线上仅有若干个 1，其余全是 0。从相似变换理论可知，总可以找到一个非奇异矩阵 T，使

$$T^{\mathrm{T}} A T = B \tag{7.4.13}$$

而且上式中的 T 并不是唯一的。

常见的准最佳变换有离散傅里叶变换(DFT)、离散余弦变换(DCT)、离散沃尔什-哈达玛变换(DWHT)、哈尔变换(HT)和斜变换(ST)等。这些正交变换都具有 T 的性质，尽管它们的性能比 K-L 变换稍差，但是由于它们都存在快速算法，并且变换矩阵 T 是固定的，因此应用比 K-L 变换更广泛。

早期的图像变换编码常采用 DFT，由于它具有快速算法并且容易通过硬件实现。但是，由于 DFT 是一种复数变换，运算量较大，因而在实际应用中仍存在实时性差的问题。DWHT 具有 DFT 的快速算法结构，运算量相对于 DFT 却明显减少。但是 DWHT 的能量集中能力比 DFT 差一些。DCT 与 K-L 变换非常近似，具有快速算法，运算简单，具有固定的变换阵，并且变换核可分离，因而被应用到了许多压缩系统中。这里，各正交变换运算量的大小顺序如图 7-11 所示。

HT $\longrightarrow$ DWHT $\longrightarrow$ ST $\longrightarrow$ DCT $\longrightarrow$ DFT $\longrightarrow$ K-L

小 $\xrightarrow{\hspace{2cm} 运算量 \hspace{2cm}}$ 大

图 7-11　正交变换运算量大小比较

而各正交变换在变换域能量集中的性能近似比较如图 7-12 所示。

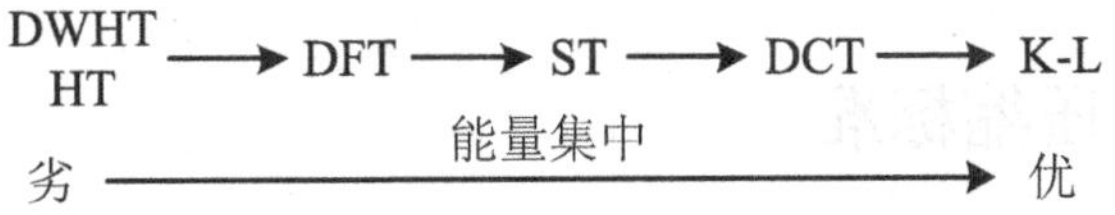

$$\begin{array}{c} \text{DWHT} \\ \text{HT} \end{array} \longrightarrow \text{DFT} \longrightarrow \text{ST} \longrightarrow \text{DCT} \longrightarrow \text{K-L}$$

劣　————————————能量集中————————————→　优

图 7-12　正交变换在变换域能量集中性能比较

7.5　图像压缩国际标准

随着 20 世纪 90 年代以来计算机网络及非话通信业务的迅速发展，图像通信受到全世界科技工作者越来越多的关注。图像通信技术特别是图像和视频编码技术的发展和广泛应用促进了许多有关国际标准的制定。这方面的工作主要是由国际标准化组织(International Standardization Organization，ISO)、国际电工技术委员会(International Electrotechnical Commission，IEC)和国际电信联盟(International Telecommunication Union，ITU)进行的。而国际电信联盟的前身是国际电话与电报咨询委员会(ConsultatIve Committee of the International Telephone and Telegraph，CCITT)。

目前，与图像相关的国际标准已覆盖了从二值到灰度(彩色)值的静止和运动图像，以及包括视频和音频的多种媒体。根据各标准所对应对象类型的不同，可以分为二值图像压缩标准、静止灰度(彩色)图像压缩标准、运动图像压缩标准、多媒体压缩标准。常见的图像压缩编码标准有 JPEG、MPEG、JBIG 及 H.26X 等。

7.5.1　二值图像压缩标准

二值图像指像素只有两种取值的图像，这既可以是由灰度图像分解得到的平面图像，也可以是直接采集获得的图像(如传真)。

1. G3 和 G4

G3 和 G4 这两个标准是由 CCITT 的两个小组 Group 3 和 Group 4 负责制定的。它们最初是 CCITT 为传真应用而设计的，现也用于其他方面。

G3 采用了非自适应、一维行程编码技术。但是，G3 对每组 N 行(N=2 或 N=4)扫描线中的后 N-1 行也可以用二维方式编码。而 G4 是 G3 的一种简化版本，其中只使用二维编码。CCITT 在制定标准期间曾选择一组具有一定代表性的八幅"试验"图用来评判各种压缩方法。它们既包括打印的文字，也包括用几种语言手写的文字，另外还有少量的线绘图。G3 对它们的压缩率约为 15∶1，而 G4 的压缩率一般比 G3 要高一倍。

2. JBIG

JBIG 是由 ISO 和 ITU 两个组织的二值图联合组(Joint Bilevel Imaging Group，JBIG)于 1991 年制定的。JBIG 的目标之一就是要采用自适应技术解决 G3 和 G4 存在的问题。为解决该问题，JBIG 采用自适应模板和自适应算术编码来改善性能。另外，JBIG 还通过金字塔式的分层编码和分层解码实现渐进(累进)的传输与还原应用。由于采用了自适应技术，JBIG 的编码效率比 G3 和 G4 要高。对于打印字符的扫描图像，压缩比可提高 1.1～1.5 倍。

7.5.2　静态图像压缩标准

静态图像包括灰度静态图像和彩色静态图像。

1. JPEG

JPEG 是由 ISO 和 CCITT 两个组织于 1986 年成立的联合图像专家组(Joint Picture Expert Group，JPEG)所制定的静态灰度或彩色图像的压缩标准，编号为 ISO/IEC10918，全称为"多灰度连续色调静态图像压缩编码"。

制定 JPEG 标准的目的是为了满足以下要求。

(1) 可大范围调节图像压缩率及其相应的图像保真度，同时编码器是参数可调的，以便使用户应用时可以选择期望的压缩/质量比。

(2) 能应用于任何连续色调数字源图像(实际应用中可遇到的图像很多，不限制图像的尺寸、色彩空间、像素长宽比等条件)，不限制图像的内容(如复杂程度、色彩范围或统计特性等)。

(3) 计算复杂性容易控制。不但使 JPEG 压缩标准可以采用软件实现方法在一定能力的 CPU 上完成，而且也可以在可行的成本下易于采用硬件实现。

JPEG 标准为保证通用性，实际上定义了三种编码系统。

(1) 基于 DCT 的有损压缩编码。这是 JPEG 的基本系统(必须保证的功能)。这一系统采用顺序模式，可用于绝大多数压缩应用场合。

(2) 基于分层递增模式。这是 JPEG 的扩展系统，采用了渐进模式，用于高压缩比、高精确度或渐进还原应用的场合。

(3) 基于空间预测编码 DPCM 的无损压缩编码。这是一个独立系统，用于无失真应用的场合。

JPEG 的三种编码系统共有四种工作模式：顺序编码模式、渐进编码模式、无失真编码模式和分层编码模式。

图像系统如果想与 JPEG 兼容，必须支持 JPEG 基本系统。但是另一方面，JPEG 没有规定文件格式、图像分辨率或所用彩色空间模型，这样就可以适用于不同应用场合。目前，在不明显降低图像视觉质量的基础上，根据 JPEG 标准常可将图像压缩 10～50 倍。

在基本系统中，编码器和解码器的框图如图 7-13 和图 7-14 所示。

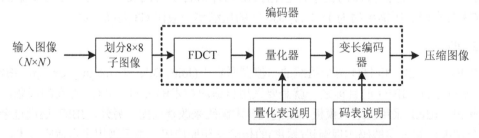

图 7-13　JPEG 图像压缩标准编码器基本系统框图

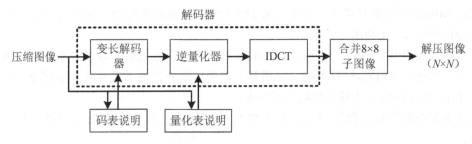

图 7-14　JPEG 图像压缩标准解码器基本系统框图

从图 7-13 和图 7-14 中可以看到，输入图像进入编码器后，经 DCT 变换、量化、变长编码后输出压缩数据。而解码器对于传输过来的压缩后的图像数据实施解码、逆量化、逆DCT(IDCT)变换，然后将解码后的图像输出。解码器和编码器的功能恰好相反，所以它们使用的量化表、码表必须一致，以保证解码准确无误。而对于彩色图像，可以将各个通道分量分别输入，然后将其压缩输出。

2. JPEG2000

基于 Internet 网络的多媒体应用，对图像编码提出了新的要求。ISO 于 2000 年 12 月公布了新的 JPEG2000 标准(ISO 15444)，其目标是在高压缩率的前提下，有效保证图像传输的质量。JPEG2000 采用以小波变换为主的多分辨率编码方式。

JPEG2000 具有一些 JPEG 所没有的优势。JPEG2000 统一了面向静态图像和二值图像的编码方式，将 JPEG 的四种模式集成到一个标准中，是既支持低比率压缩又支持高比率压缩的通用编码方式。相对于 JPEG，JPEG2000 在压缩比比较高的情形下具有明显的优势。总体而言，与 JPEG 相比，JPEG2000 压缩性能通常可以提高 20%以上。并且在压缩比达到 100∶1 的情形下，采用 JPEG 压缩的图像一般已经严重失真并开始难以识别了，但采用 JPEG2000 压缩的图像仍可轻松识别。

7.5.3　运动图像压缩标准

MPEG 标准是面向运动图像压缩的一个系列标准的总称。运动图像压缩标准 MPEG 由ISO 和 CCITT 于 1988 年成立的活动图像专家组(Moving Picture Expert Group，MPEG)制定。MPEG 算法编码过程和解码过程是一种非镜像对称算法。其解码过程要比编码过程相对简单一些。

最初 MPEG 专家组的工作项目有三个，即在 1.5Mbps、10Mbps、40Mbps 传输速率下对图像编码，并命名为 MPEG-1、MPEG-2 和 MPEG-3。MPEG-3 后被取消。

为了满足不同的应用要求，MPEG 又陆续增加了其他一些标准：MPEG-4、MPEG-7、MPEG-21。下面简单介绍一下常用的运动图像压缩标准：MPEG-1、MPEG-2 和 MPEG-4。

1. MPEG-1

MPEG-1(ISO/IEC 11172)制定于 1992 年，其全称是"用于数字存储媒体运动图像及其伴音速率为 1.5Mbps 的压缩编码"。MPEG-1 主要用于在 CD-ROM 存储的运动视频图像，还用于数字电话网络上的视频传输，如非对称数字用户线路(ADSL)、视频点播、教育网络等。使用 MPEG-1 的压缩算法，可将一部 120 分钟长的电影压缩到 1.2GB 左右。因此，它被广泛地应用于 VCD 制作。

MPEG-1 视频编码技术为了达到较高的压缩比并且满足随机存取的要求，对这两个方面做了折衷考虑。MPEG-1 视频编码采用基于块的运动补偿技术减少时间上冗余性，同时采用基于 DCT 变换的方法减少空间上冗余性。

为了兼顾编解码精度和压缩比，在 MPEG 中将图像分为三种类型：I 图像、P 图像和 B 图像。

(1) I 图像：又称为帧内编码帧，其利用图像自身的相关性压缩。视频初始帧(第 1 帧)必须是 I 帧，其后每隔若干帧还必须是 I 帧。I 帧在视频序列中起着定位及减小累计误差的作用，要求有较高的编码精度。因此，I 帧的压缩比相对较小。

(2) P 图像：又称为预测编码帧。P 图像编码时用前面(过去)最靠近 I 图像(或 P 图像)作为参考帧，进行运动估计和补偿。因为 P 图像只对产生运动的坐标位置和运动量进行编码，因此有较大的压缩比。同时，P 图像还要作为参考帧用于前帧或后帧的运动估计与补偿，因此又不能有太大的编码误差。

(3) B 图像：又称为双向预测帧。B 图像编码时既可以使用最靠近的前一个或后一个 I 图像(或 P 图像)作参照，进行运动估计与补偿，也可以同时使用前后两帧图像作为参考帧进行全向运动估计并取平均值作为补偿。因此，B 图像可以得到较为准确的运动补偿结果，获得较大的压缩比。

MPEG 采用的运动补偿技术主要用于消除 P 图像和 B 图像在时间上的冗余性，提高压缩效率。

2. MPEG-2

MPEG-2(ISO/IEC 13818)标准制定于 1994 年。它利用网络提供的 3～100Mbps 的数据传输率来支持具有更高分辨率图像的压缩和更高的图像质量。MPEG-2 可支持交迭图像序列、支持可调节性编码和多种运动估计方式。MPEG-2 同时还提供了一个较广泛的范围来改变压缩比，以适应不同画面质量、存储容量和带宽的要求。

MPEG-2 在与 MPEG-1 兼容的基础上，实现了低码率和多声道扩展。MPEG-2 可以将一部 120 分钟时长的电影压缩到 4～8GB(DVD 质量)，其音频编码可提供左右中及两个环绕声道、一个加重低音声道和多达七个伴音声道。

3. MPEG-4

国际标准 MPEG-4"甚低速率视听编码"于 1998 年发布。它针对低速率条件下的视频、音频进行编码，并且更加注重多媒体系统的交互性和灵活性。MPEG-4 属于一种高比率有损压缩算法，主要应用于数字电视、动态图像、互联网、实时多媒体监控、移动多媒体通信、Internet/Intranet 上的视频流与可视游戏、DVD 上的交互多媒体等方面。

MPEG-4 引入了视听对象(Audio/Visual Objects，AVO)，使更多的交互操作成为可能。视听对象可以是一个孤立的人，也可以是这个人的语音或一段背景音乐等。MPEG-4 对视听对象的操作主要有：采用视听对象来表示听觉、视觉或者视听组合内容；组合已有视听对象生成复合的视听对象，并生成视听场景；对视听对象的数据灵活地多路合成与同步，以便选择合适的网络来传输这些视听对象数据；允许接收端用户在视听场景中对视听对象进行交互操作等。

与 MPEG-1 和 MPEG-2 相比，MPEG-4 更适于交互视听服务以及远程监控，其设计目标使它具备了更广的适应性和可扩展性。MPEG-4 传输速率可在 4.8～64kb/s 之间，分辨率为 176×144，可以利用很窄的带宽通过帧还原技术压缩和传输数据。

7.6 习　　题

1. 什么是图像压缩？为什么要对图像进行压缩？

2. 对于数字图像和视频为什么能够进行压缩编码？

3. 什么是数据冗余？数字图像中，数据冗余主要有哪几种类型？

4. 怎样评价图像压缩算法的好坏？

5. 无损压缩编码和有损压缩编码有什么区别？

6. 简述图像编码的两个评价准则。简述哈夫曼编码、算术编码、行程编码和 LZW 编码的原理及特点。

7. 试解释哈夫曼编码的基本原理。

8. 对信源 $x = \begin{Bmatrix} x_1 & x_2 & x_3 & x_4 & x_5 & x_6 & x_7 & x_8 \\ 0.32 & 0.20 & 0.14 & 0.12 & 0.07 & 0.06 & 0.05 & 0.04 \end{Bmatrix}$ 进行哈夫曼编码，并求其平均编码长度和编码效率。

9. $x = \begin{Bmatrix} a & b & c & d \\ 0.3 & 0.2 & 0.2 & 0.3 \end{Bmatrix}$，请对字符串 cda 进行算术编码。

10. 无损预测编码和有损预测编码的异同之处是什么？

11. 简述变换域编码的原理，试比较空间域编码和变换域编码的差异。

12. 在传统的正交变换编码中，为什么要对图像进行分块？

13. 什么是最佳变换？最佳的准则是什么？

14. 设已知信源为：$X = \begin{bmatrix} -1 & 0 & 1 & 2 \\ 1 & 3 & 5 & 7 \end{bmatrix}$，求其协方差矩阵和 K-L 变换阵。

15. 简述 I 图像、P 图像和 B 图像的含义。

第8章 图像分割

图像分割是由图像低层处理上升到图像中、高层处理，也就是图像分析与理解的一个关键步骤。图像分割是指把图像分成各具特性的区域并提取出感兴趣目标的技术和过程。图像中层处理时，人们往往只是对其中的目标物感兴趣，而这些目标物常常位于图像中的不同区域。要对图像中的目标物进行检测和特征参数测量，首先必须把图像按一定要求分成一些有意义的区域，这就是图像分割所要完成的工作。这里的有意义是指分割后的这些区域能分别和图像中的各目标物(或背景)相对应，即不同的目标物区域、背景区域可以分离开。图像分割的结果将直接影响到目标物特征提取和描述，同时也影响到接下来的目标分类、识别和图像理解等操作。

本章将首先介绍图像分割的基本原理，然后依次介绍三类基本的图像分割方法：基于边缘的分割方法、阈值分割方法和区域提取方法。

8.1 图像分割的定义与依据

8.1.1 图像分割的定义

图像分割是将整个图像分割成若干个互不交叠的非空子区域的过程。每个图像子区域的内部是连通的。同一子区域内部具有相同或相似的特性，这里的特性可以是灰度、颜色、纹理等。

图像分割可以借助集合的概念来定义。令集合 S 表示一幅图像全部像素的集合(整个图像区域)。对 S 的分割可以看作是将 S 分成若干个满足下列条件的非空子集(子区域)S_1、S_2、$\cdots$、S_n(其中，$P(S_i$ 是对子区域 S_i 中所有元素的逻辑谓词，即特征的相似性准则。$\varnothing$ 表示空集)。

(1) 完备性，$\bigcup\limits_{i=1}^{n} S_i = S$ 。分割所得全部子区域的总和(并集)应能包括图像中所有像素，即图像中每个像素都必须划分在某一个子区域中。

(2) 独立性，$\forall i,j,i \neq j$ ，有 $S_i \bigcap S_j = \varnothing$ 。各个子区域是互不重叠的，即一个像素不能同时属于两个区域。

(3) 相似性，对于 i=1、2、$\cdots$、n，有 $P(S_i) = \text{True}$ 。分割后得到的属于同一区域中的像素应该具有某些相似或相同的性质。

(4) 互斥性，$\forall i,j,i \neq j$ ，有 $P(S_i \bigcup S_j) = \text{False}$ 。分割后属于不同子区域的像素应该具有某些不同的特性。

(5) 连通性，对于 i=1、2、$\cdots$、n，S_i 是一个连通的区域。同一个子区域内的像素应当是连通的。

8.1.2　图像分割方法分类

由于图像和目标的种类繁多，可借助用于分割的数学理论和工具日新月异，所以图像分割的技术也在不断发展中。现有的图像分割方法主要分以下几类：基于边缘的分割方法、基于阈值的分割方法、基于区域的分割方法以及基于特定理论的分割方法等。统计表明，由各类研究者提出的图像分割算法早已超过了 1000 种。

图像分割处理实际上就是区分图像中的"前景目标"和"背景"。这是一项相对困难的工作。原因在于自然场景通常是复杂多变的，要找出目标和背景两种模式的特征差异，并且对这种差异进行数学描述是比较困难的。根据图像的某些局部特征(如灰度级、纹理、彩色或统计特征、频谱特征等)的相似性和互斥性，可以把图像分割成若干子区域，并使每个子区域内部具有相似(或相同)的特性，而相邻子区域的特性不相同。因此，图像局部特征的相似性和互斥性可以作为图像分割的依据。具体到灰度图像，其分割的依据就是图像灰度值的两个基本特性：区域内部的灰度相似性和不同区域交界(边缘)处的灰度突变性。据此，可以将图像分割方法分成两大类：一类是利用区域间灰度的突变性，确定区域的边界或边缘的位置，称为边缘检测法；另一类是利用像素的灰度信息和像素周围局部区域性质，将图像分成若干区域，称为区域生成法。而区域生成法根据算法原理又可分为阈值方法和区域分割法。

边缘检测法和区域生成法作为图像分割的经典方法，各有自身的优点和缺点。针对不同的应用环境和图像状况，有关专家又提出了许多新的图像分割方法。一般而言，这些新的分割方法依然是从两类经典方法中衍生出来的。

8.2　基于边缘的分割方法

图像分割的一个重要途径是利用边缘检测来确定分割区域。将边缘定义为图像局部特性的不连续性，具体到灰度图像中就是灰度级或者结构发生突变的位置。这一位置表明一个区域的终结和另一个区域的开始。通过边缘点的检测，可以将边缘点连接成边缘线，而边缘线围成的区域就是图像分割的结果。

8.2.1　边缘及检测原理

边缘作为图像的最基本特征广泛存在于目标物与背景以及目标物与目标物之间，因而可以作为图像识别、分类和理解的直接依据。边缘检测就是确定图像中某个局部区域是否存在边缘点，以及若存在还需要进一步确定其位置的过程。边缘检测是所有基于边界的图像分割方法的第一步。

两个具有不同灰度值的相邻区域之间总存在着边缘。图像边缘有方向和幅度两个特性。一般沿着边缘走向的灰度值变化缓慢，而垂直于边缘走向的灰度值则变化较大。边缘处灰度变化形式的不同形成了不同类型的边缘。常见的边缘类型包括阶跃型(灰度突变式和渐变式)、脉冲型和屋顶型，如图 8-1 所示。其中，阶跃型边缘对应图像中两个具有不同灰度值的相邻区域；脉冲型边缘主要对应细线状的灰度突变区域；而屋顶型边缘的灰度则一般从中心向两边缓慢变化。考虑到成像的原因，数字图像中的边缘总会存在一些模糊。因此，阶跃型边缘的灰度剖面一般都表示成有一定坡度的形式。

图像中边缘处像素的灰度值是不连续的。这种不连续性可通过求导数来检测。在数字图像处理中，一般使用一阶和二阶导数来检测边缘。这在本书第 3 章中介绍图像增强时已有介绍。

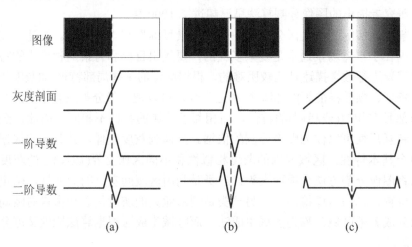

图 8-1　图像边缘和对应的一、二阶导数

为了叙述的连续性，前面已经介绍的某些内容将进行简要的重复。而本节的重点将放在导数算子的边缘检测特性上。在图 8-1(a)中，对灰度值剖面的一阶导数在图像由暗变亮的位置处总有一个向上的阶跃，而在其他位置都为零。这表明可以利用灰度值一阶导数的幅度值来检测图像中局部区域内是否存在边缘。灰度一阶导数的幅度峰值一般对应该区域内边缘的位置。对灰度值剖面的二阶导数在一阶导数的阶跃上升区有一个向上的脉冲，而在一阶导数的阶跃下降区有一个向下的脉冲。在这两个阶跃之间有一个过零点，它的位置正对应图像中边缘的位置。所以也可以用二阶导数的过零点来检测边缘位置，而用二阶导数在过零点左右的正负关系来确定边缘像素是处于图像边缘的明区还是暗区。

在图 8-1(b)中，脉冲型边缘的灰度值剖面与图 8-1(a)的一阶导数形状相似，所以图 8-1(b)的一阶导数与图 8-1(a)的二阶导数形状相同，而它的两个二阶导数过零点正好分别对应细线形边缘的左边缘和右边缘。通过检测两个二阶导数过零点就可以确定细线形边缘的宽度。

在图 8-1(c)中，屋顶型边缘的剖面可以看作是将脉冲边缘底部展开得到的，所以它的一阶导数是将图 8-1(b)的一阶导数上升沿和下降沿展开得到的，而它的二阶导数状况类似。通过检测屋顶状边缘剖面的一阶导数过零点可以确定屋顶位置。

8.2.2　一阶导数算子

在图像处理过程中，一阶导数是通过图像梯度来实现的。因此，利用一阶导数检测图像边缘的方法也称为梯度算子法。

对于连续函数 $f(a,b)$，它在 (a,b) 处的梯度可表示为一个二维向量：

$$\nabla f(a,b) = \left[G_a, G_b \right]^{\mathrm{T}} = \left[\frac{\partial f}{\partial a}, \frac{\partial f}{\partial b} \right]^{\mathrm{T}} \tag{8.2.1}$$

这个向量的幅度值和方向角分别为

$$\|\nabla f\| = \left(G_a^2 + G_b^2 \right)^{\frac{1}{2}} \tag{8.2.2}$$

$$\varphi(a,b) = \arctan(G_b / G_a) \tag{8.2.3}$$

其中，梯度的幅度值表示边缘的强度；梯度的方向与边缘的走向垂直。

需要注意的是，在实践中，由于噪声等因素的存在，梯度方向通常并不能正确表示边缘的方向，边缘的方向一般需要通过方向匹配模板法等方法来获得。因此，梯度的幅值一般就简称为梯度。此外，为了避免平方和开方运算，减少计算量，以下两种计算梯度的方法也是常用的

$$\|\nabla f\| = |G_a| + |G_b| \tag{8.2.4}$$

或者

$$\|\nabla f\| = \max \left\{ |G_a|, |G_b| \right\} \tag{8.2.5}$$

由于数字图像中的数据是离散的，幅值有限，其灰度发生变化的最短距离是在两个相邻像素之间，因此在数字图像处理过程中；常用差分代替导数。而连续函数 $f(a,b)$ 的梯度在 a 和 b 方向的分量对应于数字图像 $f(x, y)$ 在水平和垂直方向的差分。所以，水平和垂直方向的梯度可定义为

$$\begin{cases} G_h(x,y) = f(x,y) - f(x,y-1) \\ G_v(x,y) = f(x,y) - f(x-1,y) \end{cases} \tag{8.2.6}$$

在实际运用时各种导数算子常用小区域模板来表示。水平和垂直方向的梯度对应的模板可表示为

$$H_h = \begin{bmatrix} 0 & 0 & 0 \\ -1 & 1 & 0 \\ 0 & 0 & 0 \end{bmatrix}, \qquad H_v = \begin{bmatrix} 0 & -1 & 0 \\ 0 & 1 & 0 \\ 0 & 0 & 0 \end{bmatrix} \tag{8.2.7}$$

这里，为了使像素点 (x,y) 位于梯度模板中心，一般把算子表示为奇数尺寸的模板，如 3×3 和 5×5 等。

利用梯度模板对图像进行处理以检测图像边缘实际上就是利用模板与图像进行卷积运算。因此，计算像素点 (x, y) 处的水平和垂直方向梯度用下式表示。

$$\begin{cases} G_h(x,y) = F(x,y) \otimes H_h \\ G_v(x,y) = F(x,y) \otimes H_v \end{cases} \tag{8.2.8}$$

式中，$\otimes$ 表示卷积运算，

$$F(x,y) = \begin{bmatrix} f(x-1,y-1) & f(x-1,y) & f(x-1,y+1) \\ f(x,y-1) & f(x,y) & f(x,y+1) \\ f(x+1,y-1) & f(x+1,y) & f(x+1,y+1) \end{bmatrix} \tag{8.2.9}$$

根据卷积定义可以得出

$$\begin{cases} G_h(x,y) = \sum_{i=-1}^{1}\sum_{j=-1}^{1} [f(x+i,y+j)H_h(i,j)] \\ G_v(x,y) = \sum_{i=-1}^{1}\sum_{j=-1}^{1} [f(x+i,y+j)H_v(i,j)] \end{cases} \tag{8.2.10}$$

对应式(8.2.2)、式(8.2.4)和式(8.2.5)，可以得到图像梯度为

$$\|\nabla f\| = \left[G_h(x,y)^2 + G_v(x,y)^2 \right]^{\frac{1}{2}} \tag{8.2.11}$$

或者

$$\|\nabla f\| = |G_h(x,y)| + |G_v(x,y)| \tag{8.2.12}$$

或者

$$\|\nabla f\| = \max\left\{ |G_h(x,y)|, |G_v(x,y)| \right\} \tag{8.2.13}$$

实际应用中，可以根据不同的图像选择不同的梯度公式，所得结果均称为梯度图像。而对梯度图像再进行阈值分割(如将大于阈值的梯度设置成白色，小于阈值的梯度设置为黑色)，就可以将图像中的边缘提取出来。

根据模板的大小和模板元素的不同，人们已经提出了多种不同的梯度算子，常见的有Roberts算子、Prewitt算子和Sobel算子。

1. Roberts 算子

Roberts算子采用对角方向相邻两个像素之差作为结果，所以也称为交叉梯度算子或四点差分算子。其对应的水平和垂直方向模板为

$$H_h = \begin{bmatrix} -1 & 0 & 0 \\ 0 & 1 & 0 \\ 0 & 0 & 0 \end{bmatrix}, \quad H_v = \begin{bmatrix} 0 & -1 & 0 \\ 1 & 0 & 0 \\ 0 & 0 & 0 \end{bmatrix} \tag{8.2.14}$$

Roberts算子结构简单，但缺点是对噪声较为敏感。

2. Prewitt 算子

梯度算子类边缘检测方法的效果类似于高通滤波，有增强高频分量，抑制低频分量的作用。由于图像噪声通常与邻域内像素存在较大灰度差，因此在检测边缘时，噪声点也会被当作边缘点检测出来，这给后续的边缘提取等操作带来了一定的困难。所以，在对实际含有噪声的图像进行边缘检测时，人们希望检测算法同时具有噪声抑制的能力。Prewitt算子利用像素点上下、左右邻点的平均灰度差分来计算梯度。由于该算子中引入了类似局部平均的运算方式，因此对噪声具有平滑作用，能在一定程度上消除噪声的影响并去掉部分伪边缘。

Prewitt算子对应的水平和垂直方向模板为

$$H_h = \begin{bmatrix} -1 & 0 & 1 \\ -1 & 0 & 1 \\ -1 & 0 & 1 \end{bmatrix}, \quad H_v = \begin{bmatrix} -1 & -1 & -1 \\ 0 & 0 & 0 \\ 1 & 1 & 1 \end{bmatrix} \tag{8.2.15}$$

3. Sobel 算子

Sobel算子可以看作是在Prewitt算子的基础上，将Prewitt算子中的平均差分改为加权

差分而形成的。Sobel 算子和 Prewitt 算子类似，都在检测边缘点的同时具有抑制噪声的能力。但与 Prewitt 算子相比，Sobel 算子认为邻域的像素对当前像素产生的影响不是等价的，所以距离不同的像素对运算结果产生的影响不同，因而具有不同的权值。一般来说，距离越大，产生的影响越小。Sobel 算子的两个模板分别对垂直边缘和水平边缘响应最大，即把重点放在接近于模板中心的像素点。因此，Sobel 算子检测到边缘的模糊程度略低于 Prewitt 算子。Sobel 算子对应的水平和垂直方向模板为

$$H_h = \begin{bmatrix} -1 & 0 & 1 \\ -2 & 0 & 2 \\ -1 & 0 & 1 \end{bmatrix}, \quad H_v = \begin{bmatrix} -1 & -2 & -1 \\ 0 & 0 & 0 \\ 1 & 2 & 1 \end{bmatrix} \tag{8.2.16}$$

图 8-2 给出了利用一阶导数算子对 cameraman 图像进行边缘检测的实例。图 8-2(a)为原图像；图 8-2(b)为利用式(8.2.7)中水平模板 H_h 处理得到的水平梯度图像。从图中可以看到，H_h 对水平位置的灰度突变(垂直走向的边缘)比较敏感。图 8-2(c)为利用式(8.2.7)中水平模板 H_v 处理得到的垂直梯度图像。从图中可以看到，H_v 对垂直位置的灰度突变(水平走向的边缘)比较敏感。图 8-2(d)、图 8-2(e)、图 8-2(f)分别为使用 Roberts 算子、Prewitt 算子和 Sobel 算子进行边缘检测的结果。总体而言，Roberts 算法对图像中强边缘的提取效果较好，但对于弱边缘，提取出的信息较弱。此外，Roberts 算子通常会在图像边缘附近的区域内产生较宽的响应，故采用 Roberts 算子检测的边缘图像常需做细化处理，其边缘定位的精度不是很高。Priwitt 算法与 Sobel 算法的思路相同，属于同一类型，因此处理效果基本相同。但是从其模板系数可以看到，Prewitt 算子较 Sobel 算子略为简单。

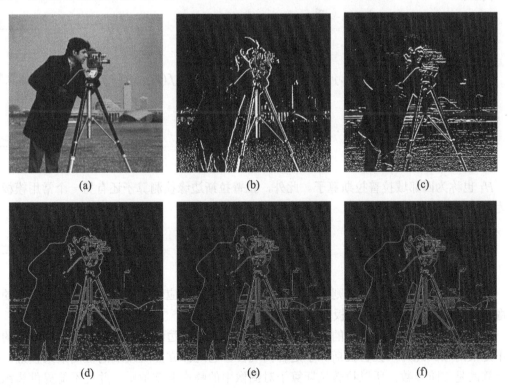

(a)   (b)   (c)

(d)   (e)   (f)

图 8-2 一阶导数算子检测边缘示例

8.2.3　二阶导数算子

由图 8-1 可知，利用二阶导数也可以检测边缘。对于阶跃型边缘，其二阶导数在边缘点处出现过零点，据此可以通过二阶导数来检测边缘点。

1. 拉普拉斯算子

对于一个连续函数 $f(a, b)$，它在位置 (a, b) 的拉普拉斯(Laplacian)值可以定义为

$$\nabla^2 f(a,b) = \frac{\partial^2 f}{\partial a^2} + \frac{\partial^2 f}{\partial b^2} \tag{8.2.17}$$

而对于数字图像 $f(x, y)$，其拉普拉斯边缘检测算子可以定义为

$$G(x, y) = -\nabla^2 f(x, y) \tag{8.2.18}$$

这里，用差分代替二阶偏导有：

$$
\begin{aligned}
\frac{\partial^2 f}{\partial x^2} &= \frac{\partial G_x}{\partial x} = \frac{\partial \left[f(x+1, y) - f(x, y) \right]}{\partial x} \\
&= \frac{\partial f(x+1, y)}{\partial x} - \frac{\partial f(x, y)}{\partial x} \\
&= \left[f(x+1, y) - f(x, y) \right] - \left[f(x, y) - f(x-1, y) \right] \\
&= f(x+1, y) - 2f(x, y) + f(x-1, y)
\end{aligned}
\tag{8.2.19}
$$

同理：

$$\frac{\partial^2 f}{\partial y^2} = f(x, y+1) - 2f(x, y) + f(x, y-1) \tag{8.2.20}$$

因此：

$$\nabla^2 f(x, y) = 4f(x, y) - f(x+1, y) - f(x-1, y) - f(x, y+1) - f(x, y-1) \tag{8.2.21}$$

写成模板形式为

$$H_4 = \begin{bmatrix} 0 & -1 & 0 \\ -1 & 4 & -1 \\ 0 & -1 & 0 \end{bmatrix} \tag{8.2.22}$$

H_4 也称为四邻域拉普拉斯算子。此外，拉普拉斯边缘检测算子还有另一个常用模板，称为八邻域拉普拉斯算子 H_8。

$$H_8 = \begin{bmatrix} -1 & -1 & -1 \\ -1 & 8 & -1 \\ -1 & -1 & -1 \end{bmatrix} \tag{8.2.23}$$

这两个模板遵循共同的规则，即对应中心像素的系数应该为正，而对应中心像素的邻近像素其系数应该为负，且模板系数之和为零。

拉普拉斯算子检测出边缘的细节信息比较多，获得的边缘比较细致，但是提取出的边缘不是很清晰。此外，拉普拉斯算子是各向同性。它对孤立点及线端的检测效果较好。由于计算的是二阶导数，所以拉普拉斯算子对图像中的噪声非常敏感，并且不能提供边缘方向信息。

图 8-3 给出了利用拉普拉斯算子对 cameraman 图像进行边缘检测的实例。图 8-3(a)为原图像。图 8-3(b)为利用 H_4 算子检测得到的边缘图像。图 8-3(c)为利用 H_8 算子检测得到的边缘图像。从图中可以看到，相对于一阶导数算子，拉普拉斯算子提取到的边界细节较多。但是，H_4 算子提取的边缘信息不够清晰，而 H_8 算子容易产生双像素宽的边缘。

(a)　　　　　　　　　　　(b)　　　　　　　　　　　(c)

图 8-3　利用拉普拉斯算子提取图像边缘

2. LoG 算子

在实际应用中，由于采集的图像中通常都存在噪声，利用导数算子对图像进行边缘检测时可能出现把噪声当边缘点检测出来，而真正的边缘点被噪声淹没而未检出的情况。为了避免这一问题发生，可以先对图像进行平滑处理，再利用导数算子进行边缘检测。Marr 和 Hildreth 基于上述原理提出了高斯-拉普拉斯(Laplacian of Gaussian)边缘检测算子法，简称 LoG 算子法。

该方法首先采用高斯算子对原图像进行平滑处理以降低噪声。其次，由于孤立的噪声点和较小的结构组织被滤除的同时平滑会导致边缘的延展，因此，在边缘检测时可以仅考虑以那些具有局部最大值的点为边缘点。具体应用时，利用拉普拉斯算子将边缘点转换成零交叉点，然后通过零交叉点的检测来实现边缘检测。LoG 算子先对图像进行高斯平滑处理，然后再求二阶导数。这就克服了拉普拉斯算子对噪声敏感的缺点，减少了噪声的影响。

LoG 算子法实现可分为三个步骤。

(1) 用一个二维高斯平滑模板与源图像进行卷积。

(2) 计算卷积后图像的拉普拉斯值。

(3) 检测拉普拉斯图像中的过零点作为边缘点。

二维高斯函数为

$$h(x, y) = \exp\left(-\frac{x^2 + y^2}{2\sigma^2}\right) \tag{8.2.24}$$

式中，σ 是高斯分布的标准差，与图像平滑程度呈正比。

连续图像 $f(a, b)$ 的 LoG 边缘检测算子定义为

$$
\begin{aligned}
G(a,b) &= -\nabla^2 \left[h(a,b) \otimes f(a,b)\right] \\
&= -\left[\nabla^2 h(a,b) \otimes f(a,b)\right] \\
&= H(a,b) \otimes f(a,b)
\end{aligned} \tag{8.2.25}
$$

$$H(a,b) = -\nabla^2 h(a,b) = \frac{r^2 - 2\sigma^2}{\sigma^4} \exp\left[-\frac{r^2}{2\sigma^2}\right] \tag{8.2.26}$$

这里，$r^2 = a^2 + b^2$。

$H(a,b)$一般称为高斯-拉普拉斯算子(LoG)。它是一个轴对称函数，图 8-4(a)、图 8-4(b)分别显示了 LoG 函数的三维曲线和对应的剖面图。根据其函数的形状，人们也称其为"墨西哥草帽"滤波器。它是各向同性的(根据旋转对称性)。可以证明 LoG 算子的平均值为零，所以将它与图像进行卷积并不会改变图像的整体动态范围。因为 LoG 算子的平滑特性能减少噪声的影响，所以当图像中噪声较大时，利用 LoG 算子能提供较可靠的边缘位置。

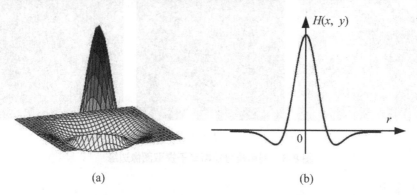

(a)   (b)

图 8-4　LoG 函数的三维曲线和对应的剖面图

$$H(x,y) = \begin{bmatrix} 0 & 0 & 1 & 0 & 0 \\ 0 & 1 & 2 & 1 & 0 \\ 1 & 2 & -16 & 2 & 1 \\ 0 & 1 & 2 & 1 & 0 \\ 0 & 0 & 1 & 0 & 0 \end{bmatrix} \tag{8.2.27}$$

式(8.2.27)显示了一个对 $H(a,b)$ 近似的 5×5 滤波模板。该模板的特点是有一个负的中心项，周围被一个相邻的正值区域所包围(正值随原点的远离程度而减小)，并被一个零值的外围区域所包围。模板系数的总和为零，以保证在灰度值不变的图像平坦区域中模板相应为零。需要注意的是，这种对 LoG 算子近似的模板不是唯一的。根据 $H(a,b)$ 的定义，其他尺寸的模板也可以被构造出来。然而，模板构造时需要确保所有系数的和为零(类似于拉普拉斯内核)。这样，卷积的结果在均匀区域才可能为零。

图 8-5 给出了利用拉普拉斯算子和 LoG 算子对 cameraman 图像进行边缘检测的实例。

(a)   (b)   (c)

图 8-5　拉普拉斯算子和 LoG 算子边缘提取比较

图 8-5(a)为原图像；图 8-5(b)为利用拉普拉斯 H_8 算子检测得到的边缘图像；图 8-5(c)为利用 LoG 算子检测得到的边缘图像。从图中可以看到，相对于拉普拉斯算子，LoG 算子提取的边缘信息更丰富，同时边缘定位也更准确。

8.2.4　边缘闭合

在利用导数算子对图像进行边缘提取后，得到的边缘像素都是满足算子条件的孤立点或分段连续的点集。这既包括真正的边缘点，也包括噪声和其他干扰点。由于噪声、干扰及成像时不均匀光照等因素的影响，利用导数算子很少能够真正得到一组完整描述一条边缘线的点集。由于检测到的这些边缘点可能属于不同的边缘线，也可能是噪声或干扰点，同时由边缘点组成边缘时可能还会发生断裂或间断。因此，在利用边缘检测算子检测图像边缘后，还需要通过边缘闭合的方法将边缘像素连接起来。

下面介绍一种基本的边缘闭合方法，称为局部边缘连接法。局部边缘连接法的基础是边缘像素之间有一定的相似性。用梯度算子对图像进行处理可以得到像素两方面的信息：梯度的幅度和方向。根据边缘像素在这两方面的相似性可把它们连接起来。连接过程可分为两步。

第一步是选择可能位于边缘上的像素点，在该像素点的一个小邻域内查找。若其中某些像素点的梯度值超过某一预定阈值，则其中具有最大梯度值的点就是候选边缘点。

第二步是对相邻的候选边缘点，根据事先确定的相似准则来判定是否连接。如果在小邻域内的两个候选点的梯度值和方向差都在一定的范围内，则认为这两点属于同一条边缘，可以连接。连接条件为

$$\left| \nabla f(i,j) - \nabla f(m,n) \right| \leqslant T \tag{8.2.28}$$

$$\left| \varphi(i,j) - \varphi(m,n) \right| \leqslant D \tag{8.2.29}$$

其中，$\nabla f(\cdot)$ 表示梯度模值，$\varphi(\cdot)$ 表示梯度方向。

实现过程中，若将第二步对相邻候选边缘点的判定改成对相隔几个像素候选边缘点的判定，则该方法还可以实现断裂边缘的连接。局部边缘连接法实现简单。但该方法也存在不足：由于是基于边缘的局部特性进行边缘连接，容易受到噪声或干扰的影响。

8.2.5　Hough 变换

上一节中已经提到，边缘的检测要经过两个阶段。首先是边缘点检测，其次是把边缘点链接成边缘线。由于噪声、干扰和成像时不均匀光照的影响，通过边缘检测很少能真正得到一组完整表述边缘线的点集，而通过局部边缘链接也难以得到准确的边缘。因此，图像边缘提取很多情况下还需要借助像素点之间的整体关系等空间和结构特性来实现。如果图像中要提取的边缘是一条特定形状的曲线(如直线、圆、椭圆、抛物线)，这时可以使用 Hough 变换，通过考虑边缘像素的整体关系把该边缘提取出来。

Hough 变换通过一种投票算法来检测图像中存在的具有特定形状的边缘。其核心思想是建立一种点—线的对偶性关系，运用两个坐标空间之间的变换将在一个空间中具有特定形状的曲线或直线映射到另一个坐标空间中，并在该空间的某些点上形成峰值，从而把检测特定曲线的问题转化为在一个参数空间中计算局部最大值的问题。Hough 变换能够促使

图像在变换前为图像空间，变换后为参数空间，然后通过对参数空间上参数分布情况的分析，实现图像空间中对已知形状曲线的检测。下面以检测直线为例，说明 Hough 变换的基本原理。

在图像空间中的直线可以表示为

$$y = kx + b \tag{8.2.30}$$

式中，(x, y) 为图像上的像素，k 为直线斜率，b 为直线截距。当直线接近垂直时，其斜率 k 可能趋于无穷大。为避免这种情况的出现，一般可把直线方程用极坐标形式表示。

设坐标原点到直线的垂直距离为 ρ，直线法线与 x 轴的夹角为 θ，则这条直线可唯一表示为

$$\rho = x\cos\theta + y\sin\theta \tag{8.2.31}$$

若 (x_i, y_i) 为图像空间中的一个点，则通过该点的直线均满足

$$\rho = x_i\cos\theta + y_i\sin\theta$$
$$= (x_i^2 + y_i^2)^{\frac{1}{2}}\sin(\theta + \gamma) \tag{8.2.32}$$

式中，$\gamma = \arctan(y_i / x_i)$。

根据以 x 和 y 为坐标的图像空间和以 ρ 和 θ 为坐标的参数空间，可以得到如下对应关系。

(1) 图像空间中的一条经过 (x, y) 的直线在参数空间中映射为一个点 (ρ, θ)。

(2) 图像空间中的一个点 (x, y) 映射为参数空间中的一条正弦曲线。

(3) 图像空间中的一条直线上的多个共线点映射为参数空间中相交于一点的多条正弦曲线。

因此，要检测图像空间中的直线，就必须转换为检测参数空间中正弦曲线相交最多的那个峰值点，这就是 Hough 变换检测直线的原理。

为了找出 Hough 变换的峰值点，可以将参数空间按 ρ 和 θ 量化为许多小格。对于每一个边缘点 (x_i, y_i)，根据式(8.2.32)将其映射到参数空间并计算出 ρ，则计算结果会落在参数空间上的某个小格中，将该小格的计数单元值加 1。当全部边缘点映射完成后，对计数单元进行检测，若只检测一条直线，则根据参数空间上最大计数值单元所对应的点就可以确定图像空间上的直线。若检测的是 N 条直线，则计数值最大的前 N 个计数单元分别对应这 N 条直线的参数。

图 8-6 显示了图像空间中的直线与参数空间中点的对应关系。图 8-6(a)为包含一个细线状目标的图像，图 8-6(b)为对图 8-6(a)进行 Hough 变换的结果。

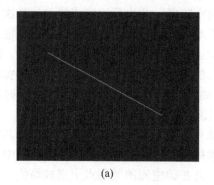
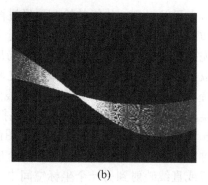

(a)   (b)

图 8-6　Hough 变换检测直线

8.2.6　Canny 算子

前面几节介绍的一阶和二阶经典导数算子构造简单，便于应用。但是这些导数算子依然存在一些问题：一是容易受图像噪声的影响；二是边缘检测定位精度不够，如拉普拉斯算子常常会产生双边界；三是在噪声等干扰因素影响下，难以得到闭合的边缘。针对这些问题，John F. Canny 研究了最优边缘检测器所需要的特性，并给出了评价边缘检测算子性能优劣的三个指标。

(1) 好的检测率。算法能够尽可能多地标识出图像中实际的边缘，即将非边缘点判定为边缘点的概率要低，同时将边缘点判定为非边缘点的概率也要低。

(2) 好的定位性能。标识出的边缘要尽可能与图像中的实际边缘接近，检测出的边缘点要尽可能位于实际边缘的中心。

(3) 最小响应。图像中的边缘只能标识一次，即单个边缘产生多个响应的概率要低，虚假边缘响应应得到最大抑制。

基于最优边缘检测的原理，John F. Canny 设计了一个多级边缘检测算子——Canny 算子。Canny 边缘检测算子的基本步骤如下所述。

(1) 利用二维高斯函数对图像进行平滑。

$$h(x,y) = \exp\left(-\frac{x^2 + y^2}{2\sigma^2}\right) \tag{8.2.33}$$

(2) 利用一阶导数算子检测图像边缘，得到每个像素点的梯度值和方向。

$$H_h = \begin{bmatrix} -1 & 1 & 0 \\ -1 & 1 & 0 \\ 0 & 0 & 0 \end{bmatrix}, \quad H_v = \begin{bmatrix} -1 & -1 & 0 \\ 1 & 1 & 0 \\ 0 & 0 & 0 \end{bmatrix} \tag{8.2.34}$$

(3) 对梯度值进行非极大值抑制，细化借助梯度检测得到的边缘像素所构成的边缘。"非极大抑制"的基本方法是考虑梯度幅度图中的小邻域(如 3×3)，并且比较当前像素与其同梯度方向相邻像素的梯度值。如果该像素的梯度值不大于相邻像素的梯度值，则将其值置为零；否则，将其保留下来。

梯度的方向在邻域范围内可以标记为 0，1，2，3 四个方向，如图 8-7 所示。非极大值抑制的作用是在邻域范围内，将当前待处理像素与同方向的临近像素进行比较，以决定梯度局部极大值。例如，如果中心像素 p 的梯度方向属于第 1 区，则把 p 的梯度值与它左下和右上的邻近像素的梯度值进行比较，看 p 的梯度值是否是局部极大值。如果是，则保留像素 p 的梯度值；如果不是，就把 p 的梯度值置为 0。

(4) 双阈值边缘链接。对经过非极大值抑制的梯度图像再利用阈值 Th_1 和 Th_2 进行两次边缘提取，并且可以设 $2Th_1 = Th_2$，从而可以得到两个边缘图像 G_{Th1} 和 G_{Th2}。由于 G_{Th2} 使用高阈值得到，因而去除了大部分假边缘和噪声，但同时也损失了很多有用的边缘信息，提取的图像边缘可能存在较多间断。而 G_{Th1} 保留了较多的边缘信息和噪声。因此，可以以 G_{Th2} 为基础，参照 G_{Th1} 来链接图像的边缘。具体实现时，先在 G_{Th2} 中沿边缘进行扫描，当到达边缘端点 q 时，在 G_{Th1} 中对应的 q' 点的 8 邻域内进行搜索，如存在边缘点则将其添加到 G_{Th2} 中，然后回到 G_{Th2} 中重新进行搜索。如此重复，直到在 G_{Th2} 和 G_{Th1} 中的搜索都无法继续为止。

3	2	1
0	p	0
1	2	3

图 8-7　像素邻域梯度方向示意图

图 8-8 给出了利用 LoG 算子和 Canny 算子对 cameraman 图像进行边缘检测的实例。图 8-8(a)为原图像，图 8-8(b)为利用 LoG 算子检测得到的边缘图像，图 8-8(c)为利用 Canny 算子检测得到的边缘图像。从图中可以看到，相对于 LoG 算子，Canny 算子提取的边缘闭合性更强，检测到的边缘信息更丰富，同时边缘的定位也更准确。

(a)　　　　　　　　　　　(b)　　　　　　　　　　　(c)

图 8-8　LoG 算子和 Canny 算子边缘提取比较

8.3　阈值分割方法

根据图像分割的定义，同一个分割区的像素灰度之间具有相似的属性，而不同分割区之间具有较大的差异。特别是有些图像，目标物与背景、不同目标物之间在像素值、像素周围区域性质、像素位置坐标等方面具有明显的差异，可以使用阈值分割方法来进行图像分割。

8.3.1　原理和分类

图像阈值分割是利用图像中要提取的目标与背景在灰度特性上的差异，把图像视为具有不同灰度级的区域的组合，然后选取一个或多个合适的阈值对图像中每一个像素点进行划分，以确定这些像素应该属于目标还是背景区域，并最终生成分割后的图像。

阈值分割方法对于物体与背景有较强对比的图像特别有效。比如说物体内部灰度分布均匀一致，背景在另一个灰度级别上也分布均匀，这时利用阈值可以将目标与背景分割得很好。如果目标和背景的差别是某些其他特征而不是灰度特征时，也可以先将这些特征差别转化为灰度差别，然后再应用阈值分割方法进行处理，这样使用阈值分割技术也可能是有效的。

阈值分割的基本流程可分为四步。第一步是建立图像信息的描述模型。这个模型可以是一维直方图，也可以是二维直方图等，模型的合理与否直接关系到后续处理的结果。当然，考虑的信息越多，计算量也就越大，如基于二维直方图的图像分割方法的计算量就比基于一维直方图的分割方法要大很多。阈值分割的第二步是确定求取阈值的准则。在模型一定的前提下，求取阈值的准则将决定最终的分割阈值。求取阈值的准则有很多，如最大熵法、最大类间方差法等。阈值分割的第三步是求取分割阈值。在阈值分割建立的模型和准则不复杂的情况下，用穷举法可以取得更好的效果。阈值分割的最后一步是将图像中所有像素值与阈值比较并根据比较结果将像素分成目标或背景两类。阈值分割的流程中，最重要最关键的是如何选取最合适的阈值。如果能找到合适的阈值，就能对图像进行准确、方便地分割。阈值选取准则可用下式表示。

$$T = F[x, y, f(x, y), N(x, y)] \tag{8.3.1}$$

式中，$f(x, y)$ 是像素处的灰度值，$N(x, y)$ 是该点邻域的某种局部性质。

借助式(8.3.1)，图像阈值分割方法可以分为下述两类。

(1) 全局阈值分割方法，仅根据图像的灰度信息来选取阈值。

(2) 局部阈值分割方法，根据像素的灰度信息和像素周围局部区域性质来选取阈值。

8.3.2 全局阈值分割方法

1. 灰度直方图双峰法

灰度直方图双峰法是直接从图像的灰度分布直方图上来确定阈值。这是基于如下的假定：若图像由具有单峰灰度分布的目标和背景组成，在目标和背景内部的相邻像素间的灰度值是高度相关的，但在目标和背景交界处两边的像素在灰度值上有较大的差异，则该图像的灰度直方图呈双峰状且双峰间有明显的波谷。这时，可以将直方图双峰之间的波谷最低点的灰度值作为阈值，从而把目标较好地从背景中分割出来。直方图双峰法对于目标和背景有很大灰度差异的图像能实现简单而有效地分割。而直方图谷点的选取可借助求曲线极小值的方法。需要注意的是，直方图双峰法并不适用于单峰或多峰直方图。而在图像结构比较复杂的情况下，直方图双峰法常常会导致阈值选取失败。

图 8-9 给出了利用灰度直方图双峰法对 cameraman 图像进行阈值分割的实例。图 8-9(a)为原图像；图 8-9(b)为 cameraman 图像的灰度直方图；图 8-9(c)为分割结果，分割阈值为 81。

2. 最大类间方差法

从统计意义上讲，方差是表征数据分布不均衡性的统计量，它反映了数据的分散程度(偏离均值的程度)。在图像中，某一区域内的图像方差越小，说明该区域的图像灰度值越接近，有更大的可能属于同一属性的区域，反之亦然。最大类间方差法的基本原理就是将待分割图像看作是由两类组成：一类是背景；另一类则是目标。用方差来衡量目标和背景之间的差别，并使目标和背景两类类间方差最大的灰度级作为最佳阈值。背景和目标之间的类间方差越大，说明构成图像背景和目标的差别越大。当部分目标被错分为背景或部分背景被错分为目标时两部分的差别都会变小。因此，使类间方差最大的分割意味着错分概率最小。

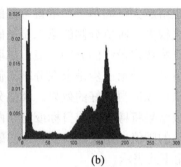

(a)   (b)   (c)

图 8-9 灰度直方图双峰法阈值分割实例

根据上述设计原理，该方法的具体步骤如下所述。

(1) 计算图像中所有灰度级的分布概率。设一幅大小为 $M \times N$，灰度级为 L 的图像，如果图像中灰度级 i 的像素个数为 N_i，则灰度级 i 的概率为

$$p_i = \frac{N_i}{M \times N} \tag{8.3.2}$$

(2) 给定初始阈值 T 把图像分为 C_1 和 C_2 两类，计算 C_1 类和 C_2 类的分布概率 P_1 和 P_2。

$$P_1 = \sum_{i=0}^{T} p_i, \quad P_2 = 1 - P_1 \tag{8.3.3}$$

(3) 分别计算 C_1 和 C_2 两类的类内灰度均值 μ_1、μ_2，以及图像的总体灰度均值 μ。

$$\mu_1 = \sum_{i=0}^{T} iP(i \mid C_1) = \sum_{i=0}^{T} ip_i / P_1 = \mu(T) / P_1 \tag{8.3.4}$$

$$\mu_2 = \sum_{i=T+1}^{L-1} iP(i \mid C_2) = \sum_{i=T+1}^{L-1} ip_i / P_2 = \frac{\mu - \mu_1}{P_2} \tag{8.3.5}$$

$$\mu = \sum_{i=0}^{L-1} ip_i \tag{8.3.6}$$

式中

$$\mu(T) = \sum_{i=0}^{T} ip_i \tag{8.3.7}$$

(4) 计算图像的类间方差。

$$\sigma_B^2 = P_1(\mu_1 - \mu)^2 + P_2(\mu_2 - \mu)^2 = P_1 P_2(\mu_1 - \mu_2)^2 \tag{8.3.8}$$

(5) 选择最佳阈值 T_{opt} 使类间方差最大。

$$T_{\text{opt}} = \underset{0 \leqslant T \leqslant L-1}{\arg\max} \left[\sigma_B^2 \right] \tag{8.3.9}$$

最大类间方差法对于目标与背景面积相差不大的图像有较好的分割效果。但是，当图像中目标与背景的面积相差很大时，最大类间方差法的分割效果可能不佳。此外，当目标与背景的灰度有较大的重叠时，最大类间方差法也有可能不能准确地将目标与背景分开。

图 8-10 给出了利用最大类间方差法对 lena 图像进行阈值分割的实例。图 8-10(a)为原图像；图 8-10(b)为 lena 图像的灰度直方图。可以看到，lena 图像的灰度直方图呈现出多峰状态，因此并不适合使用灰度直方图双峰法来获取分割阈值。图 8-10(c)为分割结果，分割阈值为 117。

 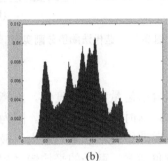 

  (a)   (b)   (c)

图 8-10　最大类间方差法阈值分割实例

3．迭代阈值法

迭代阈值法是通过多次迭代的方法计算图像分割的最佳阈值。这种方法的设计思路是，先选择一个近似阈值作为最优分割阈值的初始值，借助该初始值把图像分为两类，然后基于这两类平均灰度计算新的分割阈值。这一过程重复进行，从而不断对分割阈值进行修正。迭代阈值法具有一定的自适应性。

迭代阈值分割方法的实现步骤如下。

(1)　给定初始阈值 T^0。例如，可以求出图像中的最大灰度值 t_{L-1} 和最小灰度值 t_0，并令

$$T_0 = \frac{t_0 + t_{L-1}}{2} \tag{8.3.10}$$

(2)　根据当前阈值把图像分为 C_1 和 C_2 两类，计算 C_1 和 C_2 类的平均灰度 u_1 和 u_2。

(3)　求出新的阈值

$$T^{k+1} = \frac{u_1 + u_2}{2} \tag{8.3.11}$$

(4)　如果 $T^{k+1}=T^k$，则迭代结束，否则 $k \leftarrow k+1$，转到第(2)步继续迭代。

迭代阈值分割方法对于目标物和背景之间灰度级存在明显差异的图像分割效果较好，但对于目标和背景灰度一致性较差的图像分割效果可能就不够理想。

图 8-11 给出了利用迭代法对 cameraman 图像进行阈值分割的实例。图 8-11(a)为原图像；图 8-11(b)为分割结果，分割阈值为 88。

(a)   (b)

图 8-11 迭代法阈值分割实例

4. 最大熵方法

熵是信息论中对数据中所包含信息量大小的度量。由熵的定义可知，当一个信息源中所有的事件以相同的概率出现时，这时候信息熵最大。因为信息源的不确定性大，所以信息熵最大。熵取最大值时，就表明获得的信息量为最大。最大熵方法的设计思路是，选择适当的阈值将图像分为目标和背景两类，两类的平均熵之和为最大时，可从图像中获得最大信息量，以此来确定最佳阈值。

最大熵阈值分割方法的基本步骤如下。

(1) 计算出图像中所有灰度级的分布概率。设一幅大小为 $M \times N$，灰度级为 L 的图像，如果图像中灰度级为 i 的像素个数为 N_i，则灰度级 i 的概率为

$$p_i = \frac{N_i}{M \times N} \tag{8.3.12}$$

(2) 给定初始阈值 T^0 把图像分为 C_1 和 C_2 两类，计算图像目标区域的熵和图像背景区域的熵

$$E_1 = -\sum_{i=0}^{T} (p_i / p_T) \cdot \ln(p_i / p_T) \tag{8.3.13}$$

$$E_2 = -\sum_{i=T+1}^{L-1} \left(p_i /(1 - p_T) \right) \cdot \ln(p_i / 1 - p_T) \tag{8.3.14}$$

式中

$$p_T = \sum_{i=0}^{T} p_i \tag{8.3.15}$$

(3) 最大熵法的最佳阈值公式为

$$T^{opt} = \arg\max \left[E_1(T) + E_2(T) \right] \tag{8.3.16}$$

遍历图像的灰度级，求出使目标区域和背景区域平均熵的和最大的灰度级，即为最佳分割阈值 T^{opt}。

图 8-12 给出了利用最大熵方法对 lena 图像进行阈值分割的实例。图 8-12(a)为原图像；图 8-12(b)为分割结果，分割阈值为 122。

(a)   (b)

图 8-12 最大熵法阈值分割实例

8.3.3 局部阈值分割方法

在上一节介绍的各种方法中，主要以图像像素灰度作为分割的准则。事实上，图像像素间存在很强的相关性。如果在确定阈值时，除了考虑当前像素的灰度值外，还考虑其与邻近像素之间的关系，这样就有可能获得更加科学的分割阈值。

1. 二维最大熵阈值分割方法

8.3.2 节介绍了一维最大熵阈值分割方法。这种分割方法在选取分割阈值时只考虑了图像像素的灰度特征。由于像素的灰度特征对噪声较为敏感，所以在对图像进行分割时，一维最大熵阈值分割方法容易受到噪声的干扰，可能得不到好的分割结果。

在图像的特征中，除像素灰度特征外，还有区域灰度等特征可以利用。区域灰度特征包含了图像的部分空间信息，对噪声的敏感程度低于像素灰度特征。因此，为了增强一维最大熵阈值分割方法的抗噪性能，可以将一维熵方法推广到二维。利用图像中各个像素的灰度值及其区域灰度均值生成二维直方图，并以此为依据选取最佳阈值。

二维最大熵阈值分割方法的具体步骤如下。

(1) 计算图像中所有灰度级的分布概率。设一幅大小为 $M \times N$，灰度级为 L 的图像，如果图像中灰度级为 i、其区域灰度均值为 j 的像素个数为 $N_{i,j}$，则 $p_{i,j}$ 为点灰度-区域灰度均值对 (i, j) 的联合概率密度，即

$$p_{i,j} = \frac{N_{i,j}}{M \times N} \tag{8.3.17}$$

(2) 选择最佳向量阈值 (s, t)，使代表目标区域和背景区域的离散二维熵最大。

$$(s^*, t^*) = \arg\max \left\{ \ln[P_A(1 - P_A)] + H_A / P_A + (H_L - H_A)/(1 - P_A) \right\} \tag{8.3.18}$$

式中，

$$P_A = \sum_{i=0}^{s} \sum_{j=0}^{t} p_{i,j} \tag{8.3.19}$$

$$H_A = -\sum_{i=0}^{s} \sum_{j=0}^{t} p_{i,j} \ln p_{i,j} \tag{8.3.20}$$

$$H_L = -\sum_{i=0}^{L-1}\sum_{j=0}^{L-1} p_{i,j} \ln p_{i,j} \tag{8.3.21}$$

在上述二维阈值化方法中，需要对每个(s, t)对进行遍历，计算比较耗时。实际应用中，为了提高运算速度，减少重复计算，可以通过对递推过程的改进来对二维最大熵进行优化。

图 8-13 给出了利用二维最大熵法对 cameraman 图像进行阈值分割的实例。图 8-13(a)为原图像；图 8-13(b)为分割结果，分割阈值为(138，125)。

(a)   (b)

图 8-13 二维最大熵法阈值分割实例

2. 自适应阈值分割方法

前面介绍的几种阈值分割方法，都是对整幅图像寻找一个最优阈值将图像分为目标和背景区域。但是，对于较为复杂的图像，上述方法往往会产生一些问题。例如，当图像存在光照不均匀的问题、图像中有不同的阴影、或各个区域的对比度不同时，如果只用一个固定的全局阈值对整幅图像进行分割，则由于不能兼顾图像各处的情况而使分割效果受到影响。这时可以引入自适应阈值。所谓自适应阈值，就是用一组随图像中位置缓慢变化的阈值对图像进行分割，使这些分割阈值在图像的局部区域内获得良好的分割结果。

自适应阈值分割方法的基本原理是：首先将图像分解成一系列子图像。这些子图像相互间可以有一定的重叠，也可以只相邻。在每个子块上采用任何一种固定阈值方法选择合适的阈值进行分割。如果子图像块的尺寸划分得比较合适，则在每个子块上，由光照不均或阴影造成的影响就比较小，甚至可以忽略不计。这时，对每个子图像块选取合适的阈值进行分割就可以获得比较理想的分割效果。

自适应阈值分割方法虽然时间复杂度和空间复杂度比较大，但是抗噪声的能力比较强，对采用全局阈值不容易分割的图像有较好的效果。这种方法的关键问题是如何确定子图像的大小以及采用何种方法获取子图像的分割阈值。由于用于每个像素的分割阈值取决于像素在图像中的位置，因此这类阈值选取是自适应的。自适应阈值分割方法的不足之处是，在阈值分割后，相邻子图像之间的边界处可能产生灰度级的不连续性。对于这一问题可以通过图像平滑进行排除。

图 8-14 给出了利用自适应阈值分割方法对存在光照不均匀和高斯噪声污染的图像进行阈值分割的实例。图 8-14(a)为原图像；图 8-14(b)为图 8-14(a)受不均匀光照影响和高斯

噪声污染后的图像；图 8-14(c)为利用最大类间方差法得到的分割图像；图 8-14(d)表示把图 8-14(b)分割为尺寸相同的四个子图像；图 8-14(e)为对每个子图像分别使用最大类间方差法得到的分割结果。从图中可以看到，相对于全局阈值分割方法，自适应阈值分割方法在分割图像时可以更有效地消除光照不均匀以及噪声的影响。

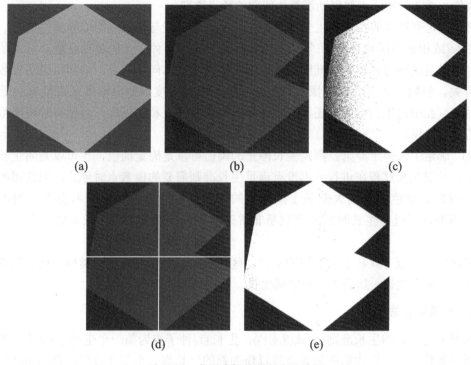

图 8-14　自适应阈值分割方法实例

8.4　区域提取方法

基于区域的图像分割方法是利用同一区域内特征的相似性，将相似的区域合并而把不相似的区域分开，最终把图像划分成一系列有意义区域的处理方法。显然，这类方法的核心，就是如何对区域的特性进行恰当地描述，以及如何根据该特性进行区域划分。基于区域的图像分割方法在有噪声的图像中一般会有更好的效果。

8.4.1　区域生长法

区域生长的基本思想是将具有相似性质的像素集合起来构成区域。该方法需要先在每个待分割的区域中选取一个种子点，接着依次将种子像素和周围邻域中与种子像素有相同或相似性质的像素(根据某种事先确定的生长或相似准则来判定)归并到种子像素所在的区域中，然后将这些新像素当作新的种子继续合并的过程，直到再没有满足条件的像素可被包括进来为止。这样一个区域就可生成。区域内像素的相似性度量可以包括平均灰度值、纹理、颜色等信息。

使用区域生长法,首先要解决以下三个问题。

(1) 确定要分隔的区域数目,并在每个区域内选择或确定一个能正确代表该区域灰度取值的种子点。选取的种子点原则上是待提取区域有代表性的点。可以是单个像素,也可以是包括若干个像素的子区域。种子点可以随着区域的生长而变化,也可以设定为一个固定的数值。通常,种子点要借助于具体问题的特点选取。

(2) 确定有意义的特征和生长准则。生长准则是确定与种子点相似程度的度量,也是区域生长(或相邻小区域合并)的条件。生长准则多采用与种子点的距离度量,可以是像素方式也可以是区域方式。生长准则的选取不仅依赖于具体问题本身,也和所用图像数据的种类有关。例如,当所处理图像是彩色图像时,仅用灰度准则分割效果可能就会受到影响。另外,在确定生长准则时还需要考虑像素间的连通性和邻近性,否则有时可能得到无意义的分割结果。

(3) 确定生长停止准则。判定生长停止的阈值可以是确定的值,也可以是随生长而变化的值。一般生长过程在进行到再没有满足生长准则需要的像素点时停止。但常用的基于灰度、纹理、彩色的准则大都基于图像中的局部性质,并没有充分考虑生长的历史。因此,渐变区域进行生长时的停止判断非常重要。一般需要结合生长准则来进行合理的设定。

根据所用邻域方式和生长准则的不同,区域生长法可以分为多种类型。这里仅介绍基本的三类:简单生长、质心生长和区域生长。

1. 简单生长法

按照事先确定的生长准则(见式(8.4.1)),生长点(种子点为第一个生长点)接收其邻域内具有相同属性的点,接收后的像素点可以作为新的生长点。重复此过程,直到不能生长为止,此时区域生成。

$$\left|f(x,y)-f(m,n)\right|\leqslant T \tag{8.4.1}$$

式中,$f(m,n)$表示生长点(m,n)的某种属性值,如灰度;$f(x,y)$表示(m,n)的邻域点(x,y)的属性值;T表示相似性阈值。

2. 质心生长法

质心生长法考虑了已生成区域的整体信息,其生长准则如式(8.4.2)所示。

$$\left|f(x,y)-\overline{f(m,n)}\right|\leqslant T \tag{8.4.2}$$

式中,$\overline{f(m,n)}$是已生长区域内所有像素的灰度平均值(质心)。这样就可以弥补简单生长法中过分依赖种子点的缺陷。

3. 区域生长法

区域生长法是通过生长准则将相邻两个性质相似的区域合并起来,其生长准则如式(8.4.3)所示。

$$\left|\overline{f_i}-\overline{f_j}\right|\leqslant T \tag{8.4.3}$$

式中,$\overline{f_i}$和$\overline{f_j}$分别为相邻的第i区域和第j区域的灰度平均值。

图 8-15 给出了已知种子点进行区域生长的一个实例。其中，图 8-15(a)表示待分割的原图像，该图像要划分为两个区域，这两个区域的种子点分别位于点(4, 2)和点(3, 4)；图 8-15(b)是生长准则为像素灰度差小于等于 2 时的分割结果，图中不同阴影覆盖部分表示不同的分割区域；图 8-15(c)是生长准则为像素灰度差小于等于 1 时的分割结果。从图 8-15(c)中可以看到，像素点(2, 1)未被包含在任何一个图像区域中。

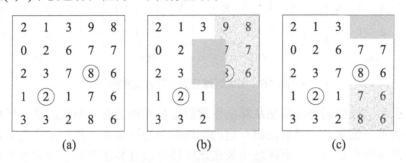

图 8-15　图像区域生长实例

区域生长法的优点是计算简单，特别适合于分割小的结构。在没有先验知识能够利用时，可以取得最佳的效果。此外，也可以用来分割比较复杂的图像，如自然景物。缺点是需要人工交互以获得种子点，同时对噪声也比较敏感。当对区域面积较大的图像分割时，计算缓慢，空间和时间开销都比较大。

8.4.2　分裂合并法

前面介绍了区域生长法，该方法最关键的一步，就是需要根据先验知识选取种子点，这就给一些无法获得先验知识的自动分割类问题的处理带来许多困难。

区域分裂合并法无须预先指定种子点，它按某种一致性准则分裂或者合并区域。区域分裂合并算法的基本原理是将输入图像分成多个子区域，然后对相邻的子区域根据某种判断准则迭代地进行合并。具体实现时，需要先确定一个分裂准则和一个相似性准则。分裂准则是区域特征一致性的测度准则。利用分裂准则先把整个图像分为若干个子区域，然后再利用分裂准则对每个子区域进行检测，当某个子区域的特征不一致时就将该子区域分裂成若干个更小的子区域。这一过程重复进行，当分裂到不能再分时，分裂结束。然后查找相邻子区域有没有相似的特征，当相邻的子区域满足相似性准则时就将它们进行合并，直至所有区域不再满足分裂合并的条件为止。

区域分裂合并方法可以先进行分裂运算，然后再进行合并运算；也可以分裂和合并运算同时进行，经过连续地分裂和合并，最后得到图像的精确分割效果。图 8-16 给出了利用图像区域分裂合并方法进行图像分割的一个实例。图 8-16(a)为待分割的原图像，并设分裂阈值 $\sigma=1$，表示图像块的灰度方差大于 1 时需要进一步分裂；相似性阈值 $u=2$，表示相邻图像块的灰度均值小于或等于 2 时可以进行合并；图 8-16(b)表示基于设定的分裂阈值 σ，图像先被分裂为四个子块，对应图像的左上、右上、左下和右下四部分，分别标记为 f_{11}、f_{12}、f_{21} 和 f_{22}，并计算这四个子块的灰度均值和方差，分别为，$u_{11}=1.25$，$\sigma_{11}=0.92$；$u_{12}=6.25$，$\sigma_{12}=6.25$；$u_{21}=2$，$\sigma_{21}=0.67$；$u_{22}=5.75$，$\sigma_{22}=10.25$；图 8-16(c)表示基于分裂阈值

σ，f_{12} 和 f_{22} 需要进一步分裂，刚好分裂到像素。然后基于设定的合并阈值 u，对各子区域进行合并；图 8-16(d)表示合并之后的结果。

2	1	3	9
0	2	6	7
2	3	7	8
1	2	1	7

(a)

2	1	3	9
0	2	6	7
2	3	7	8
1	2	1	7

(b)

2	1	3	9
0	2	6	7
2	3	7	8
1	2	1	7

(c)

2	1	3	
0	2	6	7
2	3	7	8
1	2	1	7

(d)

图 8-16　图像区域分裂合并方法实例

区域生长和区域分裂合并算法从算法原理而言是互相促进相辅相成的。区域分裂到极致就可分裂为单一像素点，然后按照一定的测量准则进行合并，在一定程度上可以认为是单一像素点的区域生长方法。而区域生长法比区域分裂合并法缩短了分裂的过程。区域分裂合并的方法通过反复拆分和聚合以实现分割，它可以在较大的一个相似区域基础上再进行相似合并，而区域生长通常需要从单一像素点出发进行生长(合并)。分裂合并算法的优点是不需要预先指定种子点，对于分割复杂的场景图像比较有效。而缺点是分裂合并算法可能会使分割区域的边界被破坏。

8.5　习　　题

1. 简述图像分割的概念及作用。
2. 图像中的细节特征大致有哪些？一般细节反映在图像中的什么地方？
3. 常用的图像分割方法有哪几类？对每一类别方法分别举例说明。
4. 一阶导数算子与二阶导数算子在提取图像的细节信息时，有何异同之处？
5. 已知一幅 7×7 的二值图像为

$$f = \begin{bmatrix} 0 & 0 & 0 & 0 & 0 & 0 & 0 \\ 0 & 1 & 1 & 1 & 1 & 1 & 0 \\ 0 & 1 & 1 & 1 & 1 & 1 & 0 \\ 0 & 1 & 1 & 0 & 0 & 0 & 0 \\ 0 & 1 & 1 & 1 & 1 & 1 & 0 \\ 0 & 1 & 1 & 1 & 1 & 1 & 0 \\ 0 & 0 & 0 & 0 & 0 & 0 & 0 \end{bmatrix}$$

分别采用 Roberts 算子和 Prewitt 算子计算图像 f 的梯度。

6. 已知图像为

$$f = \begin{bmatrix} 1 & 5 & 15 & 8 & 8 & 8 \\ 1 & 7 & 14 & 8 & 7 & 7 \\ 3 & 7 & 10 & 15 & 11 & 9 \\ 1 & 0 & 8 & 9 & 6 & 6 \\ 3 & 4 & 4 & 5 & 5 & 4 \\ 2 & 2 & 3 & 5 & 5 & 5 \end{bmatrix}$$

分别采用拉普拉斯算子 H_4 和 H_8 计算图像 f 的拉普拉斯值。

7. 已知图像为

$$f = \begin{bmatrix} 1 & 0 & 2 & 2 & 3 & 3 \\ 1 & 2 & 9 & 9 & 1 & 2 \\ 0 & 8 & 1 & 2 & 8 & 1 \\ 2 & 8 & 1 & 9 & 2 & 2 \\ 3 & 9 & 8 & 9 & 1 & 2 \\ 1 & 2 & 0 & 1 & 2 & 2 \end{bmatrix}$$

编写一个程序，利用局部边缘连接法提取图像 f 中存在的闭合边缘。

8. 说明采用 Hough 变换检测图像中的直线的主要原理。

9. 简述 Canny 算子边缘检测的具体步骤。

10. 编写一个程序，对具有双峰直方图的图像实现自动分割。

11. 如果图像灰度由于光照原因引起不均匀，如何得到该图像最优的分割结果？试述几种可能的解决方案。

12. 编写一个程序，实现自适应阈值分割方法。其中。每个图像块的阈值分割方法可以选择最大类间方差法或迭代法。

13. 简述区域生长方法实现时需要解决的关键性问题。

14. 已知图像为

$$f = \begin{bmatrix} 2 & 1 & 7 & 7 \\ 1 & 0 & 2 & 8 \\ 1 & 1 & 1 & 7 \\ 7 & 7 & 8 & 9 \end{bmatrix}$$

分别采用区域生长法和区域分裂合并方法实现对图像 f 的分割，并详述计算过程。

第 9 章　形态学图像处理

图像的中层处理是整个数字图像处理理论体系中非常关键的一个层次。图像中层处理既要借鉴图像低层处理的结果，又要为图像高层处理奠定基础，以起到承上启下的作用。其中，第 8 章介绍的图像分割是图像中层处理的一个重要环节。但是，图像中层处理仅仅依靠图像分割是远远不够的，通常还需要借助一系列处理技术来完成对图像和图像中目标的量化、分类，以及利用从图像中提取的信息构建对场景的描述。本章和第 10 章将对图像描述与分析的相关技术进行介绍。

图像中层处理技术也称为图像分析技术。由于图像本身的复杂性以及图像分析需求的多样性，图像中层处理理论和方法很难具有通用性。因此，针对不同的应用场合和具体问题需要采用不同的图像分析方法。其中，数学形态学方法就是进行图像分析研究的有力工具之一。

数学形态学图像分析方法是建立在严格的数学理论基础之上的。它以形态方法为基础来对图像进行分析处理。数学形态学的基本原理是利用具有一定形态的结构元素作为“探针”去量度和提取图像中对应的形状，并通过“探针”在图像中不断移动来考察图像各个区域之间的相互关系，从而了解图像的结构特征。

应用数学形态学进行图像处理可以简化图像数据，保持图像中目标的基本形状特征并且消除图像中一些不相干的结构成分。此外，数学形态学还具备一些独有的性质。

(1)　图像形态反映的是一幅图像中像素间的逻辑关系，而不是简单的数值关系。

(2)　数学形态学是一种非线性的图像处理方法，并且是不可逆的。

(3)　数学形态学处理可以并行进行。

(4)　数学形态学可以用来描述和定义图像的几何参数与特征。

数学形态学方法由一组形态学的基本运算组成。包括膨胀、腐蚀、开运算和闭运算。这些基本运算在二值图像和灰度图像中各有特点。基于这些基本运算还可推导和组合成各种数学形态学实用算法。

本章将首先介绍数学形态学的基本概念及定义，其次介绍二值数学形态学的基本运算和常用算法，最后介绍灰度数学形态学的基本原理。

9.1　数学形态学基本概念及定义

9.1.1　结构元素

结构元素具有某种确定形状，是用于探测当前图像的一个小集合(邻域)。结构元素与被处理的图像中需要抽取信息的形态密切相关。为了确定图像的结构，需要设计一个结构元素，并且通过在图像中不断移动结构元素，逐个考查图像各区域之间的关系，对各区域进行检验，最后得到一个表示图像各区域之间关系的集合。

　　在对图像进行数学形态学处理时，结构元素的形状和尺寸必须适应待处理目标图像的几何性质。通常情况下，结构元素的尺寸要明显小于图像中目标的尺寸。选择结构元素时，其形状最好具有某种凸性。根据不同的图像分析目的，常用的结构元素有方形、扁平形、十字形、圆形等。此外，在利用结构元素对图像进行形态处理时，需要给结构元素定义一个原点。这个原点可以使结构元素定位于给定的像素上，从而作为结构元素参与形态学运算的参考点。结构元素原点可以包含在结构元素中，也可以不包含在结构元素中。图 9-1 所示给出了两种情况的示例。其中，"•"表示结构元素的原点。需要注意的是，在两种不同的条件下形态运算的结果可能存在差异。图 9-2 所示给出了几种基本形状的结构元素。其中，图 9-2(a)～(d)分别表示方形、扁平形、十字形和图形结构元素。

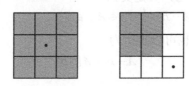

图 9-1　原点位置不同的结构元素

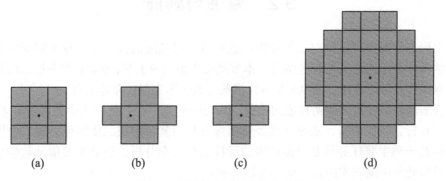

(a)　　　　　　(b)　　　　　　(c)　　　　　　(d)

图 9-2　几种基本形状的结构元素

9.1.2　基本集合运算定义

数学形态学的数学基础是集合论。本节介绍集合论的几个基本概念。

1．集合

　　具有某种性质的、确定的、相互间有区别的事物的全体称为集合。集合常用大写字母如 A、B 等表示。构成集合的每一个事物称为元素。元素通常用小写字母如 a、b 等表示。

2．子集、并集和交集

　　当且仅当集合 A 的元素都属于集合 B 时，称 A 是 B 的子集。由集合 A 和集合 B 的所有元素构成的集合称为 A 和 B 的并集。由集合 A 和集合 B 中公共元素构成的集合称为 A 和 B 的交集。

3．补集

　　集合 A 的补集，记为 A^C，其定义为

$$A^C = \{x \mid x \notin A\} \tag{9.1.1}$$

4. 映像

集合 A 的映像(也称为映射、反射)，记为 $\hat{A}$，其定义为

$$\hat{A} = \{x \mid x = -a, a \in A\} \tag{9.1.2}$$

对于图像而言，$\hat{A}$ 是由 A 中坐标(x, y)被$(-x, -y)$代替的像素构成的集合，也称作 A 的反射。

5. 差集

集合 A 和 B 的差，记为 $A-B$，其定义为

$$A - B = \{x \mid x \in A, x \notin B\} \tag{9.1.3}$$

根据定义，A 和 B 的差集也可以表示为

$$A - B = A \bigcap B^C \tag{9.1.4}$$

9.2 腐蚀与膨胀

数学形态学操作可以针对二值图像，也可以针对灰度图像。在两种不同的情况下，数学形态学具体操作的定义是有区别的。本节及接下来的 9.3 节、9.4 节将介绍二值数学形态学的基本操作及常用算法。而 9.5 节将介绍灰度数学形态学的基本操作。

二值图像指灰度值只取两种值的图像。为方便起见，在二值图像中通常取 0 和 1 来表示背景和目标。一般而言，灰度图像经过图像分割后就可形成二值图像。对二值图像作进一步分析的一项主要任务就是对图像中的目标进行形态分析。这就需要借助数学形态学方法。而形态处理中最基本的操作就是腐蚀与膨胀。

9.2.1 腐蚀

当利用结构元素探测图像时，第一个需要考虑的问题就是"结构元素能否填入集合中"。设集合 A 表示二值输入图像的子集(比如目标区域)，集合 B 表示结构元素，则集合 A 被 B 腐蚀定义为

$$A \ominus B = \{x \mid B_x \subseteq A\} \tag{9.2.1}$$

该式的含义是：利用结构元素 B 对集合 A 进行腐蚀得到的结果集合是由满足"当 B 的原点位于像素 x 时，整个结构元素 B 都位于 A 中" 这一条件的所有像素点构成的。

一般情况下，参与腐蚀运算的结构元素的原点位置在结构元素内。但是，在一些特殊情况下，结构元素的原点可以位于结构元素外。因此，下面分别介绍这两种情形下腐蚀运算的实现流程。

1. 原点位于结构元素内

原点位置在结构元素内的腐蚀运算基本步骤如下所述(假定目标集合由灰度值为 1 的像素构成)。

(1)　扫描原图，找到灰度值为 1 的像素点。将预先设定好形状以及原点位置的结构元素的原点移到该点。

(2)　判断该结构元素覆盖区域内像素点的灰度值是否全部为 1。如果是，则保持该点不变；否则，标记该点为待腐蚀点。

(3)　重复第(1)步和第(2)步，直到原图中所有灰度值为 1 的像素扫描完毕。

(4)　将原图中所有标记为待腐蚀像素点的灰度值置为 0(腐蚀为 0)。

图 9-3 显示了腐蚀操作的运算实例。其中，图 9-3(a)是原图像。其中，深色的矩形块表示灰度值为 1 的像素，白色的矩形块表示灰度值为 0 的像素；图 9-3(b)是长方形的结构元素；图 9-3(c)是腐蚀处理结果。从图 9-3(c)中可以看到，腐蚀运算是一种消除目标区域边缘点，使目标边缘向内收缩的处理方式。如果两个目标物之间有细小的连接，利用一定形状和尺寸的结构元素，腐蚀运算可以将这些连接清除。同时，如果图像中存在一些细小的目标物，可以通过选取尺寸足够大的结构元素将这些目标物一并腐蚀。

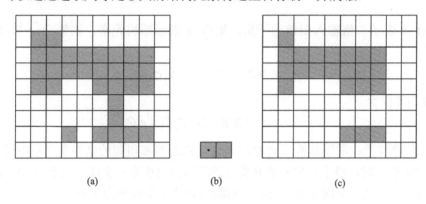

图 9-3　腐蚀运算示例

2. 原点位于结构元素外

原点位置在结构元素外的腐蚀运算基本步骤如下所述(假定目标集合由灰度值为 1 的像素构成)。

(1)　扫描原图像素，对于当前待考察像素点，将预先设定好形状以及原点位置的结构元素的原点移到该点。

(2)　判断该结构元素覆盖区域内像素点的灰度值是否全部为 1。如果是，则分两种情况：若当前待考察像素值为 1，则保持该点值不变；否则，将该点标记为待腐蚀点。如果不是，也分两种情况：若当前待考察像素值为 1，则将该点标记为待腐蚀点；否则，保持该点值不变。

(3)　重复第(1)步和第(2)步，直到原图中像素扫描完毕为止。

(4)　对原图中所有标记为待腐蚀像素点进行处理：如果该点灰度值为 1，则将该点灰度值置为 0；否则，将该点灰度值置为 1。

图 9-4 显示了两种形状和尺寸类似，但原点分别位于结构元素内部和外部的结构元素对同一幅二值图像进行的腐蚀操作的实例。其中，图 9-4(a)是原图像；图 9-4(c)是利用图 9-4(b)所示的结构元素对图 9-4(a)进行腐蚀的结果；图 9-4(e)是利用图 9-4(d)所示的结构元素对图 9-4(a)进行腐蚀的结果。从图 9-4(e)中可以看到，利用原点位于外部的结构元素对

图像进行腐蚀处理后,可能存在部分原先不属于目标集合的像素现在属于腐蚀运算后集合的情况。

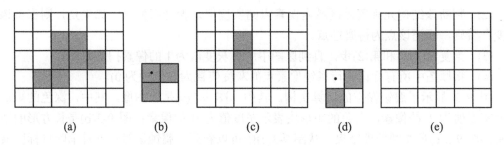

(a)　　　　　(b)　　　　　(c)　　　　　(d)　　　　　(e)

图 9-4　原点包含在结构元素内/外的腐蚀运算示例

9.2.2　膨胀

设集合 A 表示二值输入图像的子集,集合 B 表示结构元素,则集合 A 被 B 膨胀定义为

$$A \oplus B = \left\{ x \mid \left[\hat{B}_x \bigcap A \right] \subseteq A \right\} \tag{9.2.2}$$

式(9.2.2)等价于

$$A \oplus B = \left\{ x \mid \hat{B}_x \bigcap A \neq \varnothing \right\} \tag{9.2.3}$$

上两式的含义是:利用结构元素 B 对集合 A 进行膨胀得到的结果集合是由满足"当 $\hat{B}$ 的原点位于像素 x 时,整个结构元素 $\hat{B}$ 覆盖的区域内至少有一个像素位于 A 中"这一条件的所有像素点构成的。与腐蚀运算类似,膨胀运算的实现也分为两类。

1. 原点位于结构元素内

原点位置在结构元素内的膨胀运算其基本步骤如下所述(假定集合 A 由灰度值为 1 的像素构成)。

(1) 将预先设定好形状以及原点位置的结构元素以原点为中心旋转 180°。

(2) 扫描原图,找到灰度值为 0 的像素点,并将结构元素的原点移到该点。

(3) 判断该结构元素覆盖区域内的像素点是否存在灰度值为 1 的点。如果有,则标记该点为待膨胀点;否则,保持该点不变。

(4) 重复第(2)步和第(3)步,直到原图中所有灰度值为 0 的像素扫描完毕。

(5) 将原图中所有标记为待膨胀像素的灰度值置为1(膨胀为1)。

图 9-5 显示了膨胀操作的运算实例。图 9-5(a)是原图像;图 9-5(b)上面是长方形的结构元素,下面是结构元素的映像;图 9-5(c)是处理结果。从图 9-5(c)中可以看到,膨胀运算是一种将与目标区域邻接的背景点合并到该目标区域,并使目标边缘向外扩张的处理方式。如果目标区域内部存在一些孔洞,利用一定形状和尺寸的结构元素,膨胀运算可以将这些孔洞填充起来。同时,如果目标间存在一些细小的断裂时,可以通过选取尺寸足够大的结构元素将这些断裂合并起来。

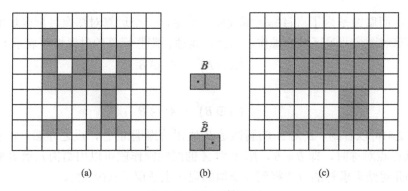

图 9-5　膨胀运算示例

2. 原点位于结构元素外

原点位置在结构元素外的膨胀运算的基本步骤如下所述(假定集合 A 由灰度值为 1 的像素构成)。

(1) 将预先设定好形状以及原点位置的结构元素以原点为中心旋转180°。

(2) 扫描原图像素，对于当前待考察像素点，将结构元素的原点移到该点。

(3) 判断该结构元素覆盖区域内像素点的灰度值分布状况。

如果当前待考察像素灰度值为 0，判断该结构元素覆盖区域内是否存在灰度值为 1 的像素。如果有，则标记该点为待膨胀点；否则，保持该点不变。

如果当前待考察像素灰度值为 1，判断该结构元素覆盖区域内像素点的灰度值是否全部为 0。如果是，则标记该点为待膨胀点；否则，保持该点不变。

(4) 重复第(2)步和第(3)步，直到原图中像素扫描完毕。

(5) 对原图中所有标记为待膨胀的像素点进行处理：如果该点灰度值为 0，则将该点灰度值置为 1；否则，将该点灰度值置为 0。

图 9-6 显示了两种形状和尺寸类似，但原点分别位于内部和外部的结构元素对同一幅图像进行膨胀操作的实例。图 9-6(a)是原图像；图 9-6(c)是利用图 9-6(b)所示的结构元素对图 9-6(a)进行膨胀的结果；图 9-6(e)是利用图 9-6(d)所示的结构元素对图 9-6(a)进行膨胀的结果。从图 9-6(e)中可以看到，利用原点位于外部的结构元素对图像进行膨胀处理后，可能存在部分原先属于目标集合的像素现在不属于膨胀运算后集合的情况。

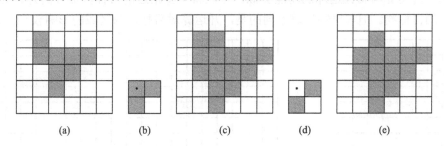

图 9-6　原点包含在结构元素内/外的膨胀运算示例

9.2.3　腐蚀、膨胀运算的对偶性

腐蚀和膨胀这两种运算实际上是紧密联系在一起的。可以这样理解：膨胀是为了将目

标区域扩大，而腐蚀是为了将目标区域收缩。其中，一个运算对图像目标区域的操作相当于另一个运算对图像背景区域的操作。因此，腐蚀、膨胀运算的对偶性可表示为

$$(A \ominus B)^c = A^c \oplus \hat{B} \tag{9.2.4}$$

以及

$$(A \oplus B)^c = A^c \ominus \hat{B} \tag{9.2.5}$$

从式(9.2.4)可以看到，B 对 A 的腐蚀是 $\hat{B}$ 对 A^c 的膨胀的补，反之亦然。特别是当结构元素 B 与其原点对称时，即 $\hat{B} = B$，则 B 对 A 的腐蚀操作就可以用结构元素 B 膨胀图像的背景(即 A^c)并对结果求补的方式得到。类似的说明也适用于式(9.2.5)。

9.3 开运算与闭运算

在数学形态学图像处理中，腐蚀处理可以缩小目标区域边缘，并将一些粘连的目标区域进行分离。而膨胀处理可以扩大目标区域边缘，并将一些断开的目标区域连接起来。由于这两类都会对目标区域的面积产生影响，因此可以利用数学形态学的另两类基本运算(开运算和闭运算)对图像进行处理。

9.3.1 开运算

设集合 A 表示二值输入图像的子集，集合 B 表示结构元素，则结构元素 B 对集合 A 的开运算定义为

$$A \circ B = (A \ominus B) \oplus B \tag{9.3.1}$$

从式(9.3.1)可以看到，B 对 A 的开运算实际上就是先利用 B 对 A 进行腐蚀，然后再利用 B 对腐蚀结果进行膨胀。

图 9-7 显示了开运算的操作实例。其中，图 9-7(a)是原图像；图 9-7(b)是长方形的结构元素；图 9-7(c)是利用图 9-7(b)所示的结构元素对图 9-7(a)进行腐蚀处理的结果；图 9-7(d)是开运算的结果[利用图 9-7(b)所示的结构元素对图 9-7(c)再进行膨胀处理]。从图 9-7(d)中可以看到，开运算与腐蚀运算的功能类似，可以将一些粘连的目标区域分离开，并且能清除一些小的目标物。但与腐蚀运算不同的是，开运算对目标边缘区域的影响较小。

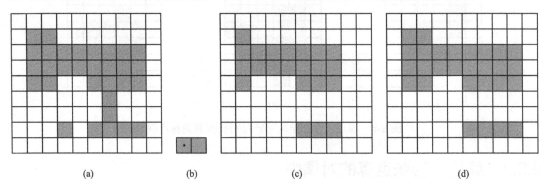

(a)　　　　(b)　　　　(c)　　　　(d)

图 9-7　开运算示例

9.3.2　闭运算

设集合 A 表示二值输入图像的子集，集合 B 表示结构元素，则结构元素 B 对集合 A 的闭运算定义为

$$A \bullet B = (A \oplus B) \ominus B \tag{9.3.2}$$

从式(9.3.2)可以看到，B 对 A 的闭运算是先利用 B 对 A 进行膨胀，然后再利用 B 对膨胀结果进行腐蚀。

图 9-8 显示了闭运算的操作实例。其中，图 9-8(a)是原图像；图 9-8(b)是长方形的结构元素；图 9-8(c)是利用图 9-8(b)所示的结构元素对图 9-8(a)进行膨胀处理的结果；图 9-8(d)是闭运算的结果[利用图 9-8(b)所示的结构元素对图 9-8(c)再进行腐蚀处理]。从图 9-8(d)中可以看到，闭运算与膨胀运算的功能类似，可以将目标区域中的一些孔洞填充上，并且能够把一些目标间的断裂连接起来。但闭运算对目标边缘区域的影响也较小。

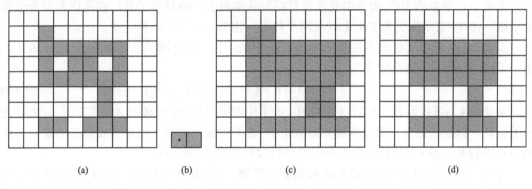

(a)　　　　　　　(b)　　　　　　　(c)　　　　　　　(d)

图 9-8　闭运算示例

9.4　形态学处理基本算法

前面介绍了二值数学形态学的四种基本运算。利用这四种基本运算的组合可以组成一些用于形态分析的组合运算和基本算法，下面依次介绍。

9.4.1　边缘提取

设二值图像中存在目标集合 A，它的边缘记为 $\rho(A)$。通过一个结构元素 B 先对 A 进行腐蚀，然后再取 A 和腐蚀结果的差集就可以得到 $\rho(A)$。其定义为

$$\rho(A) = A - (A \ominus B) \tag{9.4.1}$$

图 9-9 显示了边缘提取的操作实例。其中，图 9-9(a)是原图像；图 9-9(b)是正方形的结构元素；图 9-9(c)是利用图 9-9(b)对图 9-9(a)进行膨胀处理的结果；图 9-9(d)是边缘提取的结果[图 9-9(a)与图 9-9(c)取差集]。

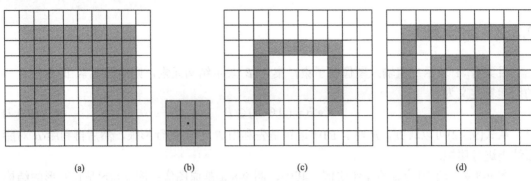

图 9-9　边缘提取示例

9.4.2　击中-击不中变换

数学形态学里的击中-击不中变换是目标形状检测的一种基本工具，也是许多组合运算的基础。击中-击不中变换实际上对应两个操作，需要运用两个结构元素。

设集合 A 表示二值输入图像的子集，B_1 和 B_2 为一对不重合的结构元素，令 $B=(B_1, B_2)$，则击中-击不中变换定义为

$$A \otimes B = (A \ominus B_1) \bigcap (A^c \ominus B_2) \tag{9.4.2}$$

从式(9.4.2)可以看到，B 对 A 的击中-击不中变换是用 B_1 去腐蚀 A，然后用 B_2 去腐蚀 A 的补集，得到的结果再求交集就可得到击中-击不中变换结果。这里需要注意的是，一般而言，$B_1 \bigcap B_2 = \varnothing$，否则击中-击不中变换将会得到空集的结果。

击中-击不中变换常用于基于结构元素的配置，从图像中寻找具有某种像素排列特征的目标位置。这些特征包括单个像素、颗粒中交叉或纵向的特征、直角边缘或其他用户自定义的特征等。

图 9-10 显示了击中-击不中变换的实例。图 9-10(a)是原图像；图 9-10(b)是结构元素 B_1；图 9-10(c)是利用 B_1 对图 9-10(a)进行腐蚀处理的结果；图 9-10(d)是结构元素 B_2；图 9-10(e)是利用 B_2 对图 9-10(a)的补集进行腐蚀处理的结果；图 9-10(f)是击中-击不中变换的结果(图 9-10(c)与图 9-10(f)的交集)。从图 9-10 中可以看到，击中-击不中变换达到了检测目标区域直角形边缘位置的目的。

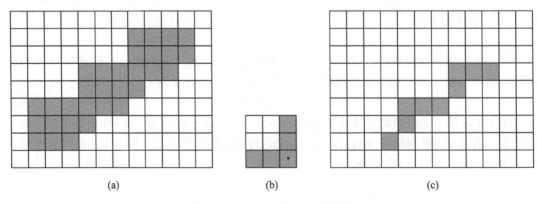

图 9-10　击中-击不中变换示例

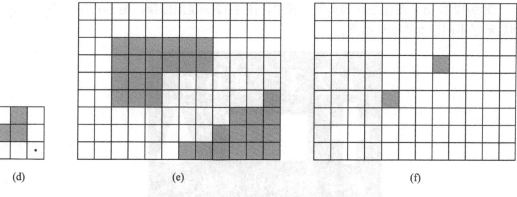

(d)　　　　　　　　　(e)　　　　　　　　　　　　(f)

图 9-10　击中-击不中变换示例(续)

9.4.3　细化算法

寻找二值图像的细化结构是图像中层处理的一个基本问题。在图像识别和图像压缩时，常常要用到这样的细化结构。所谓细化，就是要从图像目标区域中去掉一些点，但是要保持目标原有的形状不变同时不将目标区域分裂成多个子区域。图像细化可以借助击中-击不中变换来定义。

设图像中存在目标集合 A，B 表示结构元素，则细化可定义为

$$A \odot B = A - (A \otimes B) \tag{9.4.3}$$

式(9.4.3)也可以写为

$$A \odot B = A \bigcap (A \otimes B)^c \tag{9.4.4}$$

这里，击中-击不中变换用来确定 A 中需要被细化掉的像素。从集合 A 中去掉这些像素就可以得到细化结果。

更一般地，细化可以使用结构元素序列 $\{B\} = \{B_1, B_2, B_3, \cdots, B_n\}$ 迭代产生，如

$$A_1 = A \odot B_1 \tag{9.4.5}$$

$$A_2 = A_1 \odot B_2 \tag{9.4.6}$$

$$\cdots$$

$$A_n = A_{n-1} \odot B_n \tag{9.4.7}$$

式(9.4.5)～式(9.4.7)可以表示为

$$A \odot B = A - ((\cdots((A \odot B_1) \odot B_2) \cdots) \odot B_n) \tag{9.4.8}$$

从式(9.4.5)～式(9.4.7)和式(9.4.8)可以看到，细化的整个过程实际上就是先用 B_1 对 A 进行细化，然后再用 B_2 对之前的细化结果再进行细化……如此继续，可以一直持续到细化结果再不产生变化为止。

细化一般使用一系列小尺寸结构元素来实现。图 9-11 显示了一组常用于细化操作的结构元素序列。

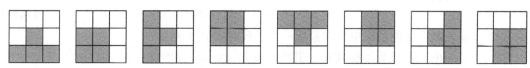

图 9-11　常用于细化的结构元素序列

图 9-12 给出了图像细化的实例。其中，图 9-12(a)是原图像；图 9-12(b)和图 9-12(c)分别显示了不同程度的细化结果。

(a)

(b)   (c)

图 9-12　图像细化示例

9.4.4　骨架化算法

图像的骨架化就是要获取图像目标的骨架。图像骨架化在一定程度上可以看作是对图像的一种特殊腐蚀过程。用特定的结构元素作为腐蚀元素，不断对图像中目标区域的外层像素进行消除，最后留下单像素宽度的目标，这就是原图像的"骨架"。图像目标的骨架表现了其主要的形态分布和走向。

实现图像骨架化有多种不同的方法。这里介绍一种基于数学形态学的方法。设图像中存在目标集合 A，B 表示结构元素，它的骨架记为 $\kappa(A)$，则 $\kappa(A)$ 可定义为

$$\kappa(A) = \bigcup_{n=1}^{N} \kappa_n(A) \tag{9.4.9}$$

这里，

$$\kappa_n(A) = (A \ominus nB) - \left[(A \ominus nB) \circ B \right] \tag{9.4.10}$$

式中，$A \ominus nB$ 表示连续 n 次用结构元素 B 对集合 A 进行腐蚀，即

$$A \ominus nB = (\cdots((A \ominus B) \ominus B)\cdots) \ominus B \tag{9.4.11}$$

这里，n 表示将 A 腐蚀成空集前最后一次迭代对应的次数。

图 9-13 给出了图像骨架化实例。其中，图 9-13(a)是原图像；图 9-13(b)是骨架化的结果。

(a)　　　　　　　　　　　　　　　　　(b)

图 9-13　图像骨架化示例

9.5　灰度图像的形态学处理

前面针对二值图像的数学形态学处理进行了基本的介绍。实际上，这些理论也可以推广到灰度图像处理中。灰度数学形态学和二值数学形态学有着密切的联系和对应关系。二值数学形态学有四个基本运算：腐蚀、膨胀、开运算和闭运算。同样，灰度数学形态学也可以定义腐蚀、膨胀、开运算和闭运算。但是，与二值数学形态学基于集合运算不同的是，灰度数学形态学中的腐蚀、膨胀、开运算和闭运算涉及的操作对象不再被看作集合而是被看作图像函数。

9.5.1　腐蚀与膨胀

1. 灰度腐蚀

设 $f(x, y)$ 表示输入图像，$B(x, y)$ 表示结构元素(结构元素本身也可以看作是一个子图像)。则可用结构元素 B 对图像 f 进行灰度腐蚀定义为

$$[f \ominus B](x, y) = \min\left\{ f(x+s, y+t) - B(s, t) \mid (x+s, y+t) \in D_f \text{ and } (x, y) \in D_B \right\}$$

(9.5.1)

这里，D_f 和 D_B 分别表示 f 和 B 的定义域。对灰度图像进行腐蚀的结果是，比背景暗的区域得到扩张，而比背景亮的区域受到压缩。

需要说明的是，灰度腐蚀运算的结果是在由结构元素确定的邻域中选取 f-B 的最小值确定的。所以，对灰度图像的腐蚀操作可能获得两种效果。一种是如果结构元素的值都为正，则输出图像会比输入图像暗。另一种是如果输入图像中亮细节的尺寸比结构元素小，则其视觉效果会被减弱，减弱的程度取决于这些亮细节周围像素的灰度值以及结构元素自身的形状和幅值。

事实上，结构元素 $B(x, y)$ 可以分为平坦和非平坦两类。所谓平坦即指构成结构元素的各个位置其灰度值相同。在实际应用中，非平坦的结构元素并不常用。因此，如果 $B(x, y)$ 是平坦的，则式(9.5.1)可以简化为

$$[f \ominus B](x, y) = \min\left\{ f(x+s, y+t) \mid (s, t) \in D_B \right\}$$

(9.5.2)

由上式可知，灰度腐蚀运算的结果是在由结构元素确定的邻域中选取 f 所有值中的最小值来决定的。

2. 灰度膨胀

设 $f(x,y)$ 表示输入图像，$B(x,y)$ 表示结构元素，则可将结构元素 B 对图像 f 进行灰度膨胀定义为

$$[f \oplus B](x,y) = \max \{ f(x-s,y-t) + B(s,t) \mid (x-s,y-t) \in D_f \text{ and} (x,y) \in D_B \} \quad (9.5.3)$$

这里，D_f 和 D_B 分别表示 f 和 B 的定义域。对灰度图像进行膨胀的结果是，比背景亮的区域得到扩张，而比背景暗的区域受到压缩。

与灰度腐蚀运算相对应，灰度膨胀运算是在由结构元素确定的邻域中选取 $f+B$ 的最大值。所以，对灰度图像的膨胀操作可能获得两种效果。一种是如果结构元素的值都为正，则输出图像会比输入图像亮。另一种是如果输入图像中暗细节的尺寸比结构元素小，则其视觉效果会被减弱，而减弱的程度取决于这些暗细节周围像素的灰度值以及结构元素自身的形状和幅值。

同样，考虑到 $B(x,y)$ 一般是平坦的，式(9.5.3)可以简化为

$$[f \oplus B](x,y) = \max \{ f(x-s,y-t) \mid (s,t) \in D_B \} \quad (9.5.4)$$

2. 灰度腐蚀与膨胀的对偶性

与二值数学形态学类似，灰度数学形态学中的腐蚀和膨胀运算也具有一定的对偶关系。

$$(f \ominus B)^c = f^c \oplus \hat{B} \quad (9.5.5)$$

以及

$$(f \oplus B)^c = f^c \ominus \hat{B} \quad (9.5.6)$$

这里，

$$f^c(x,y) = -f(x,y) \quad (9.5.7)$$

$$\hat{B}(x,y) = B(-x,-y) \quad (9.5.8)$$

9.5.2　开运算与闭运算

灰度数学形态学中关于开运算和闭运算的定义与二值数学形态学中的对应运算具有相同形式。设 f 表示输入图像，B 表示结构元素，则可将结构元素 B 对图像 f 进行灰度开运算定义为

$$f \circ B = (f \ominus B) \oplus B \quad (9.5.9)$$

类似的，用结构元素 B 对图像 f 进行灰度闭运算定义为

$$f \bullet B = (f \oplus B) \ominus B \quad (9.5.10)$$

灰度数学形态学的开运算和闭运算关于函数的补集(补函数)和映像是对偶的，有

$$(f \circ B)^c = (f^c \bullet \hat{B}) \quad (9.5.11)$$

以及

$$(f \bullet B)^C = (f^C \circ \hat{B}) \tag{9.5.12}$$

这里，

$$f^C(x, y) = -f(x, y) \tag{9.5.13}$$

因此，式(9.5.11)也可以写为

$$-(f \circ B) = -f \bullet \hat{B} \tag{9.5.14}$$

式(9.5.12)具有类似的属性。

如果结构元素的值都为正，则灰度开运算可以使图像亮特征的灰度降低，降低的程度取决于这些特征相对于结构元素的尺寸。但与灰度腐蚀运算不同的是，开运算对图像暗特征的影响可以忽略不计，同时对背景也没有影响。类似的，灰度闭运算会削弱图像的暗特征，削弱的程度取决于这些特征相对于结构元素的尺寸。而与灰度膨胀运算不同的是，闭运算对图像亮特征和背景的影响较小。

图 9-14 给出了利用相同的圆形结构元素对灰度图像进行腐蚀、膨胀、开运算和闭运算的实例。其中，图 9-14(a)是原图像；图 9-14(b)～(e)依次为腐蚀、膨胀、开运算和闭运算的结果。

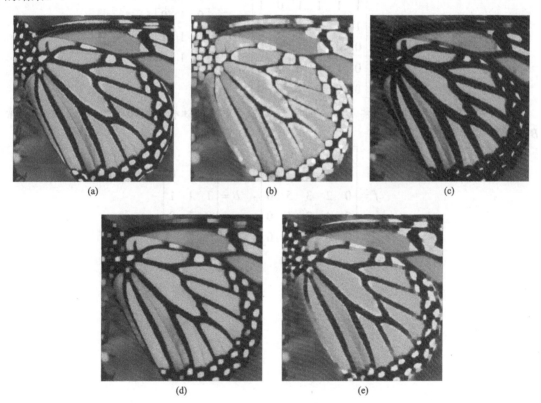

图 9-14　灰度数学形态学图像处理示例

9.6 习　　题

1. 数学形态学图像处理方法具有哪些特点？

2. 二值数学形态学的基本运算有哪些？

3. 试比较形状和尺寸类似的结构元素，但原点分别位于结构元素内部和结构元素外部时对同一幅图像进行膨胀处理的异同之处。

4. 腐蚀运算和开运算的作用有何异同之处？

5. 编写程序，实现对二值图像的腐蚀、膨胀、开运算和闭运算，并对处理结果进行比较分析。

6. 利用形态学方法原理，设计一个提取二值图像中目标边缘的程序。

7. 编写程序，实现对二值图像的细化和骨架化操作，并对处理结果进行分析比较。

8. 已知图像 f 和结构元素 B，试对 f 进行一次腐蚀处理。其中：结构元素 B 的原点为 B 的中心元素，即 $B(2,2)$。

$$f = \begin{bmatrix} 0 & 1 & 1 & 0 & 0 & 0 \\ 1 & 1 & 1 & 1 & 0 & 1 \\ 1 & 1 & 1 & 1 & 1 & 1 \\ 0 & 0 & 1 & 1 & 1 & 1 \\ 0 & 1 & 0 & 0 & 1 & 0 \\ 0 & 0 & 0 & 1 & 0 & 0 \end{bmatrix}, \quad B = \begin{bmatrix} 0 & 1 & 0 \\ 1 & 1 & 1 \\ 0 & 1 & 0 \end{bmatrix}$$

9. 已知图像 f 和结构元素 B，分别计算图像 f 灰度腐蚀和灰度膨胀的结果。结构元素 B 的原点位置同上题。

$$f = \begin{bmatrix} 0 & 0 & 0 & 0 & 0 \\ 0 & 3 & 4 & 2 & 0 \\ 0 & 2 & 3 & 5 & 0 \\ 0 & 4 & 2 & 1 & 0 \\ 0 & 0 & 0 & 0 & 0 \end{bmatrix}, \quad B = \begin{bmatrix} 0 & 1 & 0 \\ 1 & 1 & 1 \\ 0 & 1 & 0 \end{bmatrix}$$

第 10 章　图像描述与分析

图像中层处理的一个主要工作就是从图像中获得关于目标性质的描述与度量。这部分工作可称之为图像描述与分析。与图像分割不同，图像描述与分析的侧重点在于研究图像的内容，并对图像中感兴趣的区域进行描述并确定其特性。

图像经过分割就会被分成了若干个不同的部分。通常把图像中感兴趣的部分称作目标(区域)，其余部分称作背景。为了让计算机能够有效地识别这些目标，必须对各区域、边界的特有属性和相互关系用更加简洁明了的数值或符号进行表示。这样就可以在保留图像区域重要信息的前提下，减少描述区域信息的数据量。因此，图像的描述与分析常需要借鉴图像分割的结果，并利用目标与背景二者像素之间存在的差异以及目标像素(内部、边界等)的共有性质，通过适当的描绘子从图像中获得进一步关于目标特征度量和表征的有用信息。

当然，为达到上述目的需要考虑两个问题：其一是选择怎样的特征来描述目标；其二是如何准确地测量这些特征。本章将围绕这两个问题，首先介绍图像描述与分析的基本概念，然后依次介绍五类基本的图像描述与分析策略，包括边界描述、区域描述、几何特征描述、纹理特征描述以及彩色特征的描述。

10.1　目标表达与描述

图像中的目标区域是像素的集合。因此根据分割后获得的区域所属像素群的性质，就可以对目标进行表达和描述。通常用于表达目标的方式不同于原始图像的表现形式，所选取的表达方式应具有节省储存空间、易于特征计算等优点。与分割类似，对图像中的区域可以采用区域内部的相似性来获取区域中的灰度、颜色、纹理等特征；也可以采用不同区域交界(边缘)处的灰度突变性来获取区域的形状、轮廓等特征。

当选定了合适的表达方式，接下来就需要对目标进行准确描述，以便计算机能对所获得的信息进行有效处理。目标描述是抽象地表示目标特征。可以将描述图像特征的一系列符号或数值称为描绘子。一般要求描绘子具有以下特点。

(1) 唯一性：每个目标必须有唯一的表示，否则无法相互区分。

(2) 完整性：描述是明确的，没有歧义的。

(3) 几何变换不变性：描述应具有平移、旋转、尺度等几何变换不变性。

(4) 敏感性：描述结果应该具有对相似目标加以区别的能力。

(5) 抽象性：从分割区域、边界中抽取反映目标特性的本质特征，不容易因噪声等原因而发生变化。

目标的表达和描述是紧密联系的。表达的方式实际上限定了描述的精确性。只有通过对目标的描述，才使表达方式有了实际意义。在分析具体图像时，要分别针对不同的图像特征各自选择适当的描述方法，然后把各个子区域及其特征的描述方式有机组合起来，才能对图像进行相对的总体描述。

10.2 边 界 描 述

图像中对于目标物形状的分析是图像检测与识别的关键技术。目标物形状的分析可以通过边界描述来实现。所谓边界描述，就是将图像中目标物的边界作为图像的重要信息，利用边界上的像素集合来描述目标区域的特点，并且用简洁的数值序列将这些信息进行表示。

10.2.1 简单边界描述符

1. 边界长度

边界长度是一种简单的边界全局特征，它是包围目标区域边界的周长。区域的边界是由区域中所有的边界像素按 4-连通或 8-连通的方式连接组成的。与之相对应，区域中的其他像素就成为区域的内部像素。

对一个区域 R 而言，它的每一个边界像素都应该满足两个条件：①该像素属于区域 R；②该像素的邻域中有像素不属于区域 R。显然，通过上述条件也可以判断当前像素是否是区域 R 的内部像素，即仅满足第一个条件而不满足第二个条件的像素就是区域的内部像素。这里需要注意的是，由于相邻像素间存在 4-邻接和 8-邻接两种方式，为了避免产生矛盾，区域边界像素和内部像素应采用不同的连通性定义，即若区域 R 的内部像素使用 8-邻接来判定，则得到的边界为 4-连通的；反之，若区域 R 的内部像素使用 4-邻接来判定，则得到的边界为 8-连通的。根据这一定义方式，可分别定义 4-连通边界 B_4 和 8-连通边界 B_8 如下：

$$B_4 = \{(x, y) \in R \mid N_8(x, y) - R \neq 0\} \tag{10.2.1}$$

$$B_8 = \{(x, y) \in R \mid N_4(x, y) - R \neq 0\} \tag{10.2.2}$$

式中，$N_8(x, y)$ 和 $N_4(x, y)$ 分别表示边界像素 $f(x, y)$ 8 邻域或 4 邻域内的像素。

式(10.2.1)和式(10.2.2)表明，对于边界像素 $f(x, y)$，其本身属于区域 R，同时在像素 $f(x, y)$ 的邻域中存在不属于区域 R 的像素。得到边界像素集合后，可以将水平、垂直方向相邻边界像素的长度作为 1，而把对角线方向相邻边界像素的长度看作 $\sqrt{2}$。这样，就可以统计得到整个边界的长度。

2. 边界直径

边界直径是边界上相隔最远的两点之间的距离，即这两点之间的直线线段长度。有时这条直线也称为边界主轴或长轴(与此垂直且最长的与边界的两个交点间的线段也叫作边界的短轴)。它的长度和取向对描述边界都很有用。边界 B 的直径 $\mathrm{Dia}_d(B)$ 可由下式计算：

$$\mathrm{Dia}_d(B) = \max_{i,j}[D_d(f_{bi}, f_{bj})], \quad f_{bi}, f_{bj} \in B \tag{10.2.3}$$

其中，f_{bi}、f_{bj} 表示边界 B 上的两个像素，$D_d(\cdot)$ 表示某种距离量度函数，如 D_e 距离、D_4 距离或 D_8 距离。显然，如果 $D_d(\cdot)$ 采用不同的距离量度，则得到的 $\mathrm{Dia}_d(B)$ 可能会有所不同。

3. 曲率

曲率是斜率的改变率，它描述了边界上各点沿边界方向变化的情况。边界点的曲率符号描述了边界在该点的凹凸性。如果曲率大于零，则曲线凹向朝着该点法线的正向，反之则反向。若沿顺时针方向跟踪边界，在某一点处的曲率大于零，则表明该点属于凸段的一部分，否则为凹段部分。

一般而言，在数字图像边界上计算某点的曲率常常是不可靠的，因为这些边界的局部通常都是"粗糙的"。但如果边界已通过(多边形)线段逼近后，则计算相邻边界线段交点处(即多边形顶点)的曲率会比较可靠。

10.2.2　链码与形状数

1. 链码

链码是对边界点的一种编码表示方式。它采用记录边界连续像素位置关系的方式对图像中目标区域轮廓进行描述。

1)　链码描述

链码用于表示由顺序连接的具有指定长度和方向的直线段组成的边界。通常，按照像素的邻接关系，可以为相邻的像素定义四个方向符：0、1、2、3，分别表示 0°、90°、180° 和 270°，如图 10-1(a)所示。类似的，也可以为相邻的两个像素定义八个方向符：0、1、2、3、4、5、6、7，分别表示 0°、45°、90°、135°、180°、225°、270° 和 315°，如图 10-1(b)所示。

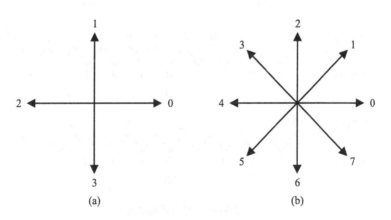

图 10-1　两种链码形式

假设有一个完全闭合的边界。从任意一个边界像素出发，按照一定的方向顺序，对于接下来的边界像素用一个最接近的方向码表示。如此重复，直到回到起始点。这样一来，只要把这些方向码串在一起就可形成链码。而链码则表示了整个封闭区域的形状。在整个编码过程中，只有边界起点需要用绝对坐标表示，其余点只需用方向码来表示即可。这样就可达到节省存储空间，简化运算的目的。

在实际应用中，采用上述方法得到的链码可能会产生两个问题：①直接得到的链码较长；②由于噪声的影响引起的任何较小干扰都会导致编码的变化。要解决这些问题，通常采取的方法是对原有边界以较大网格重新采样，以得到近似的大边界。另外可以在边界检测前进行滤波降噪处理，从而减小噪声的影响。

2) 链码处理

采用基本的链码描述方法得到的链码称之为原链码。采用原链码描述边界时，改变起点位置就会得到不同的链码表示。这意味着对于边界 B 的链码表示不具有唯一性。为此，可以引入归一化链码。归一化链码的原理是：对于闭合边界 B，任选一边界点得到链码。将该链码看作一个 n 位的自然数，然后将该码按一个方向循环，使其构成的自然数最小，此时得到的链码就是归一化链码。

归一化链码具有唯一性，但不具有旋转不变性。为此，可以采用差分码对链码进行旋转归一化。差分码是将链码的一阶差分码作为新的链码表示形式。所谓一阶差分码，是指相邻两个方向码之间的变化值。这样，当边界发生旋转时，其对应的差分码并没有变化。

图 10-2 给出了一个目标物边界旋转前后的原链码和差分码的例子。其中，图 10-2(a)是原目标物边界；图 10-2(b)是图 10-2(a)旋转 90° 的结果；图 10-2(c)和图 10-2(d)分别是图 10-2(a)和图 10-2(b)的原链码及差分码。从图 10-2 中可以看到，目标物旋转前后的原链码是不同的，但其差分码是相同的，也就是说差分码具有旋转不变性。

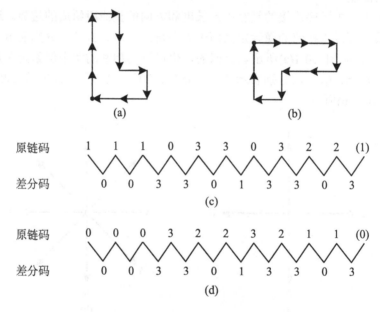

图 10-2　旋转前后的原链码和差分码

2. 形状数

形状数是基于链码的一种边界形状描述符。根据链码起点位置的不同，一个用链码表示的边界可以有多个差分码。而一个边界的形状数是这些差分码中数值最小的一个。因此，形状数实际上是差分码的归一化形式。

形状数既具有唯一性，也具有目标物平移和旋转不变性，因此更适于表示边界。形状数序列的长度称为形状数的阶，它可以作为闭合边界的周长。

10.2.3　傅里叶描述子

对于图像边界 B 的描述，既可以在空间域进行，也可以在频率域描述。设构成边界 B 的像素集合为 $\{(x_i,\ y_i),\ i=0,1,\cdots,N-1\}$，以 $(x_0,\ y_0)$ 为起始点，并且按照顺时针方向排列点集，就可以得到一个点序列。若记 $x(k)=x_k$，$y(k)=y_k$，并把它们用复数形式表示，则可以得到一个复数序列

$$b(n) = x(n) + jy(n)\,,\qquad n = 0,1,2,\cdots,N-1 \tag{10.2.4}$$

这样一来，关于边界 B 的描述就可以由二维简化到一维。

计算 $b(n)$ 的离散傅里叶变换，可得

$$c(u) = \sum_{n=0}^{N-1} b(n)\, \mathrm{e}^{-j\frac{2\pi un}{N}}\,,\qquad u = 0,1,2,\cdots,N-1 \tag{10.2.5}$$

这里，$c(u)$ 就被称为边界的傅里叶描述子。显然，对 $c(u)$ 进行逆傅里叶变换就可以恢复出 $b(n)$。

由第 4 章的讨论可知，傅里叶频谱的高频分量对应图像的细节信息，低频分量对应图像的概貌信息。因此，可以只用傅里叶变换系数的前 M 个值而不是用所有的傅里叶变换系数来重构边界 B，从而可以得到对边界 B 的近似表示但同时又不会改变边界 B 的基本形状。

$$\hat{c}(u) = \sum_{n=0}^{M-1} b(n)\mathrm{e}^{-j\frac{2\pi un}{N}}\qquad u = 0,1,2,\cdots,M-1 \tag{10.2.6}$$

傅里叶描述子的优点是仅使用少数低阶系数就可以得到边界的形状表示。当然，如果 $M \ll N$，则通过逆傅里叶变换只能得到原边界的大致形状；反之，当 M 越接近 N 时，重建得到的边界就越接近原边界。

图 10-3 显示了一幅人工生成的二值图像及其边界。其中，图 10-3(a)是二值图像，图 10-3(b)是图 10-3(a)的边界，边界上共有 992 个像素。

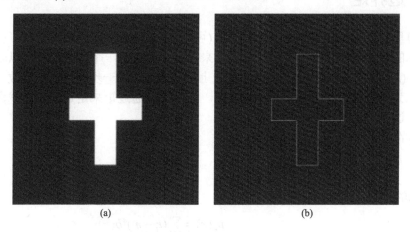

(a)　　　　　　　　　　　　　　　　(b)

图 10-3　二值图像及其边界

图 10-4 显示了用不同的傅里叶描述子对图 10-3(b)进行描述的结果。图 10-4(a)～(f) 分别显示了用 8 个、16 个、32 个、64 个、128 个和 256 个傅里叶描述子得到的结果。这些描述子相当于原有 992 个描述子的 0.8%、1.6%、3.2%、6.5%、12.9%和 25.8%。从图中

可以看到，实际上，只用原有 992 个描述子 12.9%的描述子所产生的边界已经与原始图像的边界非常接近了。

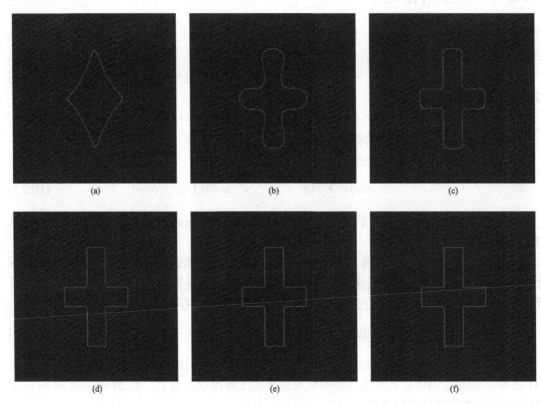

图 10-4　边界的傅里叶描述子重构图

10.2.4　边界矩

采用傅里叶描述子是以边界上的集合点(可用的)为基础。其实，边界也可以通过矩来表示。目标的边界可以看作由一系列曲线段来表示。而任意一个曲线段都可以表示成一个一维函数 $b(r)$，其中 $r=1,\cdots,L$，表示曲线段上所有的点。进一步，可以把函数 $b(r)$ 的线下面积归一化为单位面积，并将其看作直方图。这时可以通过矩来定量描述曲线段进而描述整条边界，这种描述符被称为边界矩。

设 $b(r)$ 的均值为

$$m = \sum_{i=1}^{L} r_i b(r_i) \tag{10.2.7}$$

则 $b(r)$ 的 n 阶边界矩为

$$u_n(r) = \sum_{i=1}^{L} (r_i - m)^n b(r_i) \tag{10.2.8}$$

从式(10.2.8)中可以看到，u_n 与 $b(r)$ 的形状直接相关。

边界矩描述了边界的特性，并且与边界在空间的绝对位置无关。利用边界矩来描述边界的优点在于可以用一元函数描述曲线，易于实现，对于边界形状具有物理意义。同时，边界矩对边界的旋转不敏感。

10.3 区 域 描 述

边界描述利用目标边界上的像素集合来描述目标区域的特性，特别是形状特性。与之相对应的自然是利用目标的区域特性对目标区域进行描述，这类描述方法被称为基于区域的描述。基于区域的描述通过组成区域的所有像素来描述不同区域的特性。这不仅包括与位置有关的特性，也包括与灰度有关的特性。一般来讲区域描述有很好的稳定性，对平移、旋转和区域尺寸不敏感。而且区域描述的生成结果是一种可理解的表示形式。

10.3.1 简单区域描述符

1. 区域面积

区域面积描述了目标区域的大小。计算区域面积的一种简单方法就是对属于区域的像素进行计数。对于区域 R，若将区域内像素标记为 $f(x,y)=1$，$(x,y) \in R$，则区域面积为

$$P = \sum_x \sum_y f(x,y) \tag{10.3.1}$$

2. 区域重心

区域重心是一种全局描述符。区域重心的坐标 $(\bar{x}, \bar{y})$ 是根据所有属于区域 R 的像素的坐标计算出来的

$$\bar{x} = \frac{1}{P} \sum_x \sum_y x f(x,y) \tag{10.3.2}$$

$$\bar{y} = \frac{1}{P} \sum_x \sum_y y f(x,y) \tag{10.3.3}$$

从式(10.3.2)和式(10.3.3)可以看到，尽管区域 R 各点的坐标都是整数，但区域重心的坐标常常不是整数。一般来说，当区域本身尺寸很小且与各区域间的距离相对很小时，就可以用其重心坐标来近似描述。

10.3.2 四叉树

四叉树是一种简单实用的区域描述方法。四叉树的结点可分为三类：①目标结点；②背景结点；③混合结点。使用四叉树描述区域时，首先将给定区域包含在一个矩形的范围内，并将该矩形等分为四份，然后检查每个 1/4 子区域是否是目标区域或背景区域。如果每个子区域既包含目标，也包含背景，即为灰色区域，则再将该区域四等分。然后对每个等分后的子区域再进行同样的判断。这样持续进行，最终就会形成一个树形结构。

图 10-5 给出了对一个目标区域进行四叉树描述的例子。图 10-5(a)中深色部分为目标区域，浅色部分为背景区域。图 10-5(b)是对应的四叉树描述。可以看到，四叉树的树根对应整幅图，而其叶结点则对应单个像素或全由目标区域像素及全由背景区域像素组成的块。

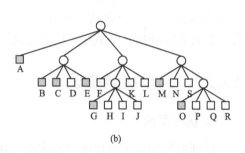

图 10-5　目标区域的四叉树描述

四叉树的上述结构特点使其常用在"粗略信息优先"的显示中。当区域是方形的、且像素的个数是 2 的整数次幂时四叉树法最适用。

10.3.3　拓扑描述符

拓扑特性一般用于描述图像平面区域的整体结构形状。简而言之，就是描述图像在没有撕裂和粘连的情况下不受任何变形影响的性质。区域的拓扑性质对区域的全局描述很有用。这种性质既不依赖距离，也不依赖基于距离测量的其他特性。

如图 10-6 所示，这里显示的是一个具有三个孔的区域。如果用区域内孔的个数来定义一个拓扑描绘子，那么很明显，这个区域的拓扑特性不会受旋转和拉伸作用的影响。但是，当该区域发生断裂或者粘连时，由于其连通性会发生变化，因而区域内孔的个数也有可能发生变化。需要注意的是，由于拉伸会影响距离量度，因此拓扑特性也具有不依赖于任何隐含的基于距离概念的性质。区域描述中另一个重要的描述子是区域内连通分量的数目，如图 10-6 所示的区域中具有一个连通分量。

图 10-6　具有三个空的区域

通过区域内孔的个数和连通分量数，可以引出欧拉数 E 的定义公式：

$$E = C - H \tag{10.3.4}$$

欧拉数是一个全局拓扑特性参数，其中 H 是区域内孔的个数，而 C 是该区域内连通分量的个数。如图 10-6 所示的区域中欧拉数为 -2。

10.3.4　区域不变矩

10.2.4 节讨论了边界矩，下面介绍区域矩。区域的矩是用所有属于该区域的像素计算得到的，因而不容易受噪声等因素的影响。区域 $f(x,y)$ 的 $p+q$ 阶原点矩定义为

$$m_{pq} = \sum_x \sum_y x^p y^q f(x,y) \tag{10.3.5}$$

可以证明，m_{pq} 唯一地被 $f(x,y)$ 所确定。反之，m_{pq} 也唯一地确定了 $f(x,y)$。

与式(10.3.5)相对应的中心矩定义为：

$$M_{pq} = \sum_x \sum_y (x-\bar{x})^p (y-\bar{y})^q f(x,y) \tag{10.3.6}$$

式中，$\bar{x} = \dfrac{m_{10}}{m_{00}}$；$\bar{y} = \dfrac{m_{01}}{m_{00}}$。根据式(10.3.5)可知

$$m_{00} = \sum_x \sum_y f(x,y) \tag{10.3.7}$$

$$m_{10} = \sum_x \sum_y x f(x,y) \tag{10.3.8}$$

$$m_{01} = \sum_x \sum_y y f(x,y) \tag{10.3.9}$$

对比式(10.3.1)～式(10.3.3)和式(10.3.7)～式(10.3.9)，$\bar{x}$ 和 $\bar{y}$ 就是区域的重心坐标。由此可得到三阶以内的中心矩和原点矩关系为

$$\begin{cases}
M_{00} = m_{00} \\
M_{01} = 0 \\
M_{10} = 0 \\
M_{02} = m_{02} - \bar{y} m_{01} \\
M_{20} = m_{20} - \bar{x} m_{10} \\
M_{11} = m_{11} - \bar{y} m_{10} \\
M_{30} = m_{30} - 3\bar{x} m_{20} + 2\bar{x}^2 m_{10} \\
M_{03} = m_{03} - 3\bar{y} m_{02} + 2\bar{y}^2 m_{01} \\
M_{12} = m_{12} - 2\bar{y} m_{11} - \bar{x} m_{02} + 2\bar{y}^2 m_{10} \\
M_{21} = m_{21} - 2\bar{x} m_{11} - \bar{y} m_{20} + 2\bar{x}^2 m_{01}
\end{cases} \tag{10.3.10}$$

$f(x,y)$ 的归一化 $p+q$ 阶中心矩定义为

$$N_{pq} = \frac{M_{pq}}{M_{00}^r} \qquad p,q = 0,1,2,\cdots \tag{10.3.11}$$

其中

$$r = \frac{p+q}{2} \qquad p,q = 2,3,4,\cdots \tag{10.3.12}$$

由归一化的二阶和三阶中心矩可以得到七个常用的对平移、缩放、旋转和镜像变换都不敏感的不变矩。

$$T_1 = N_{20} + N_{02} \tag{10.3.13}$$

$$T_2 = (N_{20} + N_{02})^2 + 4N_{11}^2 \tag{10.3.14}$$

$$T_3 = (N_{30} - 3N_{12})^2 + (N_{03} + 3N_{21})^2 \tag{10.3.15}$$

$$T_4 = (N_{30} + N_{12})^2 + (N_{03} + N_{21})^2 \tag{10.3.16}$$

$$T_5 = (N_{30} - 3N_{12})(N_{30} + N_{12})[(N_{30} + N_{12})^2 - 3(N_{03} + N_{21})^2] \\ + (3N_{21} - N_{03})(N_{03} + N_{21})[3(N_{30} + N_{12})^2 - (N_{03} + N_{21})^2] \tag{10.3.17}$$

$$T_6 = (N_{20} - N_{02})[(N_{30} + N_{12})^2 - (N_{03} + N_{21})^2] \\ + 4N_{11}(N_{30} + N_{12})(N_{03} + N_{21}) \tag{10.3.18}$$

$$T_7 = (3N_{12} - N_{30})(N_{30} + N_{12})[(N_{30} + N_{12})^2 - 3(N_{03} + N_{21})^2] \\ + (3N_{21} - N_{03})(N_{03} + N_{21})[3(N_{30} + N_{12})^2 - (N_{03} + N_{12})^2] \tag{10.3.19}$$

10.4　几何特征描述

对于图像特征不但可以从边界和区域的角度来描述，也可以从图像的几何、纹理和颜色这几个方面来描述。几何特征作为目标物特征中的重要参数，对于图像识别分类与理解有重要作用。本节介绍区域宏观形态分析中不可缺少的图像几何特征描述方法。

1. 曲线长度和区域周长

在数字图像中，水平和垂直方向上相邻两个像素的距离可定义为 1，则对角线方向上相邻两个像素的距离为 $\sqrt{2}$，因此，曲线长度的计算方法就是对于曲线上的像素按照 8 链码的方式编码，然后进行计算

$$L = \sum_{i=0}^{M-1} l_i \tag{10.4.1}$$

式中，M 为曲线上像素的数目，且

$$l_i = \begin{cases} 1 & \tau_k = 0,2,4,6 \\ \sqrt{2} & \tau_k = 1,3,5,7 \end{cases} \tag{10.4.2}$$

其中，τ_k $(k=0,1,2,3,4,5,6,7)$ 表示 8 链码中的 8 个方向符。

显然，如果该曲线是闭合的，则该曲线的长度就是闭合曲线所围成区域的周长。

2. 区域圆形度

区域的圆形度用于描述区域边界的光滑度和区域形状接近圆形的程度，其定义为

$$Y = \frac{4\pi P}{L^2} \tag{10.4.3}$$

式中，P 是区域面积，L 是区域周长。显然，当区域为圆形时，Y 的值最大，为 1。区域的圆形度对于均匀尺度变换是不敏感的。

3. 区域投影比

区域边界上任意两点的连线被称为弦。对于给定区域，可以通过区域外接矩形的长宽比作为区域描述的基本参数。而区域外接矩形可以定义为四边与区域相切的面积最小的外接矩形，或者完全包含区域的周长最小的矩形等。

区域外接矩形的长宽比就称为投影比，其定义为

$$E = \frac{W}{K} \tag{10.4.4}$$

式中，W 是区域外接矩形的宽度，K 是区域外接矩形的长度。投影比这一参数可以把细长目标和近似圆形或方形的目标区分开。

10.5　纹理特征描述

纹理是所有物体表面都具有的内在特性之一，因而也是图像区域的一种重要属性。人类视觉系统对外部世界的感知有赖于物体所表现出的纹理特征。纹理特征包含了物体表面结构组织排列的重要信息以及它们与周围环境的联系。人们通常在图像中某个特定区域会看到某种灰度结构重复出现，这种灰度分布表现为局部不规则但宏观上有规律，这种灰度分布就被称为纹理。纹理在图像中很普遍，如墙面、树皮、天空、草地，甚至是细胞组织、皮肤等都可认为是纹理。几种典型的自然及人工纹理图像如图 10-7 所示。其中，图 10-7(a)～(c)是自然纹理图像，图 10-7(d)～(e)是人工纹理图像。

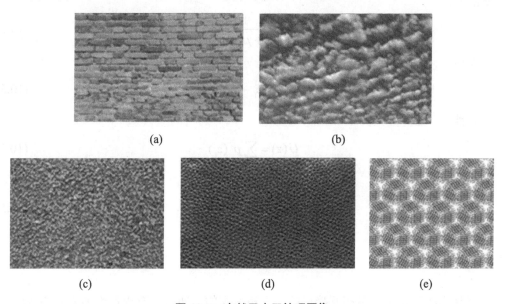

图 10-7　自然及人工纹理图像

虽然目前人类对纹理还没有正式的定义，不过在直觉上这种描绘子可以提供平滑度、粗糙度和规律性等特征的度量。常用于描述区域纹理的三种主要方法是统计法、结构法和频谱法。

10.5.1 统计法

统计法利用对图像灰度的分布和关系的统计规则来描述纹理。这种方法比较适合描述自然纹理，常可提供纹理的平滑、规则、周期等性质。借助统计概念，纹理也可以看作是一种对区域中灰度分布的定量测量结果。

描述纹理的最基本方法是使用一幅图像或一个区域的灰度直方图的统计矩。令 z 是表示灰度级的变量，并令 $p(z_i)$，$i = 0, 1, 2, \cdots, L-1$ 为相应的直方图，其中 L 是灰度级的数目，则关于其均值的 m 的 n 阶矩为

$$\mu_n(z) = \sum_{i=0}^{L-1} (z_i - m)^n p(z_i) \tag{10.5.1}$$

式中，m 是 z 的均值(平均灰度)，且

$$m = \sum_{i=0}^{L-1} z_i p(z_i) \tag{10.5.2}$$

由式(10.5.1)计算的各阶矩可知，$\mu_0 = 1$ 和 $\mu_1 = 0$。此外，二阶矩也称为方差，在纹理描述中特别重要，它是灰度对比度的度量，可用于建立相对平滑度的描绘子。而三阶矩是直方图偏斜度的度量。常用的纹理统计度量有

标准差：

$$\sigma = \sqrt{\mu_2(z)} \tag{10.5.3}$$

平滑度：

$$R(z) = 1 - \frac{1}{1 + \mu_2(z)} \tag{10.5.4}$$

三阶矩：

$$\mu_3(z) = \sum_{i=0}^{L-1} (z_i - m)^3 p(z_i) \tag{10.5.5}$$

一致性：

$$U(z) = \sum_{i=0}^{L-1} p^2(z_i) \tag{10.5.6}$$

熵：

$$e(z) = -\sum_{i=0}^{L-1} p(z_i) \log_2 p(z_i) \tag{10.5.7}$$

10.5.2 结构法

一般认为纹理是由许多相互接近的，互相编织的、通常具有周期性的元素构成的，所以纹理描述能够提供图像区域的平滑、稀疏、规则性等特性。结构法的基本原理是认为复杂的纹理可以由一些简单的基本纹理元素以一定的规律形式重复排列组合而成。

利用结构法可以获得一些与视觉相关的纹理特征，如粗细度、对比度、方向性、线性性，规则性，粗糙度和凹凸性等。下面仅就粗糙度的度量作一介绍。粗糙度是最常用的纹

理分析度量之一。纹理的粗糙程度与局部结构的空间重复周期有关，通常周期越大，纹理就越粗，反之则纹理越细。粗糙度可以用来说明纹理变化的倾向并借助图像的自相关函数来描述。设图像为 $f(x,y)$，其自相关函数定义为

$$C(\alpha,\beta) = \frac{\sum_x \sum_y f(x,y)f(x-\alpha,y-\beta)}{\sum_x \sum_y [f(x,y)]^2} \tag{10.5.8}$$

一般来说，对于某个给定的偏离，粗纹理区域所呈现的相关性比细纹理区域高，而纹理粗糙度与自相关函数变化的方向呈正比。自相关函数的变化可以用二阶矩来描绘，即

$$T(x,y) = \sum_\alpha \sum_\beta \alpha^2 \beta^2 C(\alpha,\beta) \tag{10.5.9}$$

纹理粗糙度通常与 $T(x,y)$ 呈正比，因此 $T(x,y)$ 可以作为度量纹理粗糙度的参数。

10.5.3　频谱法

通常情况下，图像的全局纹理模式在空域中比较难检测。但是，如果将图像转换到频域中，某些纹理特征却很容易分辨。由于图像的傅里叶频谱能够反映整幅图像的性质，它的分布规律与图像 $f(x,y)$ 的纹理特性有密切关系。因此，利用图像傅里叶变换的频谱可以在一定程度上反映某些纹理特征，并且通过其频率成分的分布来求得相应的纹理特征。而频谱法正是基于傅里叶频谱的一种纹理描述方法。设一幅 $M \times N$ 的纹理图像为 $f(x,y)$，其二维傅里叶变换为 $F(u,v)$，则其频谱为

$$F(u,v) = \sum_{x=0}^{M-1} \sum_{y=0}^{N-1} f(x,y)e^{-j2\pi\left(\frac{xu}{M}+\frac{yv}{N}\right)} \quad u=0,1,\cdots,M-1 ,\quad v=0,1,\cdots,N-1 \tag{10.5.10}$$

在实际应用中，为简便起见通常会把频谱转化为极坐标表示形式，记为 $S(\gamma,\varphi)$，其中，S 是频谱函数，γ 和 φ 是该坐标系中的变量。将这个二元函数通过固定其中一个变量的方法转化成一元函数，如对每一个频率 γ，可以把 $S(\gamma,\varphi)$ 看作一元函数 $S_\gamma(\varphi)$；同样的，对于每一个方向的 φ，可以看作一元函数 $S_\varphi(\gamma)$。对某个给定的频率，对其一元函数进行分析，可以得到频谱以原点为中心的圆上的特征；而对于给定的方向 φ，可以得到频谱在从原点出发的某个方向上的特征。如果分别对上述两个一元函数按照其下标求和，则会获得关于区域纹理的全局描述。

$$S(\gamma) = \sum_\varphi S_\varphi(\gamma) \tag{10.5.11}$$

$$S(\varphi) = \sum_\gamma S_\gamma(\varphi) \tag{10.5.12}$$

式中，$S(\gamma)$ 被称为环特征，它反映出纹理的粗糙性；$S(\varphi)$ 被称为楔特征，它反映了纹理的方向性。

10.6　彩色特征描述

彩色特征是应用最为广泛的视觉特征之一。同时，彩色特征也是人类认识事物的一个重要信息来源，标识着目标的基本特征，并且与图像的空间位置信息无关。彩色与生俱来

就拥有旋转、平移及尺度不变的特性，鲁棒性极好。因此，在目标区域的特征分析中，彩色特征也可以作为一种能够简化目标提取和分类的重要描述符。

10.6.1 彩色直方图

彩色直方图是表示图像中彩色分布的一种方法，反映的是图像中彩色分布的统计值。对于一幅彩色图像，以像素点的彩色值为横坐标，具有该色彩的像素出现的次数为纵坐标，以此得到的统计结果就是彩色直方图。彩色直方图的定义如下：

$$H(n_k) = \frac{h(n_k)}{N} \tag{10.6.1}$$

式中，N 为图像总像素数，$h(n_k)$ 为图像中具有彩色值 n_k 的像素的个数。

由于通常的彩色图像中彩色数量一般都较多，因此，对于彩色图像，若要计算彩色直方图，往往要经过彩色量化的过程，将彩色空间划分为若干不同的区间，每个小区间作为彩色直方图横坐标的一个点，然后通过统计彩色落入每个区间的频数即可得到彩色直方图。

10.6.2 彩色相关图

彩色相关图是彩色直方图在空间中的一种延伸。它融合了图像的空间位置信息与色彩信息两个视觉特征，利用相同色彩或者不同色彩之间的量化距离来构造直方图。彩色相关图定义了色彩值为 c_i 的像素 p_1 与距离为 k 的色彩值为 c_j 的像素 p_2 的概率，其公式为

$$s_{i,j}^{(k)} = \left\{ |p_1 - p_2| = k, p_1 \in Ic_i, p_2 \in Ic_j \right\} \tag{10.6.2}$$

式中，Ic_i 表示图像中色彩为 c_i 的所有像素，Ic_j 表示图像中色彩为 c_j 的所有像素，$|p_1 - p_2|$ 表示像素 p_1 和 p_2 之间的距离。

由于彩色相关图的计算量通常较大，为了减少计算量，一般只考虑相同色彩之间的相关性，即

$$t_i^{(k)} = s_{i,i}^{(k)} \tag{10.6.3}$$

10.6.3 彩色矩

彩色矩是基于数学统计的。它的原理在于认为图像中任何彩色的分布情况均可以用它的矩来表示。而且彩色信息主要集中在图像色彩的低阶矩中。因此，仅采用彩色的一阶矩、二阶矩和三阶矩来表达图像色彩的分布信息。图像的彩色矩一共只需要九个分量(三个彩色分量，每个分量上三个低阶矩)，与其他的颜色特征相比是非常简洁的。彩色一阶矩、二阶矩和三阶矩的计算公式为

$$\mu_i = \frac{1}{N} \sum_j p_i(j) \tag{10.6.4}$$

$$\sigma_i = \left(\frac{1}{N} \sum_j (p_i(j) - \mu_i)^2 \right)^{\frac{1}{2}} \tag{10.6.5}$$

$$s_i = \left(\frac{1}{N} \sum_j (p_i(j) - \mu_i)^3 \right)^{\frac{1}{3}} \tag{10.6.6}$$

式中，i 为彩色图像的色彩通道($i=1$, 2, 3)，N 为图像总像素数，$p_i(j)$ 表示第 i 个色彩通道中第 j 个像素的色彩分量值。

　　彩色矩是表达彩色特征的一个非常紧凑的方法，在图像中只包含一个目标的时候非常有效。但是，彩色矩的分辨能力较弱。因此，实际应用中经常需要与其他特征结合使用。

10.7　习题

　　1. 什么是图像描述与分析？图像描述与分析的作用是什么？

　　2. 如图 10-8 所示的矩阵表示一幅图像，其中，0 表示背景，1 表示目标区域，用 8 链码对图像中的边缘进行链码表示，并对该链码进行归一化。

$$\begin{bmatrix} 0 & 0 & 0 & 0 & 0 & 0 & 0 & 0 \\ 0 & 1 & 1 & 1 & 0 & 0 & 1 & 0 \\ 0 & 1 & 1 & 1 & 1 & 1 & 1 & 0 \\ 0 & 1 & 1 & 1 & 1 & 1 & 1 & 0 \\ 0 & 1 & 1 & 1 & 1 & 1 & 1 & 0 \\ 0 & 0 & 1 & 1 & 1 & 1 & 0 & 0 \\ 0 & 0 & 0 & 1 & 1 & 1 & 0 & 0 \\ 0 & 0 & 0 & 0 & 0 & 0 & 0 & 0 \end{bmatrix}$$

图 10-8　题 10.2 图

　　3. 试计算图 10-8 中目标区域的面积和重心。

　　4. 分别写出大写英文字母 A~Q 的欧拉数。

　　5. 如图 10-9 所示的矩阵表示一幅二值图像，其中，0 表示背景，1 表示目标区域，试计算该图像目标区域的周长。

$$\begin{bmatrix} 0 & 1 & 1 & 0 & 0 & 0 \\ 1 & 1 & 1 & 1 & 1 & 0 \\ 1 & 1 & 1 & 1 & 1 & 1 \\ 0 & 1 & 1 & 1 & 1 & 0 \\ 0 & 1 & 1 & 1 & 1 & 0 \\ 0 & 0 & 1 & 1 & 0 & 0 \end{bmatrix}$$

图 10-9　题 10.5 图

　　6. 写出图 10-9 中目标区域的形状数和阶数。

　　7. 试说明傅里叶描述子和傅里叶变换的关系。

　　8. 图像的纹理特征一般有哪几种描述方式？常用的统计纹理度量参数有哪些？

参 考 文 献

[1] Gonzalez R C, Woods R E. 数字图像处理[M]. 3 版. 阮秋琦，阮宇智，等，译. 北京：电子工业出版社，2011.

[2] 章毓晋. 图像处理和分析教程[M]. 北京：人民邮电出版社，2009.

[3] 许录平. 数字图像处理[M]. 北京：科学出版社，2007.

[4] 姚敏. 数字图像处理[M]. 3 版. 北京：机械工业出版社，2017.

[5] Castleman K R. 数字图像处理[M]. 朱志刚，等，译. 北京：电子工业出版社，2011.

[6] 胡学龙. 数字图像处理[M]. 3 版. 北京：电子工业出版社，2014.

[7] 章毓晋. 图像工程[M]. 3 版. 北京：清华大学出版社，2013.

[8] Gonzalez R C, Woods R E, Eddins S L. 数字图像处理的 matlab 实现[M]. 阮秋琦，译. 2 版. 北京：清华大学出版社，2013.

[9] 阮秋琦. 数字图像处理学[M]. 3 版. 北京：电子工业出版社，2013.

[10] 朱虹等. 数字图像处理基础[M]. 北京：科学出版社，2005.

[11] 赵荣椿，赵忠明，赵歆波. 数字图像处理与分析[M]. 北京：清华大学出版社，2013.

[12] Petrou M, Petrou C. 图像处理基础[M]. 2 版. 章毓晋，译. 北京：清华大学出版社，2013.

[13] Sonka M, Hlavac V, Boyle R. 图像处理、分析与机器视觉[M]. 艾海舟，苏延超，等，译. 北京：清华大学出版社，2011.

[14] Pratt W K. 数字图像处理[M]. 4 版. 张引，等，译. 北京：机械工业出版社，2010.

[15] 邹谋炎. 反卷积和信号复原[M]. 北京：国防工业出版社，2001.

[16] 朱虹. 数字图像处理基础与应用[M]. 北京：清华大学出版社，2013.

[17] 肖庭延，于慎根，王彦飞. 反问题的数值解法[M]. 北京：科学出版社，2003.

[18] 贾永红. 数字图像处理[M]. 2 版. 武汉：武汉大学出版社，2010.

[19] 何东健. 数字图像处理[M]. 3 版. 西安：西安电子科技大学出版社，2015.

[20] 朱秀昌，刘峰，胡栋. 数字图像处理教程[M]. 北京：清华大学出版社，2011.

[21] 章权兵，罗斌，韦穗，等. 基于仿射变换模型的图像特征点集配准方法研究[J]. 中国图像图形学报，2003, 8(10): 1121-1125.

[22] 徐志刚，苏秀琴. 基于小波分解与多约束改进的序列图像配准[J]. 仪器仪表学报，2011，32(10)：2261-2266.

[23] Yang J, Wright J, Huang T S, et al. Image super-resolution via sparse representation[J]. IEEE Transactions on Image Processing, 2010, 19(11): 2861-2873.

[24] 李民. 基于稀疏表示的超分辨率重建和图像修复研究[D]. 电子科技大学，2011.

[25] 路锦正. 基于稀疏表示的图像超分辨率重构技术研究[D]. 电子科技大学，2013.

[26] 邵文泽. 基于图像建模理论的多幅图像正则化超分辨率重建算法研究[D]. 南京理工大学，2008.

[27] 宋锐. 视频和图像序列的超分辨率重建技术研究[D]. 西安电子科技大学，2009.

[28] Xu Y, Yu L, Xu H, et al. Vector sparse representation of color image using quaternion matrix analysis[J]. IEEE Transactions on Image Processing, 2015, 24(4): 1315-1329.

[29] Xu Z, Zhu H. Color super-resolution reconstruction based on a novel variational model[J]. Journal of Applied Sciences, 2013, 13(15): 3073-3078.

[30] 韩玉兵，陈小蔷，吴乐南. 一种视频序列的超分辨率重建算法[J]. 电子学报，2005，33(1)：126-130.

[31] 邵文泽，韦志辉. 基于各向异性 MRF 建模的多帧图像变分超分辨率重建[J]. 电子学报，2009，36(6)：1256-1263.

[32] 孙玉宝，韦志辉，肖亮，等. 多形态稀疏性正则化的图像超分辨率算法[J]. 电子学报，2010，38(12)：2898-2903.

[33] 李民，李世华，李小文，等. 非局部联合稀疏近似的超分辨率重建算法[J]. 电子与信息学报，2011，33(6)：1407-1412.

[34] 徐志刚，袁飞祥，朱红蕾，等. 基于四元稀疏正则的彩色图像超分辨率重建[J]. 华中科技大学学报(自然科学版)，2018，46(1)：75-80.

[35] 肖亮，韦志辉. 图像超分辨率重建的非局部正则化模型与算法研究[J]. 计算机学报，2011，34(5)：931-942.

[36] 肖创柏，禹晶，薛毅. 一种基于 MAP 的超分辨率图像重建的快速算法[J]. 计算机研究与发展，2009，46(5)：872-880.

[37] Barthélemy Q, Larue A, Mars J I. Color sparse representations for image processing: Review, models, and prospects[J]. IEEE Transactions on Image Processing, 2015, 24(11): 3978-3989.

[38] Joshi N, Zitnick C L, Szeliski R, et al. Image deblurring and denoising using color priors[C]// IEEE Conference on Computer Vision and Pattern Recognition: IEEE, 2009: 1550-1557.

[39] Li L, Xia W, Fang Y, et al. Color image quality assessment based on sparse representation and reconstruction residual[J]. Journal of Visual Communication and Image Representation, 2016, 38: 550-560.

[40] Koschan A, Abidi M. 彩色数字图像处理[M]. 章毓晋，译. 北京：清华大学出版社，2010.

[41] Huang J, Kumar S R, Mitra M, et al. Image indexing using color correlograms[C]// Proceedings of IEEE Computer Society Conference on Computer Vision and Pattern Recognition, 1997: 762-768.

[42] 黄志开. 彩色图像特征提取与植物分类研究[D]. 中国科学技术大学，2006.

[43] 张丽. 基于颜色和纹理特征的图像检索技术研究[D]. 南京邮电大学，2017.

[44] 韩思奇，王蕾. 图像分割的阈值法综述[J]. 系统工程与电子技术，2002，24(6)：91-94.

[45] 许新征，丁世飞，史忠植，等. 图像分割的新理论和新方法[J]. 电子学报，2010，38(2A)：76-82.

[46] 朱红蕾，朱昶胜，徐志刚. 人体行为识别数据集研究进展[J]. 自动化学报，2018，44(6)：978-1004.

[47] Xu Z, Zhu H. Vision-based detection of dynamic gesture[C]// International Conference on Test and Measurement, IEEE, 2009, 1: 223-226.

[48] Soille P. 形态学图像分析原理与应用[M]. 2 版. 王小鹏，等，译. 北京：清华大学出版社，2008.

[49] 张德丰. Matlab 数字图像处理[M]. 北京：机械工业出版社，2012.

[50] 刘富强. 数字视频图像处理与通信[M]. 北京：机械工业出版社，2010.

[51] Maitre H. 现代数字图像处理[M]. 孙洪，译. 北京：电子工业出版社，2006.

[52] Parker J R. 图像处理与计算机视觉算法及应用[M]. 景丽，译. 北京：清华大学出版社，2012.

[53] Szeliski R. 计算机视觉：算法与应用[M]. 艾海舟，兴军亮，等，译. 北京：清华大学出版社，2012.